玩转科技制作

贾鹏飞　胡小方◎著

天津出版传媒集团
天津科学技术出版社

图书在版编目（CIP）　数据

玩转科技制作 / 贾鹏飞, 胡小方著. -- 天津：天津科学技术出版社，2018.12

ISBN 978-7-5576-5820-5

Ⅰ. ①玩… Ⅱ. ①贾… ②胡… Ⅲ. ①科学技术—制作—普及读物 Ⅳ. ①N33-49

中国版本图书馆CIP数据核字(2018)第269082号

玩转科技制作

WANZHUAN KEJI ZHIZUO

责任编辑：郑 新

出　版：天津出版传媒集团 / 天津科学技术出版社

地　址：天津市西康路 35 号

邮　编：300051

电　话：（022）23332674

网　址：www.tjkjcbs.com.cn

发　行：新华书店经销

印　刷：北京市金星印务有限公司

开本 710×1000 1/16 印张 19.5 字数 300 000

2019年1月第1版第1次印刷

定价：78.00元

目录

CONTENTS

第一篇　解决心中疑问

第二篇　磨刀不误砍柴工——这些是你该知道的

第一篇

解决心中疑问

第一章　我国科技创新大背景

1.1　大众创业，万众创新

2014 年 9 月的夏季达沃斯论坛上，李克强总理首次公开发出“大众创业、万众创新”的号召，提出要在我国 960 万平方公里土地上掀起“大众创业”“草根创业”的新浪潮，形成“万众创新”“人人创新”的新势态。此后，李克强总理在首届世界互联网大会、国务院常务会议等各种场合频频阐释这一关键词。每到一地考察，他几乎都要与当地“创客”会面，希望激发民族的创业精神和创新基因。2015 年李克强总理在政府工作报告中又提出：“大众创业、万众创新”，当论及创业创新文化时，强调“让人们在创造财富的过程中，更好地实现精神追求和自身价值”。

2015 年 6 月国务院下发了《国务院关于大力推进大众创业万众创新若干政策措施的意见》（国发〔2015〕32 号）（以下简称“《意见》”），为贯彻落实《意见》有关精神，共同推进“大众创业、万众创新”（以下简称“双创”）蓬勃发展，国务院同意建立由发展改革委牵头的推进大众创业万众创新部际联席会议制度。自此在中国的大地上刮起了一股创新创业的新风。

对“双创”来说，一方面可以促使众人的奇思妙想变为现实，涌现出更多各个方面的“专业人士”，让人力资源转化为人力资本，从而更好地发挥我国人力资源雄厚的优势；另一方面，采取包括“双创”在内的各种方式，允许和鼓励全社会勇于创造，大力解放和发展生产力，有助于社会最终实现共同富裕。

当前，“双创”理念正日益深入人心，各地各部门均在认真贯彻落实，业界、学界纷纷响应，各种新产业、新模式、新业态不断涌现，有效激发了社会活力，释放了巨大创造力，成为经济发展的一大亮点。

2015年国务院下发的《国务院办公厅关于深化高等学校创新创业教育改革的实施意见》（国办发〔2015〕36号）成为高校开展创新创业教育的指导性文件。对于教学科研型高校来说，一方面“双创”工作的开展能够更好地将科研成果转化成产品，从而更好地服务于人民群众，而不再仅限于谈论成果的科研价值，社会价值也成为各个科研项目考虑的重点。

另一方面对于本科生的培养方式的影响也是巨大的。教育部、各级教育主管部门和高校自身都在探索如何培养创新型人才，一个可以体现这种探索的现象就是涌现出了各种创新创业类的学科竞赛。与全国大学生电子设计大赛这类传统比赛不同，新开展的创新创业类竞赛不再规定作品题目，而仅设置主题，例如以“物联让生活更美好”作为主题的比赛，只要是利用物联网技术开发的作品，不论是底层设备还是顶层软件的研发，不管只是创意还是有实物作品，都可以参加比赛，这类竞赛的举办本身就极具创新性。并且获奖团队的奖励机制也不再是奖状加奖金，而是将风险投资、天使投资带到了比赛现场，只要有投资人或者投资机构看到满意的作品，就会资助该作品的后续开发，以无息贷款或者入股分红的方式参与到潜力作品的持续开发中，这样做就将市场激励引入到了作品创作过程中。有了企业的参与，我们研发的作品将更具市场竞争力，脱颖而出的作品就不再是“自娱自乐”的小制作，而是能够用于解决生活“吐槽点”，让生活更美好的科技制作，将来必将为改善人民生活质量贡献自己的力量。

近几年，我国每年在校大学生的总人数维持在2000万以上，如果每个大学生都参与到创新创业中，我们的力量将不容小觑。计算机类、电子信息类以及电气工程等专业本身就具备科技创新的基因，据不完全统计全世界每年新成立的公司里面有80％属于科技类。身处这样的行业中，我们应该利用好自己的专业优势，大胆创新，积极响应国家号召，探索出一条不一样的精彩之路。

1.2 中国制造2025与工业4.0

2017年3月5日，第十二届全国人民代表大会第五次会议正式开幕，李克强总理代表国务院作一年一度的政府工作报告。与2016年聚焦于“十三五”不同，2017年重点工作任务将《中国制造2025》提上了重要日程。李克强总理在对“以创新引领实体经济转型升级”做介绍中，特别提到：“大力改造提升传统产业。深入实施《中国制造 2025》，加快大数据、云计算、物联网应用，以新技术新业态新模式，推动传统产业生产、管理和营销模式变革。”中国虽是制造业大国，但在这个快速更替的互联时代，想要变大变强不能一成不变。作为我国实体经济发展的重要根基，加快这类产业的转型升级是当务之急，也是促进数字经济存量部分快速增长的前提。全国人大代表、腾讯公司董事会主席兼首席执行官马化腾在两会中关于数字经济的建议中，也提到：“传统行业属于数字经济的存量部分，它们与互联网新技术衔接后会产生大量转型升级的机会。如传统金融、教育、医疗等产业与移动互联、云计算、大数据进行深度融合后，会爆发出全新的生命力。”而大数据、云计算和物联网应用无一不与我们本书说到的电子科技创新有关，可见如果我们搞好科技创新工作，不仅能够充实自己的所学，也能为国家的发展贡献更多的力量。

德国政府在 2013 年 4 月的汉诺威工业博览会上正式提出“工业 4.0”战略，其目的是为了提高德国工业的竞争力，在新一轮工业革命中占领先机。自战略正式推出以来，“工业 4.0”迅速成为德国的另一个标签，并在全球范围内引发了新一轮的工业转型竞赛。“工业 4.0”项目主要分为三大主题：一是“智能工厂”，重点研究智能化生产系统及过程，以及网络化分布式生产设施的实现；二是“智能生产”，主要涉及整个企业的生产物流管理、人机互动以及 3D 技术在工业生产过程中的应用等；三是“智能物流”，主要通过互联网、物联网、物流网，整合物流资源，充分发挥现有物流资源供应方的效率，而需求方则能够快速获得服务匹配，得到物流支持。2015 年 2 月 9 日青岛中德“工业 4.0”推动联盟成立，成为中国首个“工业 4.0”联盟。“工业 4.0”是大数据革命、云计算、移动互联时代背景下，对企业进行智能化、工业化相结合的改进升级，是中国企业更好地提升和发展的一条重要途径。

不论是我国政府提出的“中国制造 2025”，还是德国政府提出的“工业 4.0”，都将大数据、物联网和智能制造等概念包含其中，这对所有相关行业来说都是一个巨大的机遇。如果我们从大学阶段就开始有意识地接触科技创新，那么我们未来必定是社会最紧缺的人才。

第二章　开展电子制作的必要性

在日益加剧的市场竞争中，大学生已经不再是过去的“天之骄子”，甚至有人开玩笑说路边一块广告牌掉下来砸到10个人，9个都是大学生。玩笑归玩笑，但大学生已经不像20世纪90年代那么稀缺了确是真事。现在考上大学已经不是难事，但随之而来的大学生毕业后出路问题也就日渐凸显。很多同学在大学里的目标只局限于搞好学业成绩，拿出中学读书的那一套办法来打理自己的大学，这对于电子信息专业的大学生来说恐怕还远远不够。我们毕业后大概有出国、就业和国内继续读研深造这样几个出路，当然在这里我们只分析跟专业相关的出路，很多“富二代”回家接手家族企业就不在我们的讨论范围内了。例如出国，那么就要将自己的大学成绩、发表的论文还有两名教授级别的专家的推荐信一起发给心仪的导师。而发表论文这就已经是课外创新实践活动了，跟着一个科研团队开展研究，总结自己负责的工作并且发现创新点，进而发表文章；同时如果你参与了科研团队，那么两名教授级别的专家的推荐信自然是极容易获得的，但如果只是待在课堂里面，这个推荐信又有谁敢给你开呢？毕竟推荐信就相当于担保信，如果你出国后“不争气”，没有得到对方的认可，丢的可就不只是自己的脸了，连推荐人的信用度在对方眼里都会大打折扣，所以没有专家愿意为自己不了解的学生写推荐信。

谈及就业，现在企业面试可谓是关卡重重，人力资源面试、技术面试，甚至还要进行几次书面测试，考察侧重于实际问题的解决方案。曾经有同学在找工作面试时将计算机1到4级的专业等级证书都带到了现场，颇有得意之色，结果被负责面试的工程师考核得“体无完肤”。原因很简单，考等级证书可以采取中学读书的方式解决，甚至有很多题库宝典，可供你开展题海战术，但是技术人员面试时候要求他解决的都是实际的程序设计问题，这个必须是真正从事程序设计的人员才有所感悟。另外据权威统计机构发布的数据显示，电子信息类的技术人员缺口非常大，很多大学生质疑其准确性，缺口那么大为什么我还是找不到工作，而且有这种感觉的同学还不在少数。这些同学只从自己的角度进行评价，而没有环顾四周，没有发现班上那些参与过创新实践活动的同学都是“被抢”的状态，根本不担心找不到工作，而是在纠结到底是北上广还是深耕内陆。一样的从高考中奋战上来，可以说我们曾经吃过一样的苦，但是仅仅经过四年的时光，再次面对分流，差距之大令人咋舌，总的来说就是一句话：要想不愁工作，最好加入到科技创新实践的队伍中来。

最后来说读研继续深造。不论是保研还是考研，都有导师面试环节，这个环节的设置跟企业技术面试的作用一样，只不过侧重点不同。企业技术面试比较重视的是这个人能不能直接拿来用，而导师看中的是你有没有科研潜力，那科研潜力是怎么呈现出来的？如果你从未从事过科研或者科技创新，你就从来没有有意识地培养自己的创新思维能力，解决问题时候的逻辑性和思考解决方法时候的可行性都无从谈起。我们有很多同学知道应该在自己正式见导师之前发个邮件进行自我推荐。但是看到我们邮件里面的介绍信，真的是让人啼笑皆非，自我介绍那一栏里面全都是我当了几年的班委、我喜欢打篮球、我性格开朗愿意结交朋友之类，不知道的还以为是竞选什么文娱工作的岗位，反而是跟专业相关的、导师在乎的科研潜力方面或者你对科研的思考方面只字未提，你哪怕写你上的电子技术课程设计这门创新课给你的启发和感悟都可以。但是这些内容在大部分同学的自我介绍里都未得到体现，要么是真的没有什么好体现的，也就是说你大学四年确实跟科技创新不沾边。要么是因为意识的欠缺，抓错了重点，完全不了解什么才是自己的核心竞争力、什么才是被录取的关键。以上两种情况都反映了我们同学没有对自己的专业进行深入的剖析，对自己的人生进行认真的规划。不用心生活的人在现在这个竞争激烈的时代里，或者说在任何时代里都不可能是混得好的那一批人。所以同学们应该活得深刻起来，不忘初心，善于抓住事情的本质。

经过上述分析，不论将来是出国、就业还是读研继续深造，只要想在专业上有所发展，想将来从事创新类的工作，那么最好就从现在开始参与到创新实践中来，或是参与科研项目，或是组建队伍开展电子类制作，总而言之，不能死读书。不仅读书成绩好，而且科技创新成果又多的大学生才是时代的真正需要，这样的人才能为国家建设贡献更多的力量！

第三章　如何开展电子科技创新

3.1　大学刚进门就开始会不会太早？

很多同学说我才刚进入大学门，专业课程还一点都没上呢，能开展电子科技创新实践吗，我还没准备好呢。其实这里有两个误区：首先是对“准备好”没有办法确切定义，所谓“准备好”是指已经学习了相关专业课程了，还是自己觉得自己已经准备好了，这都无法考量。给人的实际感觉更像是“推脱”，想先轻松个一年半载再做打算。毕竟我们的高中老师曾经一再跟我们宣传“等你考上大学就好了，就有大把的时间可以挥霍”，所以我们同学如果刚进大学就又投身科技创新实践，总感觉被高中老师给欺骗了或者对不起高中老师曾经对我们大学生活的预期，因此很多人就用我还没准备好呢、我可能先要把课程学习搞好这样的借口来婉拒科技创新实践活动；而第二个误区就是夸大了专业课程学习的作用，很多课程讲授的其实都是电子电路或者信号分析处理的最基本原则，这些原则通过自学也是可以看懂的，但是即使是自学完了这些基本的知识还是无法直接开展创新实践，因为作为一个面向应用的专业领域，我们在创新实践过程中会遇到大量的技术难题，这些难题可能对“老鸟”来说是小菜一碟，但是对于“菜鸟”来说却是不可跨越的鸿沟。而要想跨越这条鸿沟，只能靠自己去找寻办法，要么是一艘船、要么是一座桥，而如何发现这些解决办法以及发现了如何去运用并且融进自己的大脑都需要长期的摸索。试想我们的大学只有短短四年时光，如果你不尽早地开展创新实践、不尽早地发现短板并且进行修补加高，而是大一推大二、大二推大三，然后终于有一天你发现要毕业了，已经不需要思考此时开始会不会太早了，整个人就像被抽空了一样，看到自己身边的室友或者闺蜜一个个的对专业夸夸其谈，你回想起来只有自己对专业的吐槽和推脱，这个时候后悔已然来不及了。

为了不让自己后悔，不让自己的大学四年全是“处对象、混学生会”，我们应该在大学进门的时候就开始规划自己的创新实践活动。万事开头难，但是一旦入门，你就会发现实践活动有时候会反过来促进你的课程学习，我们有很多同学因为在科技制作中要用到单片机，但是这门课程一年以后才能开，于是只能逼迫自己自学，也就学通了，等到一年后上课的时候发现老师讲的还不如自己自学的好，期末考试时候其他同学因为老师讲授不清楚，所以成绩都偏低，我们这些提前自学并且把所学知识运用于自己作品的同学的成绩一枝独秀，这样的例子还有很多。总结出来就是希望大家如果想在专业方面有所发展，就要及早地开展科技创新实践，尤其是在大一刚入门的时候。

我们之所以犹豫要不要这么早就开始其实还有另外一个原因，那就是担心自己不够聪明，智商跟不上，所以我们顺便也来看看什么样的品质或者素养可以让我们从事科技实践并且获得成绩。

首先是毅力。万事开头难，刚开始接触科技制作时候，大多数人都是一脸懵圈的样子，这个时候最怕的就是放弃，只要能够挺过这一时期你顿时就有一种柳暗花明的感觉，因为这个时期是孤独的、与自己相伴的只有不断的挫折和碰壁——怎么用电烙铁、怎么剥线头、怎么做固定框架等问题接踵而至。如果有一个创客“老鸟”在旁指点当然是最好的，但是大多数情况下我们只能独自面对，所以这个时期最容易让我们萌生退意，没有一定的毅力是坚持不下来的。

第二是时间管理能力。我们作为在校大学生，不仅要参与科技实践，而且还有我们的最本质的工作——上课。为了学业成绩还要在课下做好预习和复习，还要认真的完成作业，每天的时间被这些事情就占去了大半，然后我们还想偶尔和闺蜜出去逛逛街、天气好的时候到户外溜达溜达，这么一看怎么可能有时间去做课外实践，而且做出的东西还要能得奖。鲁迅先生曾经说过：“时间就像海绵里面的水，挤一挤总是会有的”，以及我们敬爱的周总理发明的“周氏睡眠法”（每工作两个小时休息是十分钟，取代集中睡眠）都是在强调时间管理能力。我们看到很多职场女强人，不仅在商界叱咤风云，家庭也照顾得很周到，自己的规划也做得非常合理，想去游玩的地方也都去玩耍了，这样的人具备的就是超强的时间管理能力。所以我们如果要做出优秀的科技作品，必须也要具备时间管理能力，这样你的大学四年会过得很充实，当毕业的时候你回过头看，该拼搏的也拼搏了，该享受的也享受了，与那些整天窝在寝室里面的同学相比，你知道自己是优秀的，是可以被委以重任、完成任务的。

第三是自学能力。我们有了毅力也能管理好时间，那么整理出来的时间做什么呢？科技实践遇到的问题千奇百怪，包括本书在内都没有办法解决你遇到的所有问题，所以这个时候自学能力就显得非常重要。自己去图书馆、去网上查阅相关资料，然后进行总结归纳，最后逐步地解决自己遇到的问题，这是一个正确的解决问题的过程。老师们经常说“我无法陪伴你走过一生”，我们很多学生听后都大笑，但其实这句话非常有深意，没有任何人可以陪伴我们一辈子，但是我们如果掌握了自学的能力，掌握了如何快速找寻目标讯息的能力，那么我们可能需要的真的就只是一台能联网的电脑了。

还有最后一点就是团队意识。一般情况下，我们在制作科技作品的时候都要组队，创客工作室或者企业的研发部门的作品都是大家合作的结晶，可是什么叫团队意识呢？最浅显的理解就是你要意识到同伴的存在，不能什么都自己做，也不能什么都布置给同伴做，更不能与同伴存在沟通不畅的情况。一个高效运作的团队是一切优秀作品产生的保障，每个人既各司其职又可相互协同可能是一种较为理想的团队合作方式，当然最适合自己的合作方式才是最有效的方式，这需要团队所有成员的共同摸索。

如果我们做到了以上这些，基本上我们就可以说我们准备好接受检验了，我们自己的内心也会充满底气，然后可以站在任何舞台对自己的作品和团队侃侃而谈，那一刻你仿佛真的能感受到“世界就是你的”。

3.2 要开始了，但到底要做什么？

虽然我们一再犹豫，但是最终下定决心，即使是在什么专业知识都没接触的大一上学期我们也最终鼓起勇气要开始电子科技类的创新了，还没从最初的兴奋中走出，我们就发现了另一个困扰，那就是我们到底要做什么？电子信息类专业偏向于硬件制作，虽然这个定位让我们暂不用考虑将时间过早地花费在 APP 等软件开发上，但是这个硬件制作我们又到底要做些什么呢？

全国大学生电子设计大赛作为最经典的大学生电子类制作的比赛，每年有 A 到 F 六个题型，每个题型都有相对固定的题目，例如有做电源的，有做飞行器的，而且每个题目都设置了非常详细的技术指标，达到什么样的指标能够得到什么样的奖励，都有非常明确的规定。该比赛更像是一场考试，因为题目固定，往往全国各高校在每年 7 月下旬就开始备战，所以这是一场检查同学们专业知识的考试，那么我们的电子科技创新作品要向全国大学生电子设计大赛靠拢吗？

答案是否定的，首先是我们今天所说的科技创新，并不是一场考试，而是一种创新改变生活的实践，该实践活动的作品是实现“从无到有、从有到优”的过程。什么意思呢？比如说本书第八章的面向大型商场的空气质量管理系统，该作品面向大型卖场，通过在商场中分布空气质量检测节点和净化节点，来实现商场内空气质量的自动管控，同时所有数据自动上传到服务器，搜集起来的大数据能够为企业开设新商场时提供决策依据，这些依据包括在某个片区（如华东片区、西南片区）开设新商场时应该布置多少个规格多大的排风系统才是最优的（最优的标准是既能为顾客提供优质的购物体验又能最大限度地降低企业安装和运营成本）。所以该科技作品就实现了国内大型商场内空气质量监管设备的“从无到有”。在该作品之前市场上的空气净化器都是面向家庭等小空间的，而商场内采用的空气质量调节装置就仅仅是定时自动开关排风系统。如果某个时段人流量较小，空气质量稳定在优的级别，那么这个时候定时开关排风系统就会造成电力资源的浪费，同时也会造成排风系统的损耗；而当人流量很大时，空气质量相对较差，这个时候如果还没有到设置的时间，排风系统是绝对不会工作的，那么消费者就会容易出现胸闷、喘不过气的症状，这绝对不是什么好的用户体验，就因为商场现有的净化系统没有那么智能，无法感受“人”的感受，才造成了顾客得不到良好的购物体验。这个作品就是我们本书定义的科技创新作品。

我们在本书中提到的是能够解决生活“吐槽点”“不完美点”的科技作品，可以是硬件和软件都具备的设备，也可以是重点在数据收集和分析的流程和模型建立，这就是我们的科技实践的内容。

3.3　如何发现生活的“不完美点”？

现在我们终于知道我们应该尽早地开展电子科技制作实践，也知道应该做什么样的作品出来了，到目前为止我们已经具备了一项技能，这个技能就是任何一个作品呈现给你的时候，你马上就能判断出来这个作品是不是科技创新制作。例如高精度电源就是全国大学生电子设计大赛“style”的作品，而智能花卉照料系统就是一个创新科技作品。能够对别人的作品评头论足说明你已经开始拥有创新评价能力，但是这就像足球解说员一样，评论起每一个足球运动员都头头是道，自己上场却“踢得不能再糟糕了”，所以接下来的问题就是我们如何找寻自己作品的创意？哪里才是我们的创意来源？

我们总说劳动人民是最具有创造力的，而劳动人民之所以有创造力是因为他们积极地开展了各类实践活动。在这些实践中，他们发现了“不完美点”，然后想办法加以改进，这样就极大地提高了劳动效率或者改善了生存、生活环境。这就给了我们第一个启发：我们在找创意的时候不能空想，不能不切实际地天马行空，而是要深入地了解生活。

我们现在已经知道了创意来源于生活，那么又有问题了：创意来源于谁的生活？比如说我们在备战高考的时候，搞了大量的题海战术，随便拿一本题，我们就知道这本书的质量高不高，甚至很多人在后来总结自己的经验也出了本题海，我们怎么也能够出题海呢，而且很多质量还挺高？原因很简单，因为我们太了解这个东西了。那么这给我们的启发是创意来源于我们每个人自己的生活，来源于我们每个人自己正在从事的事情，所处的生活环境以及接触到的人，比如上面的出“题海”就是因为我们当时正在从事的事情。早几年有同学做了一个智能门禁系统，这样寝室有人没带钥匙就不用劳烦里面的人给你开门了（这里用劳烦一点都不夸张，也许寝室里面的人正在床上睡觉或者正在做作业，频繁地起身为不带钥匙的同学开门，这时他内心可能是崩溃的），这个创意就来源于我们所处的生活环境，重庆大学有一个研究生就是通过制作这个智能门禁系统得了一个重庆市的创新比赛的一等奖。所以这么一看，创意其实并不是那么遥不可及，好像我们仔细地琢磨一下自己或者周围，应该也能制作出来一个顶不错的作品。

归结来看，创意来源于我们自身以及周围环境，在找寻创意的时候要深入地进行剖析，不能天马行空地乱想，能够有效甚至高效地解决实际问题的作品才是本书定义的电子科技类作品。

很多同学可能也会想，我作为学生，生活环境就是校园，遇到的也就是全国几千万大学生遇到的问题，基本上是个问题早就被解决了，或者正在被解决的路上，怎么还会留给我呢？有这种想法是可以理解的，但是却不能被原谅，这其实还是一种“偷懒推脱”的做法。首先时代在发展，每天都会出现新的问题和挑战，所以根本不存在问题都被解决的情况；其次虽然别人可能也遇到了同样的问题，但是并不是每个人都会想去解决这个问题，即使有人想要解决这个问题，也还有解决的完美度的区分，我们要相信只有我们才是最认真对待这个问题、最渴望解决这个问题的人，怀着这样的想法，我们就会积极主动地找寻生活中的那些“不完美点”。

3.4 可以“依靠”谁？

在科技制作过程中可以依靠谁这也是一个值得认真思考的问题。依靠老师吗？老师无法做到每时每刻在我们身边；依靠课本吗？能够被写进课本的都是非常成熟甚至可以说是“老套”的知识，估计无法直接用于解决实际问题，而我们在科技实践中找寻的就是可以直接有效解决问题的办法。老师和书本都无法依靠，那该靠谁？也许我们该选择依靠跟我们共同战线的同伴、依靠跟我们一样怀揣“创客”梦想的千万大学生、依靠包罗万象的互联网。

第一可以依靠自己的同伴。同伴作为一直与我们同行的人，应该说是最能理解我们的人了，他们也最能明白我们遇到了什么样的问题，虽然大家的分工不同，但是这也并耽误我们偶尔在团队内部来一场“头脑风暴”，大家就目前自己面临的问题发表自己的观点，有时候就是“当局者迷，旁观者清”，就是“一语点醒梦中人”，所以定期或者不定期地进行团队内部的畅所欲言是必要的。

第二可以依靠广大“创客”们。大家在制作科技作品的过程中遇到的问题肯定有相近的、可以参考的地方，所以我们要善于寻求“创客”们的帮助。如何找到这些“创客”也是有说法的，国内现在有很多创客联盟的论坛，也有一些微信或者微博的公众号，这些平台会时不时地将最新的“创客”动态公布出来，我们可以在留言区进行提问和沟通，久而久之我们的专业认识就会越来越高，甚至某一天自己会被自己惊艳到。

第三可以依靠互联网。互联网上的信息数据实在是包罗万象，我们很多同学提起互联网好像就是游戏、购物和娱乐，其实如果真正利用起来，互联网在我们的专业学习中也可以发挥重要作用，可以称得上是一个无所不知的老师，而且只要不断网，就会随时随地陪伴在我们的身边，是我们最坚实的依靠。

总结来看，同伴、“创客”和网络才是我们科技作品制作可以依靠的，可以为我们提供及时帮助的。

第二篇

磨刀不误砍柴工

——这些是你该知道的

第四章　基本理念

4.1　作品中有 APP 就会无敌?

很多人认为电子作品只要跟 APP 扯上关系就会马上“高大上”，因此即使 APP 不是必要的甚至略显多余，很多人也在自己的作品中硬加上 APP。我们每个人都有这样的感觉，那就是我们的手机上装了太多的 APP，除了几个常用的聊天和购物 APP 外，很多 APP 的使用频率并不高，而且过多的 APP 会占用手机的内存，随着手机使用时间变长，运行速度会越来越慢，如果我们又在不堪重负的手机上加上一个其实不那么必要的电子作品的 APP，这样做又有多大意义呢?现在很多的电子设计在宣传的时候都说自己拥有功能强大的 APP，必须承认的是有很多电子作品的 APP 确实功能强大，强大到让人眼花缭乱，但是很多时候它们并不能提供更良好的用户体验，反而有点喧宾夺主的感觉，如果 APP 是这样的存在，那还不如不存在。因此我们在制作电子作品的时候一定要思考这样几个问题：首先明确我们的应用场合，需要向哪些组织、部门或者个人发送报告或者警报；其次 APP 是不是一种有效的发布这些报告或者警报的手段，最后设计团队里面有没有精通 APP 开发的成员，开发 APP 的时间成本和人力成本是不是在能承受的范围。

这里举两个例子来帮助我们分析是不是要开发 APP 功能。首先是本书第十三章涉及的智能商务旅行箱，该旅行箱的目标人群是经常出差的商务人士。一个最大功能是在被盗后能够根据 GPS 定位，找到被丢弃的旅行箱。因为对商务人士来说，财物的丢失可能并不是最大的损失，反而是箱内的资料才是最宝贵的，而这些却是小偷不感兴趣的，因此一般情况下找到被丢弃的旅行箱就有很大可能追回丢失的重要文件。在这样一种功能定位下，用户需要一种手段去定位旅行箱的位置，而手机作为随身携带的智能设备，几乎相当于一台微型电脑，拥有非常强大的信息处理能力，所以开发拥有地图定位功能的 APP 对于这个电子设计项目来说就是必要的，该 APP 的出现可提升和完善作品。该 APP 平时可关闭，不向用户发推送信息，仅在丢失旅行箱的危急时刻才被使用，也即不给用户带来不必要的困扰，但在关键时刻可发挥巨大作用。

另外一个例子就是第十四章的智能输液监管系统，该系统面向护士站提供便捷服务，当病房内某个床位的输液快结束时，护士站会收到报警信息，提醒护士更换输液药瓶或者采取其他处理措施，同时输液流速等也可在护士站查看，从而实现智能医疗。基本现在的医院护士站都配备电脑，而护士上班时如果总在操作手机会给人一种不认真工作的感觉。因此综合这两种情况，在该项目中没有开发手机端 APP，而是开发了电脑端软件，安装在护士站的电脑上，实现远程实时检测输液的所有信息。

总的来看，我们的建议是：只在该开发 APP 的时候才去开发 APP，而绝不是为了炫自己编 APP 的“超凡功力”，2016 年就有人提出来我们的电子制作要去“中心化”，这个中心指的就是我们的手机，不要把那些“有的没的”都连到我们的手机上。

4.2 数据搜集的重要性

我们已经进入了数据大爆炸的时代，每天都有数以亿计的数据产生，各行各业的人通过分析这些数据发现背后隐藏的规律，从而更有效地开展下一步的实践活动，所以在我们的科技作品中如果可以搜集到数据，那将大有益处。

还是拿本书的第八章面向商场的空气质量监控系统举例，在该系统中有一个重要环节就是将每个商场每时每刻的空气质量数据上传到集团总部的计算分析中心，如果该集团在中国设置了西南区、西北区、华东区、华中区、华北区和东北区等六个大区（这只是一种为将问题说明白的举例），然后假设西南区目前只在重庆开设了一个商场，下一步想在贵州开设商场，在进行贵州商场建设时，如何布局商场的空气净化或排风系统，既能让消费者有不错的购物体验，又能最大限度地降低成本？这个时候就可以参考重庆商场的空气质量监控系统上传的数据了，因为重庆与贵州在地理位置、天气情况和森林植被覆盖面积等方面具有很多类似的地方，重庆商场的空气质量一年四季是如何变化的、有多少台空气净化系统是常被开启的，这些数据的收集是非常容易做到的，同时这些数据对于集团开设贵州商场又是非常具有指导意义的。如果我们开发的系统当初不具备搜集数据的能力，那么就只能请“所谓”的专业设计公司出主意了，对于企业而言应该永远不会担心自己掌握的信息太多，只有更多的信息，才会分析出更有用的情报，从而节省成本、获得更高回报。

在当今时代，信息非常有价值，因此我们在开展电子类的科技创新实践时，一定要有数据搜集的意识，即使你还不清楚这些数据搜集上来后能做哪些分析或者预测（这个可以交给专业的数据分析机构或者组织来做），而我们要做的是只要有人需要这个数据，我们就可以提供。

4.3 “事必躬亲”最高效?

事必躬亲的典范恐怕就是诸葛亮了，因为事必躬亲诸葛亮累死了自己，但他并没有给蜀国留下一个可以接替自己的人，所以这么来看“事必躬亲”似乎也有其不可取的地方。那么我们在做电子类科技制作的时候要“事必躬亲”吗？这涉及两个层面，我们逐一剖析。

首先是否作品里面的所有环节都我们自己做。比如说在我们的科技作品里面需要一个12V的直流稳压电源对整个系统供电，我们要不要根据电路课本上讲授的知识先搭一个整流桥将正弦波的负半轴反转到正半轴，然后再进行一系列的其他波形整形，最终得到一个12V的直流电源？我们在考虑要不要自己做这个工作时候的评价标准有这么几个：一是成本，成本包括时间成本和金钱成本。做这个电源估计要三天左右的时间，这三天能做完的前提是所有需要的元器件都已经摆在你面前了，而你要做的就是焊接组装，但是实际上我们还要自己去购买元器件，电子类的市场由于不是大众消费，所以一般店面很少，而且有可能不全，令人高兴的是网上购物的兴起可以很好地解决这个问题，但是物流又要花费2～3天时间，所以整体算来时间上我们至少要花一个星期才能将这个电源做好。有些同学说我可以在等待元器件的时候做点其他事情，这么说也许是有道理的，这说明我们同学已经开始运用时间管理的技能了，但是我们还有另外一个成本要考虑，那就是要花费多少金钱。全套买下来，加上运费估计要50元人民币左右，而我们买个已经商品化的电源只要15元，所以综合考量一下，相信同学们心里应该有个评价结果了；再看另外一个考量的指标：可靠性。由于我们同学买回来的元器件都是自己手工焊接，而我们毕竟不是专业焊工出身，所以容易出现虚焊短接等情况，导致组装起来的电源有可能根本不能工作，那么就要查找原因进行问题修正，但是这个12V电源并不是我们作品的重点，它只是一个供电装置，我们的核心还丝毫没有开始。如果购买现成的商品，因为都是流水线生产，所以质量稳定性要比自己组装的高一些，这两个评价指标一出，我们就发现了，因为我们的作品是以解决问题为目标，而不是为了锻炼自己的基本电路知识，所以侧重点或者说“卖点”并不是这个作品全都是我们手工打造的，而是这个作品可以稳定地解决某个问题。因此能买的模块可以考虑直接购买，关于模块的介绍详情请看第六章。

其次要不要“事必躬亲”就是团队分工的问题，团队中总是会存在一个核心人物，这个核心人物可能相较于其他成员具有更多的实践经验，所以我们看到很多团队都存在“忙死一个人，闲死其他人”的情况，最后核心人物抱怨说这个项目好像只是他一个人的一样，其他人什么都不管，而其他同学则认为我们做什么你都不放心，我们做了你还要重做，那还不如就直接交给你做。好像都很有道理，但是我们组建团队的目的好像并不是为了争论这些，而是做出一个优秀的作品来，所以团队的每一个人都要非常信任彼此、合理分工，当这个任务交给某个成员完成的时候，其他成员必须选择相信他，然后这个成员自身也要认真负责，不要求你把项目的所有事情都自己做完，但是认真完成自己负责的那部分工作应该是不容推辞的。

总结一下就是团队合作要避免“事必躬亲”，要学会借力、学会分工，相信自己的同伴你才不会孤单。

4.4 “一步到位”可行吗?

很多同学明明已经找到了生活的“吐槽点”，但是却迟迟不动手去用所学专业解决这个吐槽点，究其原因很多时候是所谓的“时机尚未成熟”，他在等待所有的环节都在脑子里面彻底想清楚了再动手，其实这个想法有不妥当的地方。首先我们进行的是创新性质的工作，因此没有任何可以直接照搬的参照，所以我们只能多种途径去获取需要的知识，然后再进行整理、融合，最后所有的知识都体现在我们的作品中。这些知识的融合只在大脑中进行是远远不够的，在实际操作中总是会出现新的问题，因此不存在完全想清楚的那种时刻，必须要动手去做，而且越快动手，就能越早发现问题，就会有越多的时间来解决问题。因此在制作电子作品的时候千万不要想着“一步到位”，很多“创客”工作室采取的都是版本更新的手段，也即先做出一个原型机，第一版的原型机可能颜值不高，而且也仅能够实现预期的基础功能，但是当这个原型机做出后，一方面对做出更好作品的自信心会增加，也即我们得到了一个正向刺激，另一方面可以在这个作品的基础上进行修改完善，从而做出二代机、三代机，最终版本的机器肯定就是我们心目中的理想机型。因此科技制作是一个循序渐进的过程，内心中不要设置一步到位的期望，同时也要尽快入手，在实践中发现并且解决问题。

还是拿第十三章的智能商务旅行箱举例，该作品的第一代旅行箱是完全用有机玻璃切割加工的，处理器采用的是51单片机系统，仅仅具备称重、太阳能充电和超距离报警功能，在参加完一次比赛回程的路上，该旅行箱就彻底散架了，回来后团队成员针对比赛时候专家的意见和建议，对旅行箱进行了升级，第三代的旅行箱已经非常高大上。首先箱体是购买的硬质旅行箱进行改装，然后处理器采用的是中移物联公司的“麒麟座”物联网开发板，实现的功能在保持第一代所有功能的基础上还具备GPS定位功能，另外添加了电脑端地图定位和手机APP端地图定位功能，太阳能充电电池被完美的固定在了箱体表面。等到第四代机器的时候，太阳能板摇身一变，成了一个可伸缩的小桌板，除了能够给手机充电提供能量来源，也可放置平板或者手机，以便于随时办公，另外增加报警短信发送功能，与佩戴的报警手环形成双重保险，以实现在旅行箱丢失的第一时间就报警。在我们刚有制作一个智能旅行箱的创意时，根本没有想到第四代里面的那些功能，而我们并没有只停留在意识形态上的思考，不断的实践摸索让我们在短时间内实现了作品的质的提升，最终成型的第四代的作品得到了业内同行的广泛认可。

4.5　如何制作我们的Demo?

Demo也就是样机的意思，如何制作样机，或者说我们的样机应该做成什么样子，这其实在“创客”中有一个基本共识。

首先是如何制作Demo——用什么做框架、用什么做紧固，我们同学的第一反应就是3D打印机，不得不说这是3D打印机商业宣传的深入人心，但是我们真的用得到吗？首先一台质量较好的 3D 打印机动辄价钱上万，甚至更贵，然后后期的耗材也是贵得可怕，有些同学说市面上也有那种一两千的 3D 打印，但是实际上这个方法是不可取的，这个价位的打印机打出来的东西展示度较低。而且这种打印机同样面临后期耗材的成本问题。因此其实 3D 打印并不适合小团队或者说学生层面的创业团队，当然如果所在高校可以提供高质量的 3D 打印设备，那还是可以拿来使用的。但如果学校不提供，我们又该怎么利用自己有限的财力做出最具展示度的 Demo 呢？其实有机玻璃和铜柱螺丝组合绝对是我们制作 Demo 框架的最佳选择。有机玻璃既具有玻璃的透明度，又可以像木工板一样被任意切割或者钻孔，非常方便进行二次加工。为什么强调二次加工呢？因为“创客”制作的魅力就是要不断地根据实际修改自己的作品，所以能够方便地进行修改才是最重要的品质，这又是其优于 3D 打印的地方，3D 打印出的模具是什么样子就固定了，如果改变就要重新打印，灵活性低。各种规格的铜柱螺丝或者其他常见螺丝完全可以肩负紧固的重任，这样制作出来的作品绝对具备一定的强度，不会出现在搬运过程中受损的情况，同时又非常具有展示性，透过有机玻璃，评审者可以清楚地看到整个作品的内部布局和电路设计。

另外一个问题就是做成什么样子，Demo 相当于原型机，并不是最终的产品形态，更偏重于功能展示，让参观者有一个大概的、可以想象的原形，所以我们不需要在外观设计上做太多功课，有很多女生的设计团队会在作品外贴上 Hello kitty 的贴纸，当然如果该作品是为了突出“萌”的属性，这样做是完全没问题的，否则还是仅保持外壳干净就行。

第五章　哪些基础知识该了解

5.1　基本电路知识

大学里的电子科技类作品制作是以《电路分析》《模拟电路》《数字电路》《高频电路》等课程作为基础的，我们在开展设计实践的过程中需要灵活、综合运用这些电路知识。本节列举的是你该知道的基本电路知识，这些知识涉及基本的电路元器件、电路定理和元器件封装等内容，了解了本节的电路知识后，可基本无阻地设计和分析实践中遇到的各种电路了。

1. 基本电路元器件

(1) 电阻、电容、电感、恒流源和恒压源

电阻，电阻体现的是导体对电流的阻碍作用，是消耗电能的元件。在电路分析中，所有消耗能量的过程都可以用电阻表示，电阻阻值的大小由材料的电阻率、导体长度和横截面等决定，其中导体电阻率并不是一个定值，会随着温度等因素上下波动，但是在电路分析中，一般认为电阻的阻值是固定不变的。

电容，电容和电感一起被称为动态元件，其工作过程包括充电和放电两个阶段，在充电过程中，将电源提供的电能转化成电场能进行存储，等到放电时，电容相当于电源，向外释放能量。最简单的电容可由两块平行金属板，然后中间加上一层绝缘材料构成。当电路中的电源为正弦波形或者其他交流波形时，电容的工作状态在充放电之间切换。

电感，另外一种动态元件，与电容不同的是，电感是将能量变成磁场能量进行存储，电感的常见应用是耦合线圈，其中最常见的就是变压器，可用于进行交流电压的调制，初级线圈和次级线圈的电压比与线圈扎数成正比。

恒压源，输出的电压是恒定值，电流值的大小取决于外部电路，像锂电池、干电池以及手机充电器等都属于恒压源。恒压源在使用时要注意不能短路，否则会因电流过大，造成电源的烧毁。

恒流源，输出的电流是恒定值，电压大小取决于外部电路，最常见的就是太阳能电池。恒流源在使用过程中要注意恒流源不能开路，不使用的时候需要使用导线将正负极短接。

（2）导线和开关

导线，可用作电线电缆的材料，导线是电路中各种元器件之间的连接器件，肩负着能量的传输和信号传递的重任，当然随着科技的发展，现在无线能量和信号传输已经越来越广泛地被使用，不过导线依然有着其不可替代的作用。

开关是可以使电路开路、使电流中断或使其流到其他电路的电子元件。常见的有单刀单置开关、环路开关等。

2. 电路符号、基本电路定义和定理

（1）电路符号

在电路设计中，第一步就要使用理想电路元件或者它们的组合模拟实际器件，图 5.1 所示是常见的电路元器件的模型符号。

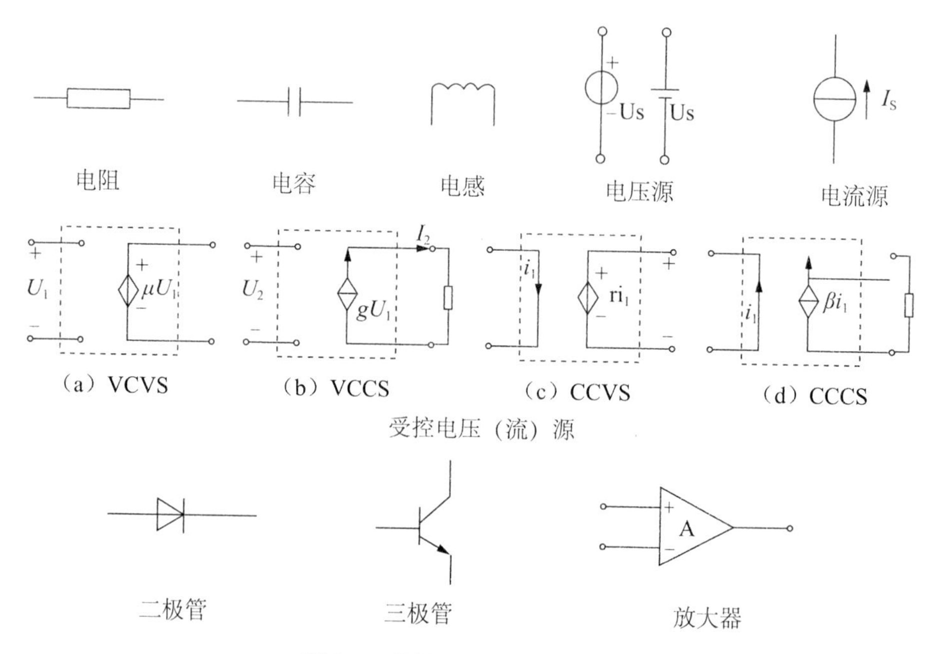

图 5.1　常见元器件的电路符号

（2）高电位和低电位

在电路系统中，所谓的电位的高低也即电压的高低。高电位与低电位是相对的，需要有一个参考点。在数字电路或者计算机领域，我们一般将+5V作为高电位，将0V作为低电位，然后使用二进制数的“1”表示高电位，使用二进制的“0”表示低电位。

（3）欧姆定理

该定律是由德国物理学家乔治·西蒙·欧姆于1826年提出。欧姆定理可简述为：在同一电路中，通过某段导体的电流跟这段导体两端的电压成正比，跟这段导体的电阻成反比。欧姆定理的标准式为

$$I=\frac{U}{R}$$

（4）基尔霍夫定理

基尔霍夫定律是电路中电压和电流所遵循的基本规律，是分析和计算较为复杂电路的基础，该定律由德国物理学家G. R. 基尔霍夫于1845年提出。它既可以用于直流电路的分析，也可以用于交流电路的分析，还可以用于含有电子元件的非线性电路的分析。运用基尔霍夫定律进行电路分析时，仅与电路的连接方式有关，而与构成该电路的元器件具有什么样的性质无关。基尔霍夫定律包括电流定律（KCL）和电压定律（KVL），前者应用于电路中的结点而后者应用于电路中的回路。基尔霍夫定律电流定律的内容为：在任一瞬时，流向某一结点的电流之和恒等于由该结点流出的电流之和。基尔霍夫电压定律的内容为：在任一瞬间，沿电路中的任一回路绕行一周，在该回路上电动势之和恒等于各电阻上的电压降之和。

（5）开路、断路和短路

开路是指在电路中由于电键断开所导致的电路无法正常工作的情况；断路是指电路中的某些用电器损坏，或是导线没接好所导致的电路无法正常工作的情况；短路分为电源短路和局部短路，电源短路是指用导线直接接在电源的两端后形成的导线发热的现象。局部短路是指用一根导线直接接在用电器两端或是两用电器并联，且它们的电阻相差很大（如：$R1=10$欧，$R2=1000$欧）所造成的电路中一个用电器不工作，而不影响其他用电器的情况。

（6）二端口网络、集总参数电路

二端口网络即端口数等于 2 的多端网络，两个端口中接电源的称为入口，接负载的称为出口。既可能是一个异常复杂的网络，也可能是相当简单的网络。集总参数电路是由以电路电气器件的实际尺寸（d）和工作信号的波长（λ）为标准划分的，满足 d＜＜λ 条件的电路被称为集总参数电路。

（7）运算放大器的“虚短”“虚断”“闭环”

运算放大器理想化后，放大倍数无穷大，而输出电压为有限值，折算到输入，输入差模电压很小可忽略不计，此时输入端电压认为短路，即虚短。另理想运算输入电阻无穷大，此时运算输入电流为零，也就是虚断。此两种说法前提是运算在负反馈工作状态。通常特指负反馈环路，即通过一定的支路把输出的一部分电压或电流引回到反相输入端，则输入端、输出端和反馈支路构成一个反馈环路。

3. 元器件和芯片封装

封装（Package）是把集成电路装配为芯片最终产品的过程，简单地说，就是把 Foundry 生产出来的集成电路裸片（Die）放在一块起承载作用的基板上，把管脚引出来，然后固定包装成为一个整体。在实际电路设计过程中所说的封装指的是所选的元器件的尺寸、外形规格等参数。例如电阻元件，其封装就分为插式和贴片式，其中所谓的插式封装是早期的封装方式，采用插式封装的元器件的引脚会插入到印制电路板的焊盘孔洞中，而贴片式的元器件的引脚则是贴在印制电路板的表面，与焊盘在电路板的表层进行焊接，插式和贴片式元器件的功能相同，仅仅是尺寸和与电路板的连接方式不同。插件元器件的尺寸普遍大于对应的贴片封装，因此出于对电路规模的限制考虑，采用贴片式封装更节省空间。另一方面，因为贴片式封装尺寸小的缘故，导致引脚之间的距离非常小，对焊接人员的技术要求很高，其焊接手法也明显区分于插式封装。所以我们同学在选择芯片封装的时候要考虑到实际，进而决定选择何种封装。

4. 设计中常用的元器件

（1）电阻、电容、电感、二极管、三极管和放大器

1）电阻

常规电阻分为插式和贴片式（封装为 0603、1206），另外还有可调电阻

(分为立式和卧式两种)、电位器和齿轮电位器等。特殊电阻包括光敏电阻(5537)等。普通插式电阻是最常用的电阻，关于插式普通电阻的阻值识别方法按照下表所示规则。

表 5.1　四环电阻的识别方法

颜色	第一环数字	第二环数字	倍乘数	误差
黑	0	0	10^0	—
棕	1	1	10^1	—
红	2	2	10^2	—
橙	3	3	10^3	—
黄	4	4	10^4	—
绿	5	5	10^5	—
蓝	6	6	10^6	—
紫	7	7	10^7	—
灰	8	8	10^8	—
白	9	9	10^9	—
金	—	—	10^－1	±5%
银	—	—	10^－2	±10%

表 5.2　五环电阻的识别方法

颜色	第一环数字	第二环数字	第三环数字	倍乘数	误差
黑	0	0	0	10^0	—
棕	1	1	1	10^1	1%
红	2	2	2	10^2	2%
橙	3	3	3	10^3	—
黄	4	4	4	10^4	—
绿	5	5	5	10^5	0.5%
蓝	6	6	6	10^6	0.25%
紫	7	7	7	10^7	0.1%
灰	8	8	8	10^8	±20%
白	9	9	9	10^9	—
金	—	—	—	10^－1	±5%
银	—	—	—	10^－2	±10%

下面我们举例解释如何使用上述两个表格识别电阻的阻值：例如对于四环电阻，如果色环颜色依次是红橙黑金，那么一环数字（十位）《红》二环数字（个位）《橙》 * 倍乘数《黑》误差《金》，即：23 * 10^0＝23Ω（±5%）。又例如现在有一个五环电阻，色环颜色依次是红蓝绿黑棕，那么一环数字（百位）《红》二环数字（十位）《蓝》三环数字（个位）《绿》 * 倍乘数《黑》误差，即：265 * 10^0＝265Ω（±1%）。

在选择电阻时有以下几个参数需要考虑：①允许偏差。实际阻值与标称阻值间允许的最大偏差，以百分比表示。常用的有±5%、±10%、±20%，精密的小于±1%，高精密的可达0.001%。精度由允许偏差和不可逆阻值变化共同决定；②额定功率。电阻器在额定温度（最高环境温度）tR下连续工作所允许耗散的最大功率。对每种电阻器同时还规定最高工作电压，即当阻值较高时即使并未达到额定功率，也不能超过最高工作电压使用；③电阻温度系数。在规定的环境温度范围内，温度每改变1℃时阻值的平均相对变化，用ppm/℃表示。除了以上三个重要参数外，还有非线性（电流与所加电压特性偏离线性关系的程度）、电压系数（所加电压每改变、伏阻值的相对变化率）、电流噪声（电阻体内因电流流动所产生的噪声电势的有效值与测试电压之比，用电流噪声指数来表示）、高频特性（由于电阻体内在分布电容和分布电感的影响，使阻值随工作频率增高而下降的关系曲线）、长期稳定性（电阻器在长期使用或贮存过程中受环境条件的影响阻值发生不可逆变化的过程）等技术指标。

图5.2 插式电阻、电解电容和电感器

2）电容和电感

电容的封装也分为插式和贴片。常用的电容包括瓷片电容、独石电容、安规电容、钽电容和电解电容。电容在电路中具有“通交流、阻直流，通高频、阻低频”的效果，常被用来去耦、滤波和储能。

电感可由电导材料盘绕磁芯制成，典型的如铜线，也可把磁芯去掉或者用铁磁性材料代替。比空气的磁导率高的芯材料可以把磁场更紧密地约束在电感元件周围，因而增大了电感。电感有很多种，大多以外层瓷釉线圈环绕铁氧体线轴制成，而有些防护电感把线圈完全置于铁氧体内。一些电感元件的芯可以调节，由此可以改变电感大小。小电感能直接蚀刻在PCB板上，用一种铺设螺旋轨迹的方法。小值电感也可用以制造晶体管同样的工艺制造在集成电路中。在这些应用中，铝互连线被经常用作传导材料。用于隔高频的电感元件经常用一根穿过磁柱或磁珠的金属丝构成。

3）二极管和三极管

二极管是一种半导体器件，包含一个PN结，具有单向导电的特殊性质。只允许电流由单一方向流过。主要有型号有1N4733A和1N4148等，整流二极管常用于对正弦交流信号进行整流，常见型号是IN5408。肖特基二极管因为反应速度快，常用于继电器电路保护电路中，常见的型号是1N5819。而稳压管则工作在反向偏置状态，以实现稳定电压的作用。

三极管是一种电流控制电流的半导体器件，其作用是把微弱信号放大成幅度值较大的电信号。三极管主要型号有S8550、S8050和S9014（TO－92封装）等。

4）放大器

放大器主要用于检测信噪比很低的微弱信号。即使有用的信号被淹没在噪声信号里面，只要知道有用的信号的频率值，就能准确地测量出这个信号的幅值。分为运算放大器和功率放大器，其中运算放大器是对电压信号或者电流信号进行放大；功率放大器简称功放，音响系统里面的“功放”是其最常见的应用。衡量放大器的三个主要指标是输入电阻、输出电阻和闭环放大倍数。

（2）排针（单排和双排）

排针是连接器的一种。一般广泛被应用于PCB板的连接上，与其配对使用的有排母和线端等连接器。由于不同产品所需要的规格不同，因此排针也有多种型号规格。

（3）电源线和数据线

1）电源线

电源线是传输电流的电线。电源线按照用途可以分为AC交流电源线及DC直流电源线。通常AC电源线是通过电压较高的交流电的线材，而DC线基本是通过电压较低的直流电。

图5.3　交流电源线

2）杜邦线

图5.4　母对母

图5.5　公对母

图5.6　公对公

杜邦线选择时候有三个参数需要确定：P数、线长和接头式样。其中P数是指由多少根杜邦线并联在一起，常见的有10根、20根或者更多，在选择的时候可以选择P数多的，然后在实际使用时可以拆开使用，比如购买的20P，可以拆成两组10P的杜邦线分别用在不同地方。线长需要根据应用场合决定，杜邦线的使用一定程度上可以使电路的连线变得整洁有序，因此线长应该根据实际需要决定，太长和太短都会影响作品的整洁度。接头式样分为公对公、公对母和母对母，其中有一根针突出的是公头，呈现出一个槽的是母头，这个也要根据实际情况进行选择。

3）IDE数据线

IDE数据线分为三个插口和两个插口的两种。有三个插口的，其中黑色或蓝色的一端是接在主板上的IDE接口上的，其他两个相同颜色的可以分别接硬盘和光驱，或是两个硬盘。只有两个插口的为简化的IDE数据线，一端必须接在主板的IDE接口上，另一端则只能接一个IDE设备。

（4）端子和插座

1）接线端子

接线端子就是用于实现电气连接的一种配件产品，目前用得最广泛的是PCB板端子。接线端子常见的可以分为WUK接线端子、欧式接线端子系列、插拔式接线端子系列、栅栏式接线端子系列，使用时可根据需要进行选择。

2）香蕉插头

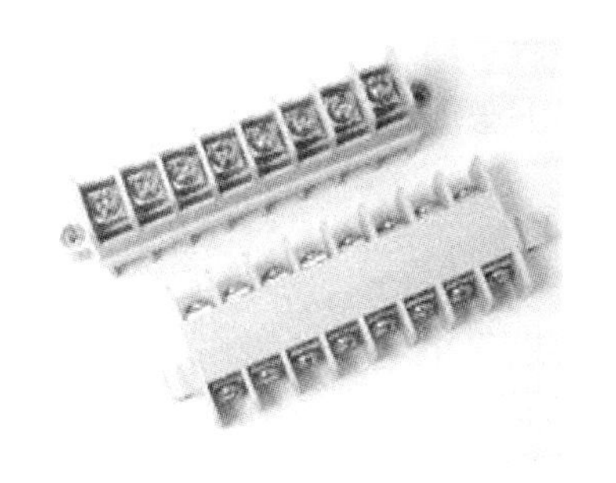

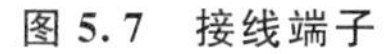

图 5.7　接线端子

图 5.8　香蕉插头

这种插头的名字来自于它稍稍鼓起的外形，供插入香蕉插座。插入后可以形成非常大的接触面积，这种特性使得它被优先使用在大功率输出的器材中，普遍装于音箱线两端的供插入香蕉插座。有时候也可以看到被分为两组的香蕉插头，称作“双香蕉插”。香蕉插头的接触方式主要有弹片型、针型、十字槽型、卷圆型这几种。

3）T 形端子

T 形端子主要用于建筑、工业电器设备中作主电缆（干线）不能切断时的“T”形分线连接用，主要起安全防护功能。T 形端子不仅具有纤小的外形，同时具有可靠紧凑的内部结构，这也拓展了其使用范围。可实现电缆不切断时的干线分线，组态灵活。

4）U 型接线端子

U 型接线端子是常见的接线端子规格，普通规格的所有 U 型系列通用接线端子都能用于符合 EN50 019 标准规定的 EEXe 领域。端子具有通用安装脚因而可安装在 U 型导轨 NC35 及 G 型导轨 NC32 上。封闭型的螺钉引导孔能够确保理想的螺丝刀操作。

5）RS232

RS232 是现在主流的串行通信接口之一，它被广泛用于计算机串行接口外设连接。RS232 接口标准出现较早，传输速率较低。通常 RS232 接口以 9 个引脚（DB－9）或是 25 个引脚（DB－25）的形态出现。一般个人计算机上会有两组 RS232 接口，分别称为 COM1 和 COM2。

6）耳机插座

耳机插座主要实现音频信号的输入和输出，可分为贴片式耳机插座和插件式耳机插座。耳机插座还可以兼容多种插头，如美式英式圆脚插头、扁三插、扁圆二插和方脚插头等。一般耳机插座上带有微光或荧光指示灯，便于夜间寻找位置。

7）芯片座

芯片座大量出现在开发板或者电路研制过程中，通过芯片座，芯片就可以不用直接焊接在电路板上，这样即使芯片出现烧毁的情况，也可以轻松地完成调换。图 5.10 所示是锁式芯片座，该类型的座有紧固和松弛两种状态，既可以保证芯片与底座良好接触，又能轻松更换芯片。

图 5.9 RS232 线

图 5.10 芯片座

图 5.11 纽扣电池座

8）纽扣电池座

即纽扣电池连接器，用于装载纽扣电池，一般焊接在 PCB 板上，用于模块时钟供电用。包括一座体、正导极件和负导极件，由座体底面相对边缘上分别有对电池加以固定及限位的凸条挡肋及定位座。

（5）开关

1）拨动开关

拨动开关是通过拨动开关柄使电路接通或断开，从而达到切换电路的目的。拨动开关常用的品种有单极双位、单极三位、双极双位以及双极三位等。拨动开关一般用于低压电路，具有滑块动作灵活、性能稳定可靠的特点。

2）按钮开关

按钮开关是利用按钮推动传动机构，使动触点与静触点接通或断开并实现电路换接的开关。按钮开关的结构种类很多，可分为蘑菇头式、自锁式、自复位式，还有一种自持式按钮，按下后即可自动保持闭合位置，断电后才能打开。

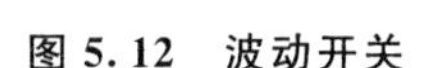

图 5.12　波动开关

图 5.13　按钮开关

图 5.14　微动开关

3）微动开关

微动开关（又叫灵敏开关）是具有微小接点间隔和快动机构，用规定的行程和规定的力进行开关动动作的接点机构，用外壳覆盖，外部有驱动杆的一种开关。最常见的应用就是鼠标按键。

4）钮子开关

图 5.15　钮子开关

图 5.16　船型开关

图 5.17　温控开关

钮子开关是一种手动控制开关，主要用于交直流电源电路的通断控制，具有体积小、操作方便等特点，是电子设备中常用的开关。操作位置有二位和三位两种。三位开关又可有某一边位置不定位等。钮子开关的钮柄种类繁多，如金属圆锥钮柄、塑料圆锥钮柄、锁杆钮柄等。其中锁杆式钮柄适用于有危险的操作场合。

5）船型开关

船型开关（也称翘板开关）的结构与钮子开关相同，只是把钮柄换成船型。船型开关常用作电子设备的电源开关，其触点分为单刀单掷和双刀双掷等几种，有些开关还带有指示灯。

6）温控开关

温控开关是指根据工作环境的温度变化，在开关内部发生物理形变，从而产生某些特殊效应，产生导通或者断开动作的一系列自动控制元件，也叫温度保护器或温度控制器。通过温度保护器将温度传到温度控制器，温度控制器发出开关命令，从而控制设备的运行以达到理想的温度及节能效果。

（6）电路板

1）万用电路板与覆铜板

万用电路板与覆铜板主要用于加工制造印制电路板（PCB），使用万能板得按照电路图自己连线，而使用覆铜板只需给厂家发去用于制作的电路图，让厂家把电路图的连线蚀刻在一层或几层先铺好铜膜的板子上。

2）面包板

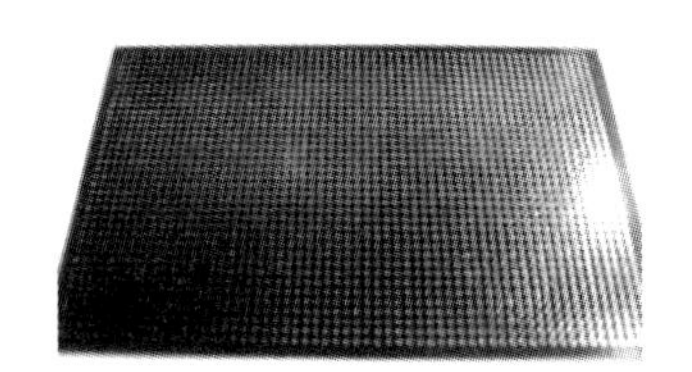

图 5.18　万用电路板

图 5.19　面包板

面包板是由于板子上有很多小插孔，很像面包中的小孔，因此得名，专为电子电路的无焊接实验设计制造的。不用焊接和手动接线，将元件插入孔中就可测试电路及元件，使用方便。使用前应确定哪些元件的引脚应连在一起，再将要连接在一起的引脚插入同一组的 5 个小孔中。

（7）锂电池和电池盒

锂电池是指电化学体系中含有锂的电池。锂电池大致可分为两类：锂金属电池和锂离子电池。锂金属电池通常是不可充电的，且内含金属态的锂。锂离子电池不含有金属态的锂，并且是可以充电的。锂离子电池大量应用在手机、笔记本电脑、家用小电器上，可以说是最大的应用群体。

（8）灯和显示

1）LED 灯

LED 灯基本结构是一块电致发光的半导体材料芯片。相较于普通日光灯，LED 灯的抗震性能好、节能、寿命长、适用性好，因单颗 LED 的体积小，可以做成任何形状，故在电路设计中，常使用此种灯。

2）数码管

数码管也称 LED 数码管，是一种半导体发光器件，其基本单元是发光二极管。LED 数码管是由多个发光二极管封装在一起组成“8”字形的器件，引线已在内部连接完成，只需引出它们的各个笔画，公共电极。数码管按段数可分为七段数码管和八段数码管，八段数码管比七段数码管多一个发光二极管单元（多一个小数点显示）。

图 5.20　数码管

图 5.21　扬声器

（9）扬声器

扬声器又称“喇叭”。扬声器在电声系统中是一个较薄弱的组件，却又是一个重要组件。扬声器的种类繁多，而且价格相差很大。电动式扬声器是应用电动原理的电声换能器件，它是目前运用最多、最广泛的扬声器。

（10）鳄鱼夹

鳄鱼夹用作暂时性电路连接，广泛用于连接电池的电力电缆或其他组件。形似鳄鱼嘴的接线端子——亦称“弹簧夹”“电夹”。使用时外面需要套绝缘套，材料一般为纯铜、铁镀镍、铁镀锌、铁镀铜或者不锈钢。

图 5.22　鳄鱼夹

（11）散热

1）散热风扇

图 5.23　散热风扇

图 5.24　散热铝片

散热风扇的技术和性能方面目前已经达到了成熟的阶段，并不断有新技术出现。工作电压从 5V 到 220V 不等。散热风扇主要分为轴流风扇、离心风扇和混流风扇。使用轴流风扇就可以达到冷却效果，然而，有时候如果需要气流旋转 90 度排出或者需要较大的风压时，就必须选用离心风扇。

2）散热片

散热片是一种给电器中的易发热电子元件散热的装置。就散热片材质来说，每种材料其导热性能是不同的，按导热性能从高到低排列，分别是银、铜、铝和钢。不过如果用银来作散热片会太昂贵，故最好的方案为采用铜质。

（12）晶振

晶振为数字电路提供时钟频率，用于进行读写操作，广泛用于各种振荡电路中。常见的频率有：2M、4M、4.9152M、6M、8M、10M、11.0592M、12M、13.560M、16M、24M 等。

图 5.25　晶体振荡器

（13）跳线帽

图 5.26　跳线帽

图 5.27　扁平震动马达

跳线是控制电路板上电流流向的小开关。跳线上接的是二针或多针的跳线帽。跳线帽是这些小开关是否通路、断路或者短路的控制器。跳线帽无正反之分，使用时只要插在 1、2 阵脚就可以。

（14）手机扁平震动马达

手机马达一般指应用到手机上面的振动小马达，属于微型电机的一种。应用电磁感应原理，主要的作用是产生振动。从其结构上来看，不适合长时间运转。

（15）玻璃保险管

图 5.28　玻璃保险管

图 5.29　磁珠

玻璃保险管（也被称为熔断器，IEC127 标准将它定义为“熔断体”）是一种安装在电路中，保证电路安全运行的电器元件。保险管（丝）会在电流异常升高到一定的高度和一定温度的时候，自身熔断切断电流，从而起到保护电路安全运行的作用。

（16）磁珠

磁珠专用于抑制信号线、电源线上的高频噪声和尖峰干扰，还具有吸收静电脉冲的能力。磁珠是用来吸收超高频信号，像一些 RF 电路、PLL 和振荡电路都需要在电源输入部分加磁珠，磁珠有很高的电阻率和磁导率，等效于电阻和电感串联，但电阻值和电感值都随频率变化。

5. 制作过程中遇到的专业术语

（1）虚焊

一般是在焊接点有氧化或有杂质和焊接温度不佳，方法不当造成的。实质是焊锡与管脚之间存在隔离层，它们没有完全接触在一起，肉眼一般无法看出其状态，但是其电气特性并没有导通或导通不良，影响电路特性。可通过保持烙铁头的清洁，注意焊锡温度来预防虚焊。

（2）焊盘、过孔和补泪滴

电路板主要由焊盘、过孔、安装孔、导线、元器件、接插件、填充和电气边界等组成。过孔分为金属过孔和非金属过孔，其中金属过孔用于连接各层之间元器件引脚。在电路板设计中，为了让焊盘更坚固，防止机械制板时焊盘与导线之间断开，常在焊盘和导线之间用铜膜布置一个过渡区，形状像泪滴。

5.2 智能硬件的心脏——单片机

说起单片机，不熟悉它的人总会觉得这样一个能作为一门课单独来学习的东西实在是太高大上了，也不排除看到各种现代智能化的成品然后本能地觉得专业化和艰难。随便逛逛贴吧，给个单片机的标签，下面一串串的求问大神该怎么学习单片机、我是小白能学得懂么之类的问题。不能说这个好不好学，那得看你想学到怎样一个境界，但是这本书能给你一个启蒙，做到轻松应用。

1. 单片机是什么？

单片机是一种集成电路芯片，是采用超大规模集成电路技术把具有数据处理能力的中央处理器 CPU、随机存储器 RAM、只读存储器 ROM、多种 I/O 口和中断系统、定时器/计时器等功能（可能还包括显示驱动电路、脉宽调制电路、模拟多路转换器、A/D 转换器等电路）集成到一块硅片上构成的一个小而完善的微型计算机系统。

可能这么说大家都不熟悉，简单点来说，单片机就像大家都比较熟悉的计算机。单片机的全名是单片微型计算机，将计算机系统集成在这么一个小小的芯片上，它就像是一个微型计算机，只要借助一些像是矩阵键盘、显示器等外部硬件，就能完成一些相应计算机能完成的东西。这么说来，是不是顿生亲切和熟悉？

2. 单片机的功能

单片机由运算器、控制器、存储器和输入输出设备构成。这些只是单片机里的一些基本集成部分，不同的单片机的集成有一定差距，这和单片机的分类有一定关系，如 51 单片机是通用型，而一些专用型像是为了某一产品设计的会集成一些相应的部件，例如为了满足电子体温计的要求，在片内集成 ADC 接口等功能的温度测量控制电路。其他类别还有总线型和非总线型、控制型和家用型。

3. 单片机的型号介绍

（1）STC 单片机

STC 公司的单片机主要是基于 8051 内核，是新一代增强型单片机，指令代码完全兼容传统 8051，速度快 8～12 倍，带 ADC、4 路 PWM、双串口，有全球唯一 ID 号，具备加密性好和抗干扰强等优点，是最常用的 51 单片机。

（2）ATMEL 单片机

ATMEL 公司的 8 位单片机有 AT89、AT90 两个系列，AT89 系列是 8 位 Flash 单片机，与 8051 系列单片机相兼容，静态时钟模式；AT90 系列单片机是增强 RISC 结构、全静态工作方式、内载在线可编程 Flash 的单片机，也叫 AVR 单片机。

（3）PHLIPIS 51LPC 系列单片机

PHILIPS 公司的单片机是基于 80C51 内核的单片机，嵌入了掉电检测、模拟以及片内 RC 振荡器等功能，这使 51LPC 在高集成度、低成本、低功耗的应用设计中可以满足多方面的性能要求。

（4）TI公司单片机

德州仪器提供了TMS370和MSP430两大系列通用单片机。TMS370系列单片机是8位CMOS单片机，具有多种存储模式、多种外围接口模式，适用于复杂的实时控制场合。MSP430系列单片机是一种超低功耗、功能集成度较高的16位低功耗单片机，特别适用于要求功耗低的场合。

4. 单片机在生活中的应用

之所以觉得单片机陌生，是因为我们不知道它在生活中是离我们如此的近。下面就来看看生活中它的存在。

（1）智能仪器

单片机具有体积小、功耗低、控制功能强、扩展灵活、微型化和使用方便等优点，广泛应用于仪器仪表中，结合不同类型的传感器，可实现诸如电压、电流、功率、频率、湿度、温度、流量、速度、厚度、角度、长度、硬度、元素和压力等物理量的测量。采用单片机控制使得仪器仪表数字化、智能化、微型化，且功能比起采用电子或数字电路更加强大。例如精密的测量设备（电压表、功率计、示波器、各种分析仪）。这就提供了一些思路，将单片机与传感器等能接受外界信息的元件相连，就可以得到蕴含信号的数据，这些数据可以帮助我们设计改良出仪器，实现现在的智能。

（2）工业控制

在工业上用单片机可以构成形式多样的控制系统、数据采集系统、通信系统、信号检测系统、无线感知系统、测控系统、机器人等应用控制系统。例如工厂流水线的智能化管理，电梯智能化控制、各种报警系统、与计算机联网构成二级控制系统等。

（3）家用电器

现在的家用电器广泛采用了单片机控制，从电饭煲、洗衣机、电冰箱、空调机、彩电、其他音响视频器材，再到电子秤量设备和白色家电等。

（4）网络和通信

现代的单片机普遍具备通信接口，可以很方便地与计算机进行数据通信，为在计算机网络和通信设备间的应用提供了极好的物质条件。现在的通信设备基本上都实现了单片机智能控制，从手机、电话机、小型程控交换机、楼宇自动通信呼叫系统、列车无线通信，再到日常工作中随处可见的移动电话、集群移动通信、无线电对讲机等。

(5) 医用设备领域

单片机在医用设备中的用途亦相当广泛，例如医用呼吸机、各种分析仪、监护仪、超声诊断设备及病床呼叫系统等。另外，单片机在武器装备上也有很大应用，如军舰、坦克、鱼雷制导等。可以说与控制、计算相关的电子设备都可以用单片机来实现（可根据具体需要选择不同性能的单片机）。

5.51 单片机入门

首先拿出一块 51 单片机，结合下图进行学习。图 5.30 到图 5.31 表示 51 单片机芯片不同的实物图和引脚图，我们要学会区分不同的引脚。对于 8051 内核的单片机来说，一般引脚数或封装相同，引脚功能也是相通的。51 单片机有很多的形态和不同规格的引脚数，有直插式和贴片式。

图 5.30　直插式和贴片式 51 单片机

仔细观察单片机的表面，可在上面找到一个凹进去的小圆坑（有一些是用颜色标识的小标记），它所对应的引脚就是第一引脚，然后以逆时针方向数下去。接下来，我们对单片机的引脚进行详细介绍，按功能分为三类。

(1) 电源和时钟引脚

VCC（40 脚）、GND（20 脚）、XTAL1（19 脚）、XTAL2（18 脚）。

VCC、GND——电源引脚，常压＋5V，低压＋3.3V。

XTAL1、XTAL2——外接时钟引脚。XTAL1 是振荡电路的输入端，XTAL2 为振荡电路输出端。

(2) 编程控制引脚

RST、PSEN、ALE/PROG、EA/RST/VPP（9 脚）：复位引脚，引脚上出现 2 个连续机器周期的高电平将使单片机复位。复位后单片机从头开始运行程序，从储存器的 0000H 单元开始读取第一条指令。

ALE/PROG（30 脚）：地址锁存允许信号。扩张外部 RAM 时，用于把 P0 口输出低 8 位的地址送锁存器锁存起来，实现低电位和数据的隔离。

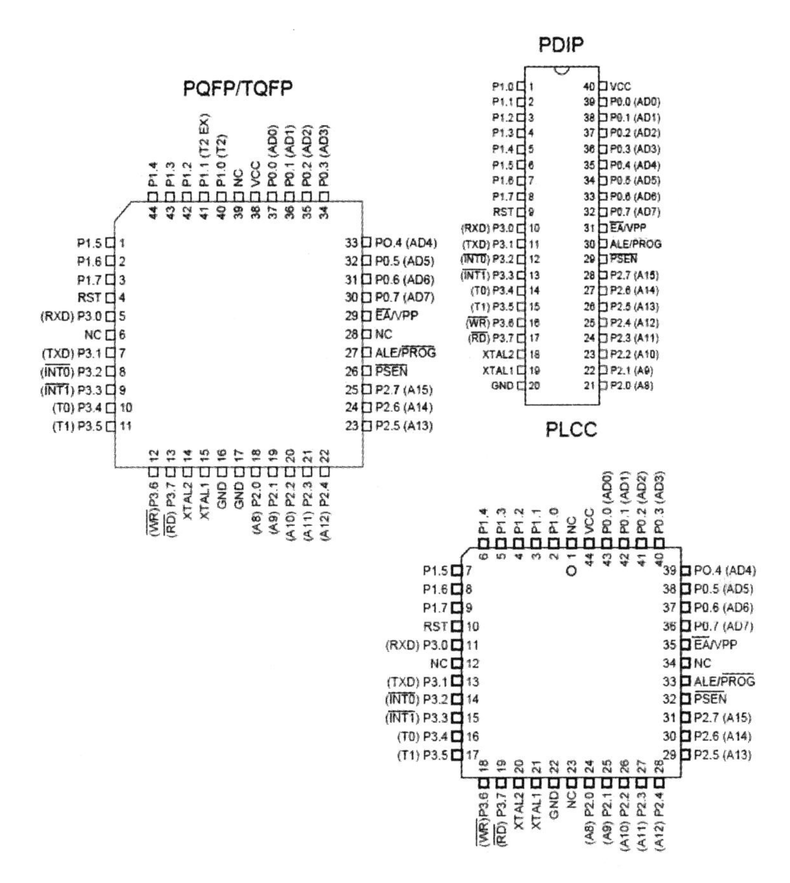

图 5.31　51 单片机引脚图

PSEN（29 脚）：程序储存器允许输出控制端。读取外部程序时低电平有效，实现外部程序储存单元的读操作。以下是几种情况的 PSEN 状态：

内部读取 ROM 时，PSEN 不动作；

外部读取 ROM 时，PSEN 每个机器周期动作两次；

外部读取 RAM 时，两个脉冲被跳过，不输出；

外接 ROM 时，与 ROM 的 OE 相接。

EA/VPP（31 脚）：程序存储器的内外部选通，接低电平从外部程序存储器读指令，如果高电平则从内部程序存储器读指令。

（3）I/O 口引脚

P0、P1、P2、P3，共四组 8 位 I/O 口；

P0 口（39 脚～32 脚）每个口可独立控制，使用时外接 10KΩ 上拉电阻；

P1 口（1 脚～8 脚）准双向，每个口可独立控制，内带上拉电阻，输出没有高阻状态，输入不能锁存，不是真正的双向 I/O 口，作为输入使用前，先向该口进行写 1 操作，单片机内部才能正确读出外部信号；一些第二功能补充：P1.0：T2 定时器/计数器的外部输入，P1.1：T2 的外部控制端。

P2 口（21 脚～28 脚）与 P1 口第一功能相似。

P3 口（10 脚～17 脚）第一功能与 P1 口相似，作为第二功能时，如表 5.3 所示。P3 口的每一个引脚可独立定义为第一功能的输入/输出或第二功能。

表 5.3　P3 口第二功能介绍

标号	引脚	第二功能	解释
P3.0	10	RXD	串行输入口
P3.1	11	TXD	串行输出口
P3.2	12	INT0	外部中断 0
P3.3	13	INT1	外部中断 1
P3.4	14	T0	定时器/计数器 0 外部输入端
P3.5	15	T1	定时器/计数器 1 外部输入端
P3.6	16	WR	外部数据存储器写脉冲
P3.7	17	RD	外部数据存储器读脉冲

6. 编程语言的介绍

对于 51 单片机而言，编程主要采取两种语言——C 语言和汇编语言。C 语言是一种计算机程序设计语言，它既具有高级语言的特点，又具有汇编语言的特点。它由美国贝尔研究所的 D. M. Ritchie 于 1972 年推出，1978 年后，C 语言已先后被移植到大、中、小及微型机上。它既可以作为工作系统设计语言，编写系统应用程序，也可以作为应用程序设计语言，编写不依赖计算机硬件的应用程序。它的应用范围广泛，具备很强的数据处理能力，不仅仅是在软件开发上，而且各类科研都需要用到 C 语言，适于编写系统软件、三维、二维图形和动画，具体应用比如单片机以及嵌入式系统开发。

汇编语言是一种用于电子计算机、微处理器、微控制器或其他可编程器件的低级语言，亦称为符号语言。在汇编语言中，用助记符（Mnemonics）代替机器指令的操作码，用地址符号（Symbol）或标号（Label）代替指令或操作数的地址。在不同的设备中，汇编语言对应着不同的机器语言指令集，通过汇编过程转换成机器指令。普遍地说，特定的汇编语言和特定的机器语言指令集是一一对应的，不同平台之间不可直接移植。

下面来看一个简单的C语言程序：

```
//——包含你要使用的头文件——//
#include<reg51.h>//此文件中定义了51的一些特殊功能寄存器
//——声明全局函数——//
void Delay10ms (unsigned int c);      //延时10ms
/*******************************/
*函 数 名        : main
*函数功能        : 主函数
*输    入        : 无
*输    出        : 无
/*******************************/
void main ()
{
    while (1)
     {
    //——数字前面加0x表示该数是十六进制的数，0x00就是十六进制的00——//
    //——P0口一共有8个IO口，即从P0.0到P0.7，而0x00对应的二进制就是0000 0000，效果就是P0.0到P0.7都是0，即低电平。而如果想给P0.1口赋高电平时，二进制就是0000 0001，就是十六进制0x01——//
        P0  = 0x00; //置P0口为低电平
        Delay10ms (50); //调用延时程序，修改括号里面的值可以调整延时时间
        P0  = 0xff; //置P0口为高电平
        Delay10ms (50); // 调用延时程序
    }
}
```

```
/*******************************/
*函 数 名        : Delay10ms
*函数功能        : 延时函数，延时 10ms
*输    入        : 无
*输    出        : 无
/*******************************/
void Delay10ms (unsigned int c)     //误差 0us
{
    unsigned char a, b;
    //--c 在传递过来的时候已经赋值了，所以在 for 语句第一句就不用赋值了--//
    for (; c>0; c--)
     {
        for (b=38; b>0; b--)
         {
            for (a=130; a>0; a--);
         }
     }
}
```

以上是一个简单的 C 语言编程的程序，该程序的主要功能是点亮一盏 LED 灯，它也可以用汇编语言编写，以下是汇编语言编写的程序。

```
ORG 0000H          ; 程序从此地址开始运行
LJMP MAIN          ; 跳转到 MAIN 程序处
ORG 030H           ; MAIN 从 030H 处开始
MAIN:
MOV P0 , #00H      ; P0 为低电平 LED 灯亮
ACALL DELAY        ; 调用延时子程序
MOV P0 , #0FFH
ACALL DELAY
AJMP MAIN          ; 跳转到主程序处
DELAY:
```

```
MOV R5, #04H     ;将立即数传给寄存器R5
F3:
MOV R6, #0FFH
F2:
MOV R7, #0FFH
F1:
DJNZ R7, F1      ;若为0程序向下执行，若不为0程序跳转到
DJNZ R6, F2
DJNZ R5, F3
RET
END
```

不难看出，运用C语言编写的程序虽然较为复杂，但是具有很好的可读性，学习起来更加方便。而用汇编语言编写的程序，虽较为简单，但是可读性不高，学习起来也比较困难。所以一般在给单片机编写程序的时候，推荐使用C语言。

7. 配套的开发工具

（1）开发软件

编译器：一般为keil，通过keil，编写用来控制其他模块的程序。如上所述，可以用C语言或汇编语言来编程，并生成hex文件。

仿真工具：proteus是用来仿真单片机的一个软件。

烧录软件：STC－ISP，把hex文件烧录到单片机。

（2）开发硬件

单片机开发板：一个比较全面的开发板，它包含的模块非常多，完全能满足初学者的学习需要。

图5.32是由普中科技发行的51单片机开发板，包含以下部分：①8个LED灯，可以练习基本单片机IO操作，在其他程序中可以做指示灯使用；②2个四联8段数码管，显示温度数据，HELLO欢迎词、时钟等；③高亮8*8点阵，如练习数字、字母、图片显示，或者小游戏的开发如贪吃蛇等；④4个独立按键，可以配置为中断键盘，为程序的按键扫描节省更多的时间；⑤8个AD按键，主要设计为游戏开发如推箱子等，去掉了矩阵键盘，AD键盘在实际中的应用相当广泛，如电视机加减搜台等都是采用AD键盘，一根

图 5.32　51 单片机开发板

AD线可以扩展几百个按键，更接近工程；⑥PCF8591 具有 AD/DA 功能，其采用IIC总线协议，可练习IIC总线的操作；⑦DS18B20：单线多点检测支持；⑧光敏电阻测试光线强度，感受白天黑夜的区别；⑨FM 收音机：能接收80M 到 110MHz 之间的 FM 频段。可实现自动搜台和手动搜台；⑩DS1302 时钟芯片提供实时时钟，带 3V 电池，在掉电的情况下，时钟仍然可以继续运行；⑪可读写 SD 卡文件系统，保存数据显示到 TFT 液晶屏等；⑫继电器可以控制高电压的设备，高压危险，请小心使用；⑬直流电机接口，控制直流电机；⑭步进电机接口，控制步进电机运行；⑮蜂鸣器，可以做电子琴、音乐发声等；⑯74HC595 芯片练习串行转并行数据扩展；⑰74HC573 锁存扩展芯片，可以扩展接口；⑱ULN2003 电机驱动芯片（这里用它来驱动步进电机，直流电机，继电器和蜂鸣器）；⑲MAX232 串口数据传输延长发送距离（可与计算机通信，同时也可作为 STC 单片机下载程序的接口）；⑳PL2303 下载单片机，一线下载，直接的 USB 下载方式，高速下载；㉑TFT 液晶屏，单片机也可以控制彩屏了，让你的学习充满乐趣；㉒nRF24L01 无线数据传输芯片接口，可以插 nRF24L01 芯片，做高速无线数据传输；㉓LCD1602 液晶接口，字符液晶两行，每行可以显示 16 个字符；㉔LCD12864 带字库液晶接口；㉕LCD12864图形液晶接口；㉖DS18B20 单线多点温度采集接口，一根线上便可拓展多个 DS18B20 温度传感器，先提供两个；㉗提供 ISP 下载接口，可下载 AVR、AT 的单片机。支持 AVR 单片机；㉘40 针扩展接口，可以无限扩展，以后的 DZR－01A 开发板配件将从此端口扩展出去；㉙PS2 鼠标键盘接口，配合红外遥控器甚至可以遥控我们的电脑！（配例程）；㉚AVR/51 复位按键，可以复位 51 STC AVR 单片机，全部支持；㉛TEA5767 的 IIC 总线控制，学习 IIC 控制；㉜SD 卡的 SPI 总线控制，扩展大容量存储器；㉝红外遥控接收器，可采集红外遥控发出的信号，可使用遥控信号控制其他设备；㉞外接 5V 供电电源座；㉟RXD、TXD、POWER 电源指示灯；㊱40PIN 紧锁座（非常方便单片机芯片的取放）；㊲带 LM1117－3.3 稳压芯片（为彩屏液晶，SD 卡和无线模块供电）；㊳USB 供电（USB 可以提供 500MA 的电流，完全能满足开发板的需求了）；㊴预留电源＋5V，GND 接口各四个（方便用户扩展其他外围电路时取电和共地）。

8. 可以用来搜索相关问题的网址

（1）电子发烧友论坛（http：//bbs. elecfans. com/）

（2）51 单片机论坛（http：//www. 51hei. com/bbs/mcu－2－1. html）

（3）51 单片机学习论坛（http：//www. 51c51. com/bbs/）

（4）电子工程世界网（http：//www. eeworld. com. cn/）

（5）百度文库（https：//wenku. baidu. com/）

（6）新浪爱问共享资料（http：//ishare. iask. sina. com. cn/）

（7）中国电子顶级开发网（http：//www. eetop. cn/）

9. 参考书

（1）何立民，MCS－51 系列单片机应用系统设计系统配置与接口技术，北京航空航天大学出版社

（2）谭浩强，C 程序设计（第二版），清华大学出版社

（3）郭天祥，51 单片机 C 语言教程，电子工业出版社

（4）李广弟，单片机基础，北京航空航天大学出版社

（5）王东峰，单片机 C 语言应用 100 例，电子工业出版社

（6）陈海宴，51 单片机原理及应用，北京航空航天大学出版社

5.3　基本数据分析算法——特征提取和模式识别

1. 数据分析

当下，“大数据”几乎是每个人都在谈论的一个热词，这不单单是时代发展的趋势，也是革命技术的创新。在当前的互联网领域，大数据的应用已十分广泛，尤其以企业为主，企业成为大数据应用的主体。大数据真能改变企

业的运作方式吗？答案是肯定的。随着企业开始利用大数据，每天都会看到大数据新的奇妙应用，帮助人们真正从中获益。大数据的应用已广泛深入生活的方方面面，涵盖医疗、交通、金融、教育、体育、零售等各行各业。阿里巴巴将大数据作为战略方向，百度用“框计算”来谋划未来。即便是CBA（中国男子篮球职业联赛）也学起了NBA（美国男篮职业联赛）五花八门的数据统计、分析与挖掘。

然而，大数据一直都是以高冷的形象出现在大众面前，面对大数据，相信很多人都是一头雾水，接下来通过一个案例，让大家感受一下大数据分析。

叶向阳的厦门育泰贸易有限公司与阿迪达斯合作已有13年，旗下拥有100多家阿迪达斯门店。然而，在2008年之后，受到电商和经济危机的冲击，销售量大幅度下降。但是经过数据分析的成果应用以及合作解决，生意再次回到了正轨。

基于外部环境、消费者调研和门店销售数据的收集、分析，成为将阿迪达斯和叶向阳们引向正轨的“黄金罗盘”。如今，叶向阳每天都会收集各个门店的销售信息，并将这些数据上传到阿迪达斯总公司。而阿迪达斯通过对这些数据的分析和挖掘，将数据中学习到的经验应用于指导经销商卖货。这些数据中透露出当地消费者对于商品颜色、款式、功能的偏好，同时也透露出产品价位对于销售量的影响。

在过去，零售商往往按照个人偏好下订单。现在，零售商们可以靠数据说话，帮助经销商选择合适的产品。首先，从宏观上看，一、二线城市的消费者往往更新换代更快，追逐潮流，可以投放一些前沿科技产品和设计感强烈的产品。在低线城市，消费者往往更关注产品的价值与功能。

比如，阿迪达斯可能会告诉某低线市场的经销商，在其辖区，普通跑步鞋比添加了减震设备的跑鞋更好卖；至于颜色，比起红色，当地消费者更偏爱蓝色。推动这种订货方式，阿迪达斯得到了经销商们的认可。叶向阳说：“我们一起商定卖哪些产品、什么产品又会热卖。这样，我们将来就不会再遇到库存问题。”

同时，阿迪达斯发现，城市的等级、宗教信仰、气候因素等都是影响某样产品销售量的因素。因此，可以建立一个模型，通过不同的因素来预测阿迪达斯在不同城市的零售商应该如何进货，进多少。

实际上，对大数据的运用，也顺应了阿迪达斯大中华区战略转型的需要。

库存危机后，阿迪达斯从“批发型”公司转为“零售驱动型”公司，它从过去只关注把产品卖给经销商，变成了将产品卖到终端消费者手中的有力推动者。而数据收集分析，恰恰能让其更好地帮助经销商提高售罄率。

2012年，阿迪达斯大中华区销售收入同比增长15%，阿迪达斯集团销售收入同比增长6%，创历史新高。

2. 数据分析过程

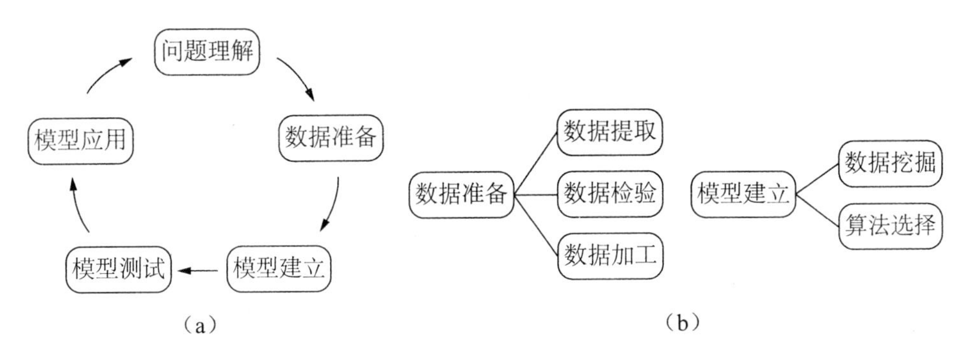

图5.33　数据分析流程

（1）问题理解

问题理解对于认清数据挖掘的目的极其重要，通过对问题的理解，才能构想如何建立模型，模型的作用是什么，要从哪个角度优化模型。

（2）数据准备

数据准备是为了确保建模数据的可用性和完整性。其中数据提取需要对建模所需数据进行采样并且了解其含义；数据检验则包括数据来源检验和数据统计错误检验；数据加工包括对缺失值、噪声等进行处理。

（3）模型建立

在模型建立之前，需要筛选建模变量，根据模型要求进行数据变换。模型建立过程主要分为三部分：方法选择、参数设置和模型计算。

（4）模型测试

模型建立好之后，会对模型效果进行评估。一般来说，可从三个方面考虑：准确率、查全率以及提升度。以超市的客户量评估模型为例：

$$\text{准确率} = \frac{\text{预测流失且实际流失的客户数}}{\text{预测流失的客户数}} \quad ①$$

$$\text{查全率(覆盖率)} = \frac{\text{预测流失且实际流失客户数}}{\text{实际流失的客户数}} \quad ②$$

$$提升率 = \frac{准确率}{流失率} \quad ③$$

（5）模型应用

模型应用即是用已测试优化后的模型对实际数据进行分析挖掘。

3. 特征提取

特征是一个数字图像中有趣的部分，它是许多计算机图像分析算法的起点。因此一个算法是否成功往往由它使用和定义的特征决定，特征提取最重要的一个特性是可重复性：同一场景的不同图像所提取的特征应该是相同的。特征提取是将原始特征转换为一组具有明显物理意义（Gabor、几何特征［角点、不变量］、纹理［LBP HOG］）或者统计意义或核的特征。如图5.34（a）是一个时间序列的曲线信号，对信号进行微分，得到对应的新输出，这个过程即是一个简单的特征提取。

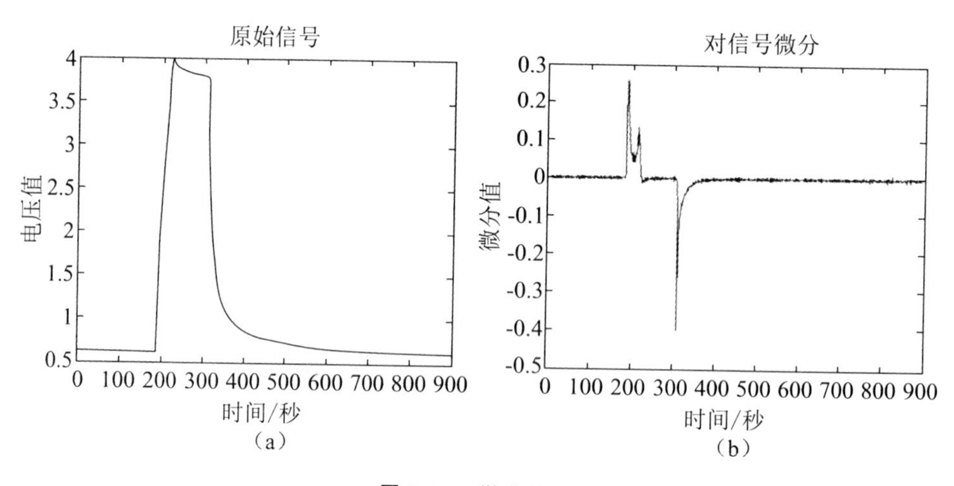

图5.34　微分处理

而特征选择是从特征集合中挑选一组最具统计意义的特征，达到降维的作用。一般来说，对原始数据进行特征提取和特征选择主要有以下作用：

1）减少数据存储和输入数据带宽；

2）减少冗余；

3）低纬上分类性往往会提高；

4）能发现更有意义的潜在的变量，帮助对数据产生更深入的了解。

（1）多元线性回归模型

一元线性回归是一个主要影响因素作为自变量来解释因变量的变化，在现实问题研究中，因变量的变化往往受几个重要因素的影响。例如一个公司一年的总收益除了受到公司销售额影响外，还受诸如税收、股市行情、投资情况、员工管理等因素的影响。在这种情况下，可考虑使用多元线性回归模型。

设 y 为因变量，$x_1, x_2, ..., x_k$ 为自变量，并且自变量与因变量之间为线性关系时，则多元线性回归模型为：

$$y = \alpha_0 + \alpha_1 \times x_1 + \alpha_2 \times x_2 + ... + \alpha_k \times x_k + \varepsilon \quad ④$$

其中，α_0，α_1，...，α_k 为回归系数，其含义类似于对每一个变量赋予权重，评估其变量对于因变量的重要性。假设有 n 个样本，则可以得到：

$$y_1 = \alpha_0 + \alpha_1 \times x_{11} + \alpha_2 \times x_{12} + \cdots\cdots + \alpha_k \times x_{1k} + \varepsilon_1 \quad ⑤$$

$$y_2 = \alpha_0 + \alpha_1 \times x_{21} + \alpha_2 \times x_{22} + \cdots\cdots + \alpha_k \times x_{2k} + \varepsilon_2 \quad ⑥$$

$$y_n = \alpha_0 + \alpha_1 \times x_{n1} + \alpha_2 \times x_{n2} + \cdots\cdots + \alpha_k \times x_{nk} + \varepsilon_n \quad ⑦$$

则在该组样本下，总体回归模型的矩阵表示为：

$$y = \alpha X + \varepsilon \quad ⑧$$

建立多元线性回归模型时，为保证回归模型具有优良的解释能力和预测效果，应首先注意自变量的选择，其准则是：

1）自变量对因变量必须有显著的影响，并呈密切的线性相关；

2）自变量与因变量之间的线性相关必须是真实的，而不是形式上的；

3）自变量之间应具有一定的互斥性，即自变量之间的相关程度不应高于自变量与因变量之因的相关程度；

4）自变量应具有完整的统计数据，其预测值容易确定。

多元性回归模型的参数估计，同一元线性回归方程一样，也是在要求误差平方和（$\sum \varepsilon$）为最小的前提下，用最小二乘法求解参数。以二线性回归模型为例，求解回归参数的标准方程组为：

$$\sum y = n\alpha_0 + \alpha_1 \sum x_1 + \alpha_2 \sum x_2 \quad ⑨$$

$$\sum x_1 y = \alpha_0 \sum x_1 + \alpha_1 \sum x_1^2 + \alpha_1 \sum x_1 x_2 \quad ⑩$$

$$\sum x_2 y = \alpha_0 \sum x_2 + \alpha_1 \sum x_1 x_2 + \alpha_2 \sum x_2^2 \quad ⑪$$

可推导出：

$$\alpha = (x'x)^{-1} \cdot (x'y) \quad ⑫$$

$$\begin{bmatrix}\alpha_0\\ \alpha_1\\ \alpha_2\end{bmatrix}=\begin{bmatrix}n & \sum x_1 & \sum x_2\\ \sum x_1 & \sum x_1^2 & \sum x_1 x_2\\ \sum x_2 & \sum x_1 x_2 & \sum x_2^2\end{bmatrix}\cdot\begin{bmatrix}\sum y\\ \sum x_1 y\\ \sum x_2 y\end{bmatrix} \quad ⑬$$

由此求得回归系数 α_0 ，α_1 ，. . . ，α_k 。

（2）主成分分析

在实际课题中，为了全面分析问题，往往提出很多与此有关的变量（或因素），因为每个变量都在不同程度上反映这个课题的某些信息。然而，真实的训练数据总是存在各种各样的问题。

1）一个田径运动员的样本，里面既有以“米/每秒”度量的最大速度特征，也有“米/分钟”的最大速度特征，显然这两个特征有一个多余。

2）一个淘宝店铺的数据，里面有三列，一列是浏览量，一列是收藏量，还有一列是销售量。我们知道要销售业绩好，需要顾客对该店产品有浓厚的兴趣，所以第二项与第一项强相关，第三项和第二项也是强相关。这个时候可以考虑合并第一项和第二项。

3）一个样本，特征非常多，而样例特别少，这种情况下用回归去直接拟合非常困难，容易过度拟合。比如北京的房价：假设房子的特征是（大小、位置、朝向、是否学区房、建造年代、是否二手、层数、所在层数），特征较多，结果只有不到十个房子的样例。要拟合这么多特征，就会造成过度拟合。

4）与第二个相类似，假设在 IR 中建立的文档一词项矩阵中，有两个词项为“me”和“I”，在传统的向量空间模型中，认为两者独立。然而从语义的角度来讲，两者是相似的，而且两者出现频率也类似，在这种情况下，可以把两者合成为一个特征。

5）在信号传输过程中，由于信道不是理想的，信道另一端收到的信号会有噪音扰动，所以在现实的数据处理中，我们希望可以去除这些噪声。

可以发现在这些问题中，特征很多是和类标签有关的，但里面存在噪声或者冗余。在这种情况下，需要一种特征降维的方法来减少特征数，减少噪音和冗余，减少过度拟合的可能性。因此，下面探讨用主成分分析（PCA）来解决部分上述问题。

PCA 是一种掌握事物主要矛盾的统计分析方法，它可以从多元事物中解析出主要影响因素、揭示事物的本质、简化复杂的问题。PCA 的本质其实就是对角化协方差矩阵，将高维的数据通过线性变换投影到低维空间上去，但这个投影可不是随便投投，要遵循一个指导思想：找出最能代表原始数据的投影方法。“最能代表原始数据”希望降维后的数据不能失真，也就是说，被 PCA 降掉的那些维度只能是那些噪声或是冗余的数据。

下面以人脸识别为例说明 PCA 的应用。设有 n 个人脸图片样本，每个样本由起像素灰度组成一个向量，则样本图像的维数即为 x_i 的维数，设其为 M，训练样本集为 $\{x_1, x_2, \cdots, x_n\}$，该样本集的平均向量为：

$$\overline{x} = \frac{1}{n}\sum_{i=1}^{n} x_i \tag{⑭}$$

样本的协方差矩阵为：

$$\sum = \frac{1}{n}\sum_{i=1}^{n}(x_i - \overline{x})(x_i - \overline{x})^T \tag{⑮}$$

求出协方差矩阵的特征向量 u_i 和对应的特征值 θ_i，这些特征向量组成的矩阵 U 就是人脸空间的正交基底，用它们的线性组合可以重构出样本中任意的人脸图像，并且图像信息集中在特征值大的特征向量中，即使丢弃特征值小的向量也不会影响图像质量。将协方差矩阵的特征值从大到小排序 $\theta_1 \geqslant \theta_2 \geqslant \cdots \theta_d \geqslant \theta_{d+1} \cdots$，由大于 θ_d 的特征向量构成主成分，主成分构成的变换矩阵为：

$$U = \{u_1, u_2, \cdots u_d\} \tag{⑯}$$

这样每一幅人脸都可以投影到 U 构成的子空间中，U 的维数为 $M \times d$。有了这样一个降维的子空间，任何一幅人脸图像都可以向其作投影 $y = U^T x$，即并获得一组坐标系数，即低维向量 y，维数 $d \times 1$。

（3）线性判别分析

做回归时如果特征太多，那么会产生不相关特征引入、过度拟合等问题。可使用 PCA 来降维，但 PCA 没有将类别标签考虑进去，属于无监督。比如回到上次提出的文档中含有“me”和“I”的问题，使用 PCA 后，也许可以将这两个特征合并为一个，降了维度。但假设类别标签 y 是判断这篇文章的 topic 是与什么有关的，那么这两个特征对 y 几乎没什么影响，完全可以去除。多特征数据不仅训练复杂，而且不必要特征对结果会带来不可预知的影响，但想得到降维后的一些最佳特征（与 y 关系最密切的），怎么办呢？

线性判别式分析，简称为 LDA。也称为 Fisher 线性判别（FDA），是模式识别的经典算法。基本思想是将高维的样本数据投影到使鉴别效果最佳的矢量空间，以达到抽取分类信息和压缩特征空间维数的效果，投影后保证模式样本在新的子空间有最大的类间距离和最小的类内距离，即模式在该空间中有最佳的可分离性。LDA 与前面介绍过的 PCA 都是常用的降维技术。PCA 主要是从特征的协方差角度，去找到比较好的投影方式。LDA 更多的是考虑了标注，即希望投影后不同类别之间数据点的距离更大，同一类别的数据点更紧凑。下面给出一个例子，说明 LDA 的目标。

图 5.35 可以看到两个类别：三角形和圆形。左图是两个类别的数据投影到某个随机平面上的结果，不同类别之间会有重复，导致分类效果下降。右图映射到的直线就是用 LDA 方法计算得到的，可以看到，三角形和圆形在映射之后之间的距离是最大的，而且每个类别内部点的离散程度是最小的（或者说聚集程度是最大的）。

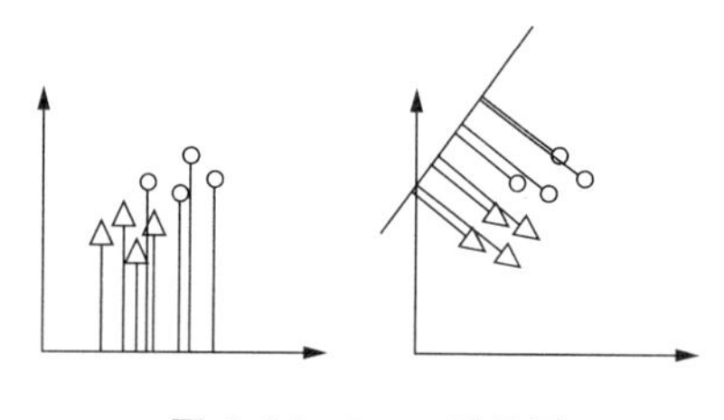

图 5.35　LDA 原理图

4. 模式识别

近年来，随着信息技术的日新月异，一些具有海量、高维、分布式、动态等特征的大规模复杂数据不断涌现，如图像数据、文档数据、人口统计数据等。尤其是随着 Internet 的飞速发展，大规模的高维网络数据呈现爆炸式增长。人们迫切需要去分析处理这些大规模的复杂数据，从中提取有价值的信息。然而，直接对这些数据进行处理面临着复杂的计算问题和“维数灾难”问题。如何有效、快速地处理这些复杂数据，从中识别出有效的、新颖的、潜在有用的以及最终可理解的模式，将数据变为知识，从数据矿山中找到蕴藏的知识金块，具有重要的理论意义与实践意义。因此，模式识别是数据分析的重要支撑。

人们在观察事物或现象的时候，常常要寻找它与其他事物或现象的不同之处，并根据一定的目的把各个相似的但又不完全相同的事物或现象组成一类，正如“物以类聚，人以群分”。字符识别就是一个典型的例子。例如数字“4”可以有各种写法，但都属于同一类别。更为重要的是，即使对于某种写法的“4”，以前虽未见过，也能把它分到“4”所属的这一类别。人脑的这种思维能力就构成了“模式”的概念。模式这个概念的内涵是很丰富的，凡是人类能用其感官直接或间接接收的外界信息都成为模式，比如，文字、图片、景物、声音、语音、心电图、脑电图、地震波等都是模式。广义地说，存在于时间和空间中可观察的事物，如果可以区别它们是否相同或相似，都可以称为模式。但模式所指的不是事物本身，而是从事物获得的信息，因此，模式往往表现为具有时间和空间分布的信息。

模式识别属于人工智能范畴，人工智能就是要用机器去完成过去只有人类才能做的智能活动。模式识别就是要用机器去完成人类智能中通过视觉听觉触觉等器官去是被外界环境的自然信息的这些工作，它与人工智能范畴的其他分支的目标是一致的，都是要用机器来代替人类的部分智力活动。对于比较简单的问题，可以认为识别就是分类。但是，对于比较复杂的识别问题，就往往不能用简单的分类来解决，还需要对待识别模式进行描述。例如，汉字识别和景物识别。

模式识别与统计学、心理学、语言学、计算机科学、生物学、控制论等都有关系。它与人工智能、图像处理的研究有交叉关系。例如自适应或自组织的模式识别系统包含了人工智能的学习机制；人工智能研究的景物理解、自然语言理解也包含模式识别问题；模式识别在文字识别、语音识别、医学上都有广泛的研究与应用；另外，模式识别进行遥感图片的分类，可以完成大量的信息处理工作；在军事上，可见光、雷达、红外图像的法分析与识别，可以检出和鉴别目标的出现，判断目标的类别并对运动中的目标进行监视和跟踪；采用地形匹配的方法校正飞行轨道以提高导弹的命中精度，也是模式识别的重要应用课题。此外，模式识别在鉴别人脸和指纹、地质勘测、高能物理、机器人技术等方面也有很多用处。

在本节中，我们将对模式识别的经典算法：K 近邻算法（KNN）、贝叶斯（Bayes）决策和人工神经网络将做详细介绍。

（1）K 近邻算法（KNN）

最简单最初级的分类器是将全部的训练数据所对应的类别都记录下来，当测试对象的属性和某个训练对象的属性完全匹配时，便可以对其进行分类。但是怎么可能所有测试对象都会找到与之完全匹配的训练对象呢？其次就是存在一个测试对象同时与多个训练对象匹配，导致一个训练对象被分到了多个类的问题。基于这些问题，就产生了 KNN。

KNN 是通过测量不同特征值之间的距离进行分类。它的思路是：如果一个样本在特征空间中的k个最相邻的样本中的大多数属于某一个类别，则该样本也属于这个类别，并具有这个类别上样本的特性。K通常是不大于20的整数。KNN算法中，所选择的邻居都是已经正确分类的对象。该方法在确定分类决策上只依据最邻近的一个或者几个样本的类别来决定待分样本所属的类别。KNN方法在类别决策时，只与极少量的相邻样本有关。由于KNN方法主要靠周围有限的邻近的样本，而不是靠判别类域的方法来确定所属类别的，因此对于类域的交叉或重叠较多的待分样本集来说，KNN方法较其他方法更为适合。

下面通过一个简单的例子说明一下：如图5.36，圆要被决定赋予哪个类，是三角形还是四方形？如果K=3，由于三角形所占比例为2/3，圆将被赋予三角形那个类，如果K=5，由于四方形比例为3/5，因此圆被赋予四方形类。

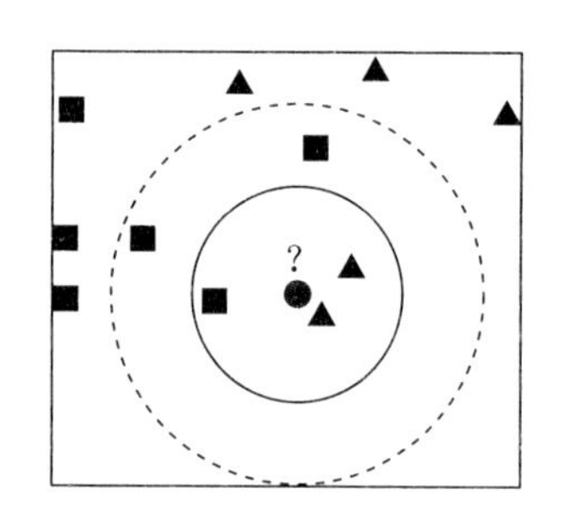

图5.36 KNN算法的决策过程

由此也说明了KNN算法的结果很大程度取决于K的选择。在KNN中，通过计算对象间距离来作为各个对象之间的非相似性指标，避免了对象之间的匹配问题，在这里距离一般使用欧氏距离或曼哈顿距离：

欧式距离：

$$d(x,y)=\sqrt{\sum_{k=1}^{n}(x_k-y_k)^2} \quad ⑰$$

曼哈顿距离：

$$d(x,y)=\sqrt{\sum_{k=1}^{n}|x_k-y_k|} \quad ⑱$$

同时，KNN通过依据K个对象中占优的类别进行决策，而不是单一的对象类别决策。这两点就是KNN算法的优势。对KNN算法的思想进行总结，就是在训练集中数据和标签已知的情况下，输入测试数据，将测试数据的特征与训练集中对应的特征进行相互比较，找到训练集中与之最为相似的前K个数据，则该测试数据对应的类别就是K个数据中出现次数最多的那个分类，其算法的描述为：

1）初始化距离为最大值；

2）计算测试样本与各个训练样本之间的距离 dist；

3）得到目前 K 个最邻近样本中的最大距离 maxdist；

4）如果 dist 小于 maxdist。则将该训练样本作为 K—最近邻样本；

5）重复步骤 2、3、4，直到测试样本和所有训练样本的距离都算完；

6）确定前 K 个最近邻样本所在类别的出现频率；

7）返回前 K 个点中出现频率最高的类别作为测试数据的预测分类。

（2）贝叶斯（Bayes）决策

决策，就是根据观测对样本做出应该归属哪一类的判断和决策，分类就可以看作是一种简单的决策。贝叶斯决策理论要有一个基本已知条件才能使用：

1）已知决策分类的类别数 c，各类别的状态为：

$$\omega_i, i = 1, \cdots, c \tag{19}$$

2）已知各类别的总体概率分布，各个类别出现的先验概率（priori probability，即在没有对样本进行任何观测情况下的概率，就叫作先验概率）和类条件概率密度函数（类别状态为 ω_i 时的 x 的概率密度函数）。

$$p(\omega_i), p(x \mid \omega_i), i = 1, \cdots, c \tag{20}$$

为更好地理解贝叶斯决策，先来看个例子：假设有一枚未知面值的硬币，让你来猜是多少钱的硬币，那么你该怎么做呢？很简单，做一个分类决策，从各种可能的结果中进行决策。如果告诉你这枚硬币要么是五毛的要么是一块的，显然这就是最简单的两类问题。当然，在什么都不知道的情况下，可能会根据印象中哪种硬币出现的概率更大，更频繁出现就选择那个出现概率最大类的决策，这也就是先验概率。这里，把硬币记作 x，五毛类记为 ω_1，一元类记为 ω_2，两者出现的概率记为 $p(\omega_1)$，$p(\omega_2)$，如果 $p(\omega_1) > p(\omega_2)$，那么决策结果总是 $x \in \omega_1$。显然，这种决策所基于的信息量太少，做出的决策会有一定的错误率，在所有可能出现的样本上类别决策错误的概率叫作错误率，因此上述的准则就叫作最小错误率准则，因为对每一枚硬币都按照错误概率最小的原则进行决策，那么这种决策在所有可能出现的独立样本上的错误率就最小。

接下来，可以想到另外一个办法，通过称量一下硬币的重量来判断，把得到的重量记为 x，这时，就可以开始计算在已知重量的情况下属于哪一类的概率大小，这也就是所谓的后验概率（posterior probability），分别记为

$p(\omega_1 \mid x)$，$p(\omega_2 \mid x)$，跟上面的决策思路一样，这里也可以这样表示：如果 $p(\omega_1 \mid x) > p(\omega_2 \mid x)$，那么决策就是 $x \in \omega_1$，否则 $x \in \omega_2$，显然，这种决策仍然是最小错误率决策。但是，这里的 $p(\omega_1 \mid x)$，$p(\omega_2 \mid x)$ 如何得知呢？这里就用到了著名的贝叶斯公式：

$$p(\omega_i \mid x) = \frac{\mathrm{p}(x,\omega_i)}{p(x)} = \frac{p(x \mid \omega_i)p(\omega_i)}{p(x)}, i = 1,2 \quad ㉑$$

其中，$p(\omega_i)$ 是先验概率，$p(x,\omega_i)$ 是联合概率密度，$p(x)$ 是两类硬币重量的总体概率密度，$p(x \mid \omega_i)$ 是第 i 类重量的概率密度，叫作类条件概率密度；利用贝叶斯公式，后验概率就转化成了先验概率与类条件概率密度的乘积，再用总体密度进行归一化。对于各类而言，重量的总体密度是一样的，因此可以忽略分母的比较，转化为分子的比较，于是决策可以改写为：如果 $p(x \mid \omega_1)p(\omega_1) > p(x \mid \omega_2)p(\omega_2)$，那么 $x \in \omega_1$，否则 $x \in \omega_2$。

上述的例子就是贝叶斯决策，又叫统计决策，它的基本思想如下：在类条件概率密度和先验概率已知或可估计的情况下，利用贝叶斯公式比较样本属于各类的后验概率，进而将类别决策为后验概率最大的一类，这样做的目的同样是保证错误率最小。这里把错误率定义为所有服从同一个分布的独立样本上条件错误概率的期望 E：

$$p(e) = \int p(e \mid x)p(x)dx = E[p(e \mid x)] \quad ㉒$$

假设样本 x 是由 d 维实数特征组成，特殊地对于两类问题，根据贝叶斯决策，在样本 x 上的错误率（条件错误率）为：

$$p(e) = \begin{cases} p(\omega_1 \mid x), if\ policy\ x \in \omega_2 \\ p(\omega_2 \mid x), if\ policy\ x \in \omega_1 \end{cases} \quad ㉓$$

贝叶斯规则能使分类错误率最小，在此不做详细证明。此外，贝叶斯决策还有另外的决策准则，如最小风险准则、最大似然比准则、最小最大损失准则等。

（3）人工神经网络

人工神经网络（ANN），是 20 世纪 80 年代以来人工智能领域兴起的研究热点。它从信息处理角度对人脑神经元网络进行抽象，建立某种简单模型，按不同的连接方式组成不同的网络。粗略地说，神经网络是一组连接的输入/输出单元，其中每个连接都与一个权重相关联。在学习阶段，通过调整这些权重，能够预测输入元组的正确类标号。由于单元之间的连接，神经网络学习又称连接者学习（Connectionist learning）。神经网络由大量的节点（或称神经元）之间相互连接构成。每个节点代表一种特定的输出函数，称为激励函数（Activation function）。每两个节点间的连接都代表一个对于通过该连接信号的加权值，称之为权重，这相当于人工神经网络的记忆。网络的输出则依网络的连接方式、权重值和激励函数的不同而不同。

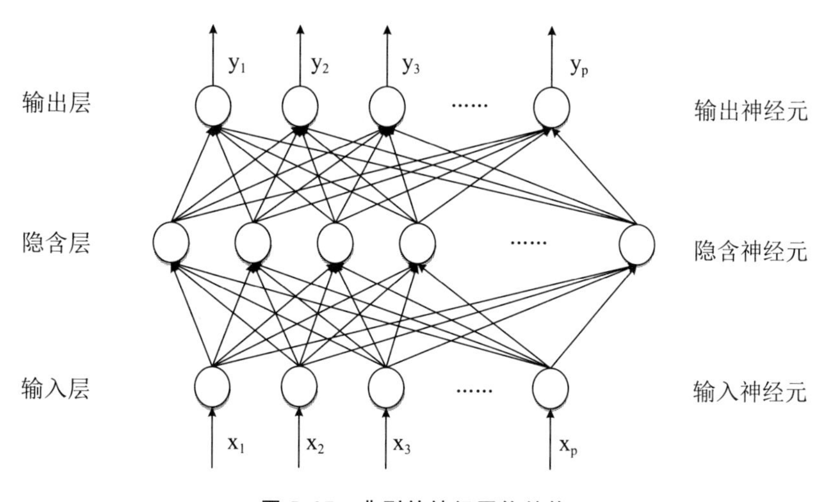

图 5.37　典型的神经网络结构

典型的人工神经网络模型包括如下层：输入层、隐含层、输出层；类似这种形式的神经网络（以下简称为 NN）被称为前馈型的 NN，是 NN 的主要结构形式之一。前馈型 NN 中，信号沿着从输入层到输出层的方向单向流动，输入层把信号传递给隐层，如果有多个隐层，隐层再把信号传递给下一隐层，这种 NN 实现的是从输入层到输出层的函数映射，把一个样本特征向量的每一维分量分别输入到网络输入层的各个对应节点上，经过在网络上从前向后的一系列运算，最后在输出端得到相应的输出值或向量。

通常来说，NN 的层数是这么定义的：一般所说的一个多少层的 NN，指的是包含输入层、多个隐层和输出层全部在内的网络；但也有人觉得输入层和输出层是一个 NN 的基本层结构，所以没必要计算在内，所以对于一个 4 层的 NN 来说，可以说成是一个 2 层的网络；为了避免歧义，最好说成：一个带有 xx 个隐层的 NN 模型。

ANN 的基本三要素：神经元的传递函数、网络结构、连接权值的学习算法。通常，在实际应用中，传递函数往往都是确定的，如前馈型的都是 Sigmoid 函数；而且网络结构也是事先设置好的，除了神经元连接的权重，它们是需要通过训练样本学习而来的。关于训练样本，其实是一堆带有输出标签的样本，即 x 和 y 都已知，网络采用的学习算法会根据这些样本来对各权值进行调整，使得该网络最终能够很好地逼近 x 到 y 的函数映射关系。

神经网络需要很长的训练时间，对于有足够长训练时间的应用更为合适。需要大量的参数，通常主要靠经验确定。然而，神经网络的优点包括其对噪声数据的高承受能力，以及对未经训练的数据模式分类能力。在缺乏属性和类之间的联系的知识时可以使用它们。不像大部分决策树算法，它们非常适合连续值的输入和输出。神经网络算法是固有并行的，可以使用并行技术来加快计算过程。

有许多不同类型的神经网络和神经网络算法，比较流行的神经网络算法是反向传播算法。这里主要介绍反向传播算法（Back propagation），也就是我们熟知的 BP 算法。

BP 算法是一种用于前向多层的反向传播学习算法。之所以称它是一种学习方法，是因为用它可以对组成前向多层网络的各人工神经元之间的连接权值进行不断的修改，从而使该前向多层网络能够将输入它的信息变换成所期望的输出信息。而之所以将其称作为反向学习算法，是因为在修改各人工神经元的连接权值时，所依据的是该网络的实际输出与其期望的输出之差，将这一差值反向一层一层的向回传播，来决定连接权值的修改。

BP 算法的网络结构是一个前向多层网络。它是在 1986 年由 Rumelhant 和 Mclelland 提出的，是一种多层网络的逆推学习算法。BP 算法的学习目的是对网络的连接权值进行调整，使得调整后的网络对任一输入都能得到所期望的输出。学习过程由正向传播和反向传播组成。正向传播时，输入样本从输入层传入，经隐层逐层处理后，传向输出层。若输出层的实际输出与期望输出不符，则转向误差的反向传播阶段。误差的反向传播是将输出误差以某种形式通过隐层向输入层逐层反传，并将误差分摊给各层的所有单元，从而获得各层单元的误差信号，此误差信号即作为修正各单元权值的依据。这种信号正向传播与误差反向传播的各层权值调整过程，是周而复始地进行。权值不断调整过程，也就是网络的学习训练过程。此过程一直进行到网络输出的误差减少到可以接受的程度，或进行到预先设定的学习次数为止。对于 BP 算法的具体实现步骤及推导则不作详细介绍，这里只对 BP 算法的原理和过程进行介绍。

BP 算法的学习过程如下。

1）选择一组训练样例，每一个样例由输入信息和期望的输出结果两部分组成，训练开始之前，随机选择各权值的初始值；

2）从训练样例集中取一样例，把输入信息输入到网络中；

3）利用初始的权值分别计算经神经元处理后的各层节点的输出；

4）在期望输出已知的情况下，计算网络的实际输出和期望输出的误差；

5）从输出层反向计算到第一个隐层，并按照某种能使误差向减小方向发展的原则，调整网络中各层神经元的连接权值；

6）对训练样例集中的每一个样例重复 3）—5）的步骤，直到对整个训练样例集的误差达到要求时为止。

在以上的学习过程中，第 5）步是最重要的，正是归功于误差的反向传播到各隐层节点，才得以实现对中间各层的权值进行学习，所以误差反传是关键，如何确定一种调整连接权值的原则，使误差沿着减小的方向发展，是 BP 学习算法必须解决的问题。

接下来，对 BP 网络的参数一般有以下设计：

1）BP 网络输入与输出参数的确定

输入量的选择：输入量必须选择那些对输出影响大且能够检测或提取的变量；各输入量之间互不相关或相关性很小；多数情况下，直接送给神经网络的输入量无法直接得到，常常需要用信号处理与特征提取技术从原始数据中提取能反映其特征的若干参数作为网络输入。

输出量选择与表示：输出量一般代表系统要实现的功能目标，如分类问题的类别归属等；输出量表示可以是数值也可是语言变量。

2）训练样本集的设计

网络的性能与训练用的样本密切相关，设计一个好的训练样本集既要注意样本规模，又要注意样本质量。

样本数目的确定：一般来说样本数越多，训练结果越能正确反映其内在规律，网络规模越大，网络映射关系越复杂，样本数越多。一般训练样本数是网络连接权总数的 5～10 倍，但许多情况难以达到这样的要求。

样本的选择和组织：样本要有代表性，注意样本类别的均衡；样本的组织要注意将不同类别的样本交叉输入；对网络进行训练测试，测试标准是看网络是否有好的泛化能力，测试做法：不用样本训练集中数据测试，一般是将收集到的可用样本随机地分成两部分，一部分为训练集，另一部分为测试集。若训练样本误差很小，而对测试集的样本误差很大，泛化能力差。

3）初始权值的设计

网络权值的初始化决定了网络的训练从误差曲面的哪一点开始，因此初始化方法对缩短网络的训练时间至关重要。神经元的作用函数是关于坐标点对称的，若每个节点的净输入均在零点附近，则输出均在作用函数的中点，这个位置不仅远离作用函数的饱和区，而且是其变化最灵敏的区域，必使网络学习加快。从神经网络净输入表达式来看，为了使各节点的初始净输入在零点附近，如下两种方法被常常使用：取足够小的初始权值；使初始值为+1和－1的权值数相等。

4）隐层数的设计

理论证明，具有单隐层的前馈网络可以映射所有连续函数，只有当学习不连续函数时才需要两个隐层，故一般情况隐层最多需要两层。一般方法是先设一个隐层，当一个隐层的节点数很多，仍不能改善网络性能时，再增加一个隐层。最常用的 BP 神经网络结构是 3 层结构，即输入层、输出层和 1 个隐层。

5）隐层节点数的设计

隐层节点数目对神经网络的性能有一定的影响。隐层节点数过少时，学习的容量有限，不足以存储训练样本中蕴涵的所有规律；隐层节点过多不仅会增加网络训练时间，而且会将样本中非规律性的内容如干扰和噪声存储进去。反而降低泛化能力，所以一般采用凑试法。

BP 算法理论基础牢固，推导过程严谨，物理概念清晰，通用性好等。所以，它是目前用来训练前向多层网络较好的算法。但是，其缺点在于：该学习算法的收敛速度慢；网络中隐节点个数的选取尚无理论上的指导；从数学角度看，BP 算法是一种梯度最速下降法，这就可能出现局部极小的问题。当出现局部极小时，从表面上看，误差符合要求，但这时所得到的解并不一定是问题的真正解。所以 BP 算法是不完备的。因此，国内外不少学者也提出了许多改进算法，例如为了使 BP 能够更好地收敛，有人提出在权值更新过程中引入“记忆项”，使得本次权值修正的方向不是完全取决于当前样本下的误差梯度方向，还取决于上一次的修正方向，从而避免过早陷入局部最优。

总而言之，人工神经网络是自20世纪80年代以来人工智能领域兴起的研究热点，最近十多年来，人工神经网络的研究工作不断深入，已经取得了很大的进展，其在模式识别、智能机器人、自动控制、预测估计、生物、医学、经济等领域已成功地解决了许多现代计算机难以解决的实际问题，表现出了良好的智能特性。

5. 可以用来寻找答案的网站

（1）http：//www.csdn.net

（2）http：//www.itpub.net/index.php

（3）http：//www.chinaitlab.com/中国IT实验室

（4）http：//bbs.51cto.com/

（5）https：//www.cnblogs.com/

6. 参考书

（1）吴军，数学之美（第二版），人民邮电出版社

（2）李航，统计学习方法，清华大学出版社

（3）张文霖，刘夏璐，狄松，谁说菜鸟不会数据分析，电子工业出版社

（4）希尔顿，李芳（译），深入浅出数据分析，电子工业出版社

（5）IanH. Witten，Alistair Moffat，TimothyC. Bell，梁斌（译），深入搜索引擎：海量信息的压缩、索引和查询，电子工业出版社

（6）周志华，杨强，机器学习及其应用，清华大学出版社

（7）孙即祥，现代模式识别（第二版），高等教育出版社

（8）RichardO. Duda，PeterE. Hart，DavidG. Stork，模式分类，机械工业出版社

（9）Tom Mitchell，机器学习，机械工业出版社

（10）阿培丁，机器学习导论，机械工业出版社

5.4 高级程序设计语言——C语言

在开始本节之前，我们先聊一些常识：计算机每执行一个操作，就需要一条相应的指令。所以如果需要计算机做一件完整的事，就需要一组具有特定功能的指令，这一组特定的指令被称为程序。学习C语言的目的，就是为了运用相应的字母、数字和语法规则编写出程序，让电脑完成我们想要做

的事。

计算机语言分为机器语言、汇编语言和高级语言。机器语言是一组有特定意义的二进制代码（全为0和1），不同的代码代表不同的指令。学习机器语言需要记住所有的代码和它们所对应的意义，还有每条指令的输入输出等，比较烦琐。汇编语言比机器语言要稍微简化一点，它是用指定的符号代替机器语言的二进制码，比较简洁和直接，也经常和高级语言配合使用，接近硬件方面。但是不同的计算机有着不同的汇编语言，也就是说，它的移植性不好，换一个平台（不同型号的单片机开发板平台），就要重学一次汇编语言。

高级语言是与低级语言相对的，它包含了许多种语言，如C、C＋＋、C＃和Java等。高级语言不再依靠直接操作硬件，而是用特定的字符和语法来完成程序的书写，灵活多变，方便人们对于程序的开发和运用。

综合来看，低级语言主要是对硬件进行操作，烦琐且移植性差，高级语言则是脱离硬件直接编写程序，两类语言各有利弊。但是C语言比较特殊，可以说，它是介于低级语言和高级语言之间的中级语言。它既具有高级语言的基本结构，又具有低级语言的使用强的特点，还可以像汇编语言一样，对位、字节和地址进行操作，一下集齐了三大基本优势。且C语言在程序编写上更加灵活、自由度也更大、数据类型丰富、生成目标代码并执行的效率高、可移植性好，这也让C成了目前世界上使用最多的计算机语言。

相比之下，B语言就显得很古老了，它是C语言的前身，但是能执行的功能很有限，数据类型单一，在C语言出现之后，B语言基本上就被程序员淘汰了。而C＋＋，Java之类的，对于没接触过计算机语言的人来说，又不易学习。但是很多高级语言的思想都来自C语言，也就是说，它们是C语言的升级版，C语言是它们的基础。如果学好了C语言再去学习其他，就会相对轻松一些。

1. C语言的基本结构

下面以一个简单的C语言程序为例展开介绍。

例1 两个数求最大值

```
#include<stdio.h>                    //头文件；
int main ()                          //主函数；
{
    int a, b, c;                     //定义a，b和c为整数（int），
```

```
                                     如果不进行定义，电脑就无法
                                     识别；
printf (" 请输入a，b的值:");          //输入语句，执行程序时，屏幕
                                     上会自动提示“请输入a，b的
                                     值”，起提示作用，让别人知道
                                     这个程序时拿来做什么的，或者
                                     应该输入什么。实际上，不要
                                     也行；
scanf ("%d,%d", &a, &b);             //scanf的作用是将输入的数据传
                                     给电脑。如果没有这个语句，数
                                     据就无法进入电脑。%d是对应int
                                     定义的整型函数，&是取地址
                                     符，意为把输入的第一个数的值
                                     赋给a，第二个数的值赋给b。同
                                     时，这里的两个%d之间使用逗
                                     号隔开的，所以在电脑上输入数
                                     字的时候也要用逗号隔开，如果
                                     前面用的是分号，输入的时候就
                                     用分号隔开，也就是说，它们前
                                     后之间要一一对应。
c=a*b;                               //把a与b乘积的值赋给c，也可
                                     用其他字母来替代，可根据自己
                                     的喜好自行定义；
printf (" c=%d\n", c);               //输出语句，c按照%d的形式输
                                     出（输出为整数），\n表示换行，
                                     即光标自 动移到下一行，看起来
                                     更美观，也可不要或换成其他的。
                                     “,”后面表示要输出的东西，若
                                     将逗号后的c改为a，则无论怎样
                                     输入，最后输出的都是a的值。
return 0;                            //返回值为0。
```

```
}
```

上面是一个简单的C语言程序。可从该段程序中归纳出C语言的基本固定结构：

```
#include<stdio.h>
int main ()
{
    ……
        printf ("……", …);
        return 0;
}
```

对于初学者来说，其具体含义可不用深究，只需记得C语言程序就是在这上面进行嵌入和扩充。另外在编写程序时，应该尤为注意的是，所有的语句都要在英文输入法的状态下进行输入，否则就是错的；除了第一个花括号前面的语句在结尾处没有分号外，其他每个语句结束后都必须有一个分号。关于上面的程序，大家或许还有疑问，下面就介绍一些常用编程知识。

（1）如何定义小数

int（整型）只能定义整型函数，且输入输出都是用的%d。如果要定义小数，可以用float（可显示小数点后8位），或者是double（可保留小数点后15位），这时的输入输出就要相应的改为%f和%lf。

（2）如何编写出更复杂的程序

在后面会具体讲到，比如使用一些循环语句、判断语句之类的，始终记住复杂程序也是由一句一句的简单语句构成，夯实基础，自然会水到渠成。

（3）其他问题

需要注意C语言进行数学运算时，* 表示乘，/表示除，100%3表示100对3取余，即100除以3的余数，!=表示不等于。

还要记住，在进行程序编写时，不要调用软键盘。键盘上没有的符号（比如“÷”），写出来都是错的。C语言有专门的符号来进行幂运算或者是开根号，但是在使用的时候，就要在#include<stdio. h>的下一行就要加上#include<math. h>，表示需要调用数学函数（比如sqrt就是开根号的意思）。具体的数学函数，需要的时候可以去上网搜索一下。

2. 如何用软件简单地编写程序

常用的C语言开发软件有vc++、dvc++和vs等，这里以vc++为例介绍其使用方法。打开软件之后，先选择“文件（file）”下面的“新建（new）”（或者直接Ctrl+n），这时窗口处于“工程”一栏，我们要选择的是“工程”左边的“文件”选项，再选到“C++ Source File”如图5.38所示。

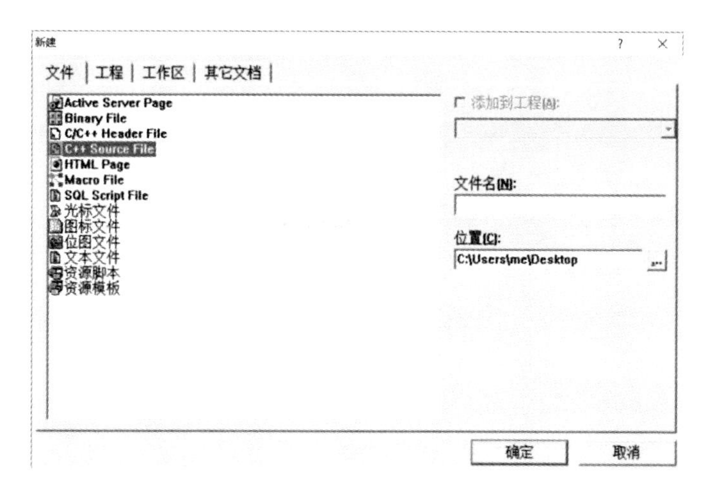

图 5.38　新建

在右边编辑文件名并选择储存位置，然后单击“确定”即可进行程序的编写。编写好程序之后，要先进行编译和链接。界面如图5.39到5.41所示。

图 5.39　编写

进行编译（一个向下的箭头图标）和链接（两个向下的箭头图标）的目的就是为了检查程序的语法错误，但它无法显示逻辑错误，所以有时虽然程序不报错，但是运行结果也有可能是错的。

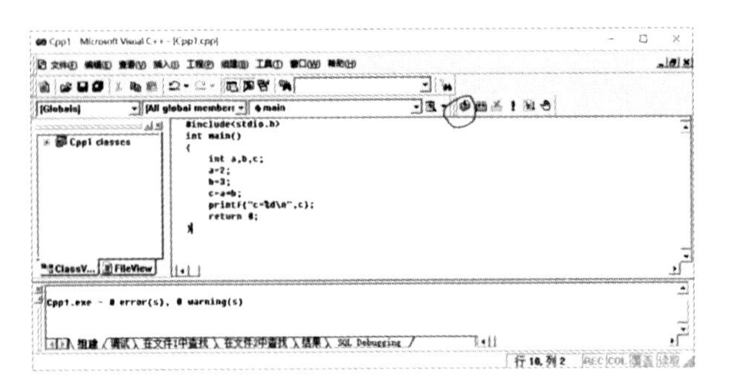

图 5.40 编译

图 5.41 链接

图 5.42 报错

0 error (s), 0 warning (s) 表示没有错误和警告，如果有错误，电脑就会显示错误原因，需要进行相应的修改。每修改一次最好就重新链接一次，因为有时候，一个错误系统会报几个。没有错误就可以进行运行了。

单击图 5.43 所示的图标（!）即可运行程序。

图 5.43 运行

3. C 语言中的 ASCII 码

(1) 如何输出字符（字母和符号统称字符）

如果想要输出字符，就需要用到字符型变量来 char 来进行定义。当要用 printf 输出字符时，就要用到%c，这样才会输出字符。如果用%d 的话，最后输出的结果就不是字符了。大家不妨自己试试，下面的程序运行出来会是什么结果呢？

例 2 输出数字和字符

```
#include<stdio.h>
int main ()
{
    chari, j;
    i=65;
    j=97;
    printf ("%d,%d\n", i, j);
  printf ("%c,%c\n", i, j);
return 0;
}
```

大家可能会有疑问——i=65 是怎么回事？为什么 i=65 输出来会是 A 呢？后面会做出讲解。输出字符的时候，除了用 printf+%c 之外，还可用 putchar 来输出字符。但是 putchar 一次只能输出一个，也就是说，如果要将上面的 c1 和 c2 输出的话，就要改为：

putchar (i);

Putchar (j);

注意 i，j 没有分号，当然也还有其他的输入输出字符的方式，但使用较多的，还是上面这两种。表 5.4 列出了常用的命令及功能。

表 5.4 常用的 C 语言命令及功能

函数名称	功能	函数名称	功能
int	定义整数	printf+%n	输出整数
float	定义 8 位小数	printf+%f/%lf	输出小数
double	定义 15 位小数	printf+% (n) .mf	输出小数（占 n 列）保留 m 位小数
char	定义字符	printf+%c	输出字符
\ n	输出时，光标自动移到下一行	putchar	输出字符

这些仅为经常使用的，另外需注意的是，int 与%d，float、double 与%f 的对应关系。

(2) ASCII 码表

现在解决上面留下来的问题：所有的数据在计算机中进行储存和运算时，都只能采用二进制。所以 ASCII 码就是计算机将字符转化为二进制数，然后再储存在计算机中的数字。这样，字符和数字之间就有了一个一一对应关系。对于 ACSII 码表，不需要进行记忆，需要的时候进行查阅就行。但最好能熟记 A (65) a (97)，大写字母与小写字母之间相差 32，这样很多时候会很方便。

表 5.5 常用 ASCII 码对应表

ASCII 值	字符	ASCII 值	字符	ASCII 值	字符
48～57	0～9	65～90	A～Z	97～122	a～z
33	!	34	“	35	#
36	$	37	%	38	&
39	‘	40	(	41	)
42	*	43	+	44	、
45	—	46	.	47	/

续表

ASCII 值	字符	ASCII 值	字符	ASCII 值	字符
58	:	59	;	60	<
61	=	62	>	63	?
64	@	91	[	92	\
93	]	94	^	95	_
96	`	123	{	124	|
125	}	126	~		

表 5.5 中是一些比较常用的 ASCII 码，实际上，ASCII 码里面还有很多很有趣的图形或者字符，感兴趣的话可以自行了解。

4. 常用的选择语句与循环语句

（1）常用的选择语句

if；　if　else；　switch

在 C 语言中，经常会用到选择语句。首先来看 if 和 if else：

if（x＞0）y＝x；　　　　//如果 x＞0，就把 x 的值赋给 y；

else y＝2＊x－3；　　　　//否则（x＜＝0）就把 2＊x－3 的值赋给 y。

这个选择语句很简单，大家看看就能掌握。但是一定要记住两点：①else 必须要有 if 和它对应，不能单独出现，并且它对应的是离它最近的 if。但是可以只要 if 而不写 else；②当 if 下面的执行语句不止一个时，需要用花括号括起来，只有一个语句时，可加可不加（这条规则同样适用于其他选择语句和循环语句）。另外，判断是否相等要用＝＝，如果只用一个＝就成了赋值语句了。

当有很多平行的选择分支时，再去用 if 语句就会显得很复杂，这时就需要用到 switch 语句。该语句的一般结构如下：

switch（进行选择的对象）

{

case 常量 1：语句 1；

case 常量 2：语句 2；

……

case 常量 n：语句 n；

```
default：语句 n+1；              //没有符合上面的条件的时候，执行
                                  语句 n+1；
}
```

注意，case 后面是常量，即确定的数字或字符，而不能是表达式如 x>==1。在需要打破循环语句后面添加 break，否则程序会一直执行下去，即执行所有的 case 和 default。default 语句可以要也可以不要，在 switch 语句中，如果找不到符合要求的 case 语句，就会执行 default 语句。

（2）常用循环语句 while

例 3 计算 6!

```
#include<stdio.h>
int main ()
{
    int m, n;
    m=1, n=1;                  //对 m 和 n 赋初值；
    while (m<=6)               //当 m<=6 的时候，做如下循环；
     {
        n=m * n;               //把 m 和 t 的乘积赋给 n；
        m=m++;                 //把 m+1 (m++) 的值赋给 m (m
                               ——同理可得)；
    }
    printf ("%d \ n", n);      //输出 n 的值；
    return 0;
}
```

是不是一目了然？while 循环又称当型循环，当满足条件的时候，执行如下步骤。在编程中经常用到，用起来也很方便简单。

（3）循环语句 for

for 循环是一种很强大的循环，看起来也更为简练，例：

```
for (i=1; i<=10; i++)        ⇨    for (语句①; 语句②; 语句③)
j=j * i;                          语句④;
```

for 循环在执行时，先执行赋值语句①——把 1 赋给 i，再执行判断语句②——判断 i 是否小于 10，若大于 10 则跳出循环，若小于等于 10 则执行语句

④——把 j＊i 的值赋给 j，然后在执行语句③——把 i＋1 的值赋给 i，然后又去执行语句②判断 i 是否小于 10.......

总结起来就是①②④③ ②④③ ②④③...... 直至循环结束（i＞10）。需要注意的是，for 的括号后面没有分号，且语句①②③之间是分号，当一个循环有多个循环体时，要记得用花括号引起来，否则系统会默认为第一句。for 循环里面可以有多个赋值语句，如 for（i＝1，j＝1；j＜＝9；j－－）也是正确的。

用上面的这些循环已经可以解决很多问题了，并且，这些语句都是可以相互嵌套的，比如 for 里面加 if 循环，for 里面又加 for 循环等。随便怎样嵌套都行，可根据需要灵活组合。接下来介绍如何打破循环，常用的打破循环的方法有两种：continue 和 break，虽然都是改变循环，但是它们之间有一些区别，来看一个例子：

例 4 计算出 100～200 之间，所有能被 5 整除的数

```
#include<stdio.h>
int main ()
{
    int a;                          //定义 a 为整型；
    for (a=100; a<=200; a++)        //for 循环，当 n<=100 时，执行如下程序（分号分号!）；
    {
    if (a%5==0)                     //（for 循环里面加了 if）如果 n 对 5 取余等于 0（再次强调，判断是否等于是用的两个等号！如果只是=，就会变成赋值语句）；
    continue;                       //跳转回去继续执行第一个 for 循环，然后又执行里面的 if 语句，一直循环直到 n>200；
    }
    printf ("%d\t", a);             //如果等于 0，则输出（%t 按表格的形式输出）；
    return 0;
}
```

在使用 continue 改变循环的时候，只是结束本次操作，而不会终止整个循环，若用 break 改变循环，就会直接跳出整个循环。也就是说，如果将上面的 continue 改为 break，那么在输出第一个对 5 取余为 0 的时候，整个循环就结束了，电脑也只会输出一个数。用 continue 的话，在输出了第一个对 5 取余为 0 的数之后，又会回去继续执行 for 循环；而如果用 break 的话，在输出第一个对 5 取余为 0 的数之后，整个循环就会终止，只会输出一个数。

5. 数组、函数和指针简介

掌握了之前讲的内容，已经可以编写出很多简单的基础的程序了。但是如果要写出更复杂、高级、精练的程序，这些知识还远远不够。接下来就介绍一下数组、函数和指针的相关知识。

（1）数组

所谓数组，就是把很多同类型的数或字符整合到一起。例如要输入 20 个数字，如果用 a1，a2......a20 逐个定义，就会显得很冗长，而且也很麻烦。为了进行简化，可以用数组来定义，即 int a [20]：它包含了从 a0 到 a19 的 20 个数，当然，也可以只输入 10 个数，系统会自动把 a10 到 a19 的数归为 0：

```
printf（“请任意输入 15 个数：\ n”）；      //输入提示：请任意输入 15 个数；
for（i=0；i<15；i++）                     //把输入的 15 个数的值分别赋给 a0 到 a14（注意是从 a0 开始的，所以 a [15] 是没有 a15 的）；
scanf（“%d”，&a [i]）；                  //将数据输入到电脑上去；
```

同理，如果想输入很多个字符，也可以用数组来实现，只需使用 char 来定义即可。但是数组里面的值必须是固定的，比如可以定义 s [7]，g [9]，但是不能直接定义成 f [n]，因为 n 的值是不确定的。有时，也可不用写方括号里面的数，系统会根据输入的数字或字符进行默认，比如 char s [] = {lovely day}（也可以将花括号改为双引号）。输出字符串时，可以采用%s 或者%c 的格式。应注意，数组里面包含的是同类型的，即不能在一个数组里面既有数字又有字符。利用数组，还可以进行字符串的比较、排序和替换等（比如经常看到的，对学生的名字按照字母顺序排列，字典的编排顺序等）。

（2）函数

使用函数是为了简化程序，达到一种“分而治之”的效果。各函数各司其职，分工协调，使整个程序也能正确运行。如果想要用函数，就要对需要用到的函数进行定义（自定义，名字可以随便取），调用和声明。还是先来看一个简单的例子：

```
#include<stdio.h>
int main ()
{
    int max (int x, int y, int z);          //对需要使用的函数进行声明；
    int a, b, c, d;
    scanf ("%d,%d,%d", &a, &b, &c);
    d=max (a, b, c);                        //把 max (a, b, c) 的值赋给 d；
    printf (" max=%d \ n", d);
    return 0;
}
    int max (int x, int y, int z)           //定义（解释）max，否则电脑看不懂，不知道 d=max (a, b, c) 是什么意思；
{
    int r;
    if (x>y) r=x;
    else r=y;
      if (x<z) r=z;
     return (z);                            //返回 z，即函数 max 的值；
}
```

在上面这个程序中，用到了 max 这个函数来求最大值。但是其实也可以不用定义成 max，随便写一个自己喜欢的如 ABC，也行，只要对函数执行的语句的编辑是对的就行。在使用了子函数后，主函数就会变得很简洁明了，如果编写长程序，子函数的魅力就会更加明显。

（3）指针

通俗地讲，指针就是储存单元的地址，听起来好像一般，但实际上指针可是C语言的灵魂，是一个很强大很奇妙的东西。在指针之前的所有知识，都只是基础部分，从指针开始才是C语言的中高级部分，这里不做具体说明，感兴趣可自行查阅资料。

6. 生活中的C语言

说了这么多，那么学了C语言到底有什么用呢？首先，学好C语言之后，再去学其他的计算机语言就会很容易了，基本可以事半功倍。其次单片机或者嵌入式系统开发中也会用到C语言，另外各种软件的开发等都会用到C语言。

7. 可以用来寻找答案的网站

（1）慕课网——一款学习编程的APP，它涵盖的内容非常丰富，能满足不同人群的学习需求。

（2）http：//www. dotcpp. com/C语言网

（3）https：//link. zhihu. com/？ target = https% 3A//book. douban. com/subject/1882483/

（4）https：//link. zhihu. com/？ target=http%3A//acm. hdu. edu. cn/

（5）https：//link. zhihu. com/？ target=http%3A//acm. zju. edu. cn/onlinejudge/

（6）https：//link. zhihu. com/？ target=http%3A//poj. org/

（7）https：//link. zhihu. com/？ target=http%3A//bbs. bccn. net

8. 参考书

（1）K. N. King，吕秀锋（译），C Programming：A Modern Approach（第二版），人民邮电出版社

（2）凯尼格，高巍（译），C陷阱与缺陷，人民邮电出版社

（3）P. J. Plauger，卢红星（译），徐明亮（译），霍建同（译），C标准库，人民邮电出版社

（4）Brian W. Kernighan，Dennis M. Ritchie，徐宝文（译），李志（译），

The C Programming Language（第二版），机械工业出版社

（5）Stephen Prata，姜佑（译），C prime plus（第五版），人民邮电出版社

5.5　电脑端图形界面专用软件——LabVIEW

1. 初学者为什么选择 LabVIEW？

（1）软件基本概念介绍

在制作科技作品时，有时需要将电脑作为系统的一部分，当电脑要与单片机进行通信时，问题就会出现——二者如何通信？单片机发送过来的数据电脑如何接收？这个过程对于新手非常神秘，比插上一个 USB 摄像头，打开 QQ 就能自动调用作为视频聊天的摄像端难得多。有没有那么一款软件，能够让菜鸟非常方便地调用各种数据读取、存储和显示模块，快速地编出一个电脑端的上位机软件，等到精力足够的时候还可对软件的人机交互界面进行编辑，以期更加人性化。总结起来，我们的要求是既能快速编出具有专业功能的软件，又能提供后期升级的可能。能实现这种功能的软件很多，在这里我们要介绍的是电子信息类制作过程中使用比较顺手的一款软件——美国虚拟仪器公司推出的 LabVIEW。

什么是 LabVIEW 呢？LabVIEW 是 Laboratory Virtal Insrument Engineering Workbench 的缩写，是一种图标代替文本执行应用程序创建的图形化编程语言，同时它也指该语言下的一个开发平台。通过动手搭建一个个表示函数的图标、连接图标间的数据流连线，就能实现它的主要功能——开发、测量和控制系统。这样的编程方式我们就称作图形化编程，我们只需在大脑里怎么想就怎么做，不再需要记忆纷繁复杂的语法和众多函数原型，可以把我们的精力集中于如何解决问题、如何进行实验、如何处理数据。同时，LabVIEW 也是一种虚拟仪器开发平台，功能强大、操作灵活。“软件即仪器”这句话则是说它能够用电脑模拟仪器，例如示波器、万用表、一台电脑、加上外部的连接，就能够模拟出丰富多样的仪器。所以，掌握了 LabVIEW 就像拥有了一个属于自己的实验室，且具有的功能比传统的实验室有过之而无不及。下面我们就简单介绍 LabVIEW 这款软件。

（2）实例展示

相信大家看到图 5.44，一眼便知它的功能——示波器，它能手动设置输入的信号的相关参数模拟输入信号，并在波形图中显示，同时它还能分析出快速傅里叶变化下的功率谱、功率谱密度。除了展示出的功能，还能根据需要随时在程序中修改，对信号进行更深入地分析或者采集真实信号，在电脑上便能完成我们想要的功能。

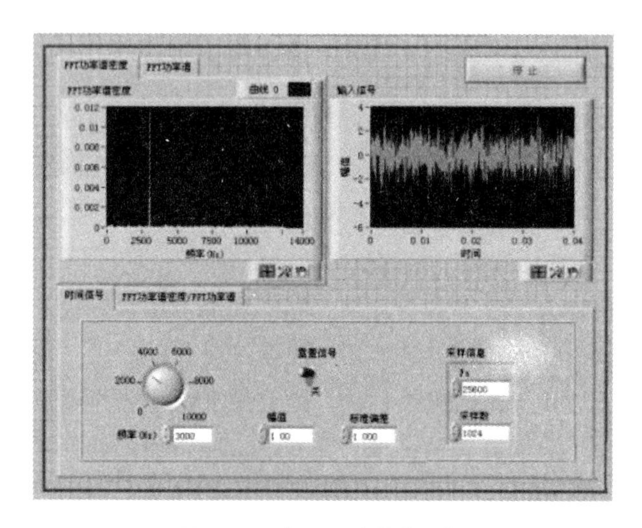

图 5.44　虚拟示波器前面板

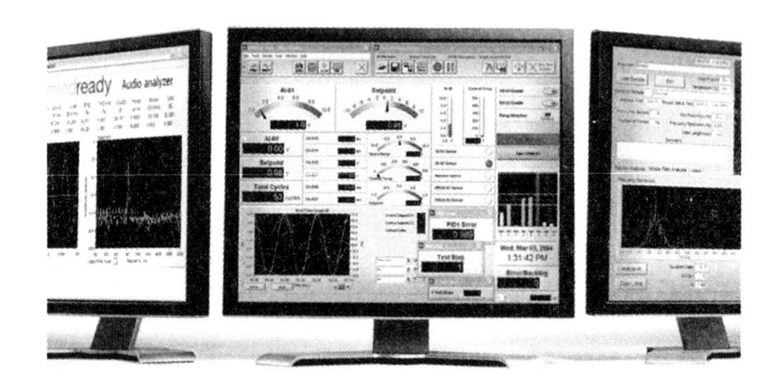

图 5.45　使用 LabVIEW 编写的程序

当然，不仅如此，在大家对 LabVIEW 有了更多的了解之后，可以做到让程序的颜值与内在相当。图 5.45 是很多同学都追求达到的设计水平，不仅做出了一套功能完备、丰富的测控系统，并且能够拥有一个整洁规范、让人赏心悦目的展示界面。这也就告诉我们，要想成为优秀的程序员，除了拥有过硬的编程能力，也需要使自己所编的界面带给人们美好的视觉享受。

2. LabVIEW 快速入门——如何与 LabVIEW 交个朋友

以 LabVIEW 2014 版本为例，带领大家一步步熟悉 LabVIEW，逐渐从陌生到熟悉，编写出一些简单、基础的程序。

（1）初识“长相”——编程环境

首先介绍 VI 的概念，每一个 LabVIEW 的工程都是由一个或多个程序组成，我们将这样的程序称为虚拟仪器，简称 VI。VI 是编写程序的基础，已经学习了 C 语言的同学会知道，这就类似于子程序，可以让程序模块化，并且便于多次调用。作为初学者，很难直接写出大型工程，因此首先要学会编写基本的 VI。

VI 主要由三个部分组成：前面板、程序框图和图标。当新建或打开一个现有 VI，会自动弹出两个窗口，位于前面、有网格的窗口是前面板，其后的空白窗口是程序框图，通过任务栏≫窗口或者 ctrl＋E 可以进行切换。在两个窗口中单击右键分别出现控件选板和函数选板，各自包含了种类众多的图标，能够从它们的外观直观地猜测到功能，非常便于理解和记忆。

1）前面板

前面板窗口是 VI 的用户界面，是输入数据到程序和输出程序产生数据的一个交互面板，简单来说，数据是通过前面板进出程序的。比如，想要做出一台虚拟仪器，先不管它的内部结构如何，在程序运行时展现的便是前面板，前面板相当于这台仪器的外壳。使用时需要控制对这台仪器开始和结束工作，以某一种模式在运行，输入采集到的或已有的数据，以图形的方式显示出结果，这些工作都是在前面板上完成的，图 5.46 是一个前面板窗口的示例。

前面板上方的工具栏十分实用，在设计前面板时，通过右边四个按钮，能够自动调整控件的摆放，使界面清晰整洁，同时也能在文本设置框中修改文字的样式。左侧四个按钮分别代表对程序运行、连续运行、终止执行、暂停的相应控制，尤其要指出的是，这里的终止执行是在一种异常终止，强制使运行的程序停止下来，在稍复杂的程序中点击该按钮，可能使程序运行出错。通常在程序中设置好程序正常终止的条件，比如循环的次数和布尔值的改变。

2）控件选板

控件选板包含输入控件和显示控件，用于创建前面板。在前面板窗口单

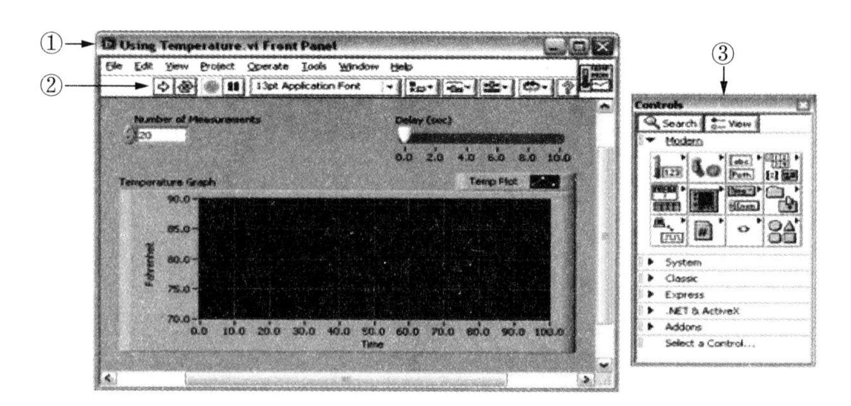

① 前面窗口；② 工具栏；③ 控件选板

图 5.46　前面板示例

击“查看》控件选板”，或右键单击空白处即可打开控件选板。控件选板包含各类控件，可根据需要选择显示全部或部分类别。图 5.47 中控件选板显示了所有控件类别。如要显示或隐藏类别（子选板），请点击“自定义”按钮，选择“更改可见选板”。

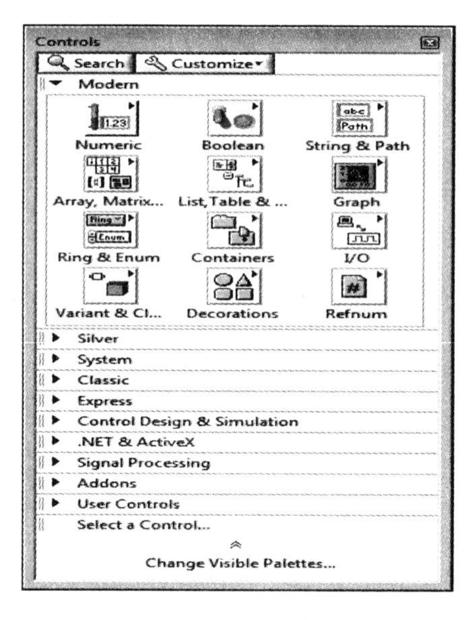

图 5.47　控件选板

3）输入控件和显示控件

每个 VI 都包含一个前面板。它可作为用户界面，可在其他程序框图调用该 VI 时作为传递输入及接收输出的途径。将输入控件和显示控件放置在 VI

前面板上即可创建一个用户界面。前面板用作用户界面交互时，可在输入控件里修改输入值，然后在显示控件里查看结果。也就是说，输入控件决定输入，显示控件显示输出。

典型的输入控件有旋钮、按钮、转盘、滑块和字符串。输入控件模拟物理输入设备，为VI的程序框图提供数据。典型的显示控件有图形、图表、LED灯和状态字符串。显示控件模拟了物理仪器的输出装置，显示程序框图获取或生成的数据。用户可以更改“Number of Measurements”和“Delay (sec)”显示控件的输入值，然后在“Temperature Graph”显示控件中观察VI生成的值。显示控件中的值是程序框图代码运行的结果。每个输入控件和显示控件均有特定的数据类型。上例中，“Delay (sec)”水平滑动杆延的数据类型是数值。最常用的数据类型有数值型、布尔型和字符串型。

4）数值输入控件和显示控件

数值型可表示各类数字，如整数和实数。LabVIEW中两个常见的数值型对象是数值输入控件和数值显示控件。图5.48为数值型输入控件和显示控件。此外，仪表、转盘等对象也可表示数值数据。在数值控件中，单击增量/减量按钮改变数值，双击数字即可输入新值。它们在程序框图中的图标显示不同，粗边框对应输入控件、细边框对应显示控件，在之后对程序框图的介绍中还会继续说明。在数值控件中，单击增量/减量按钮改变数值；双击数字输入新值，然后按<Enter>键。

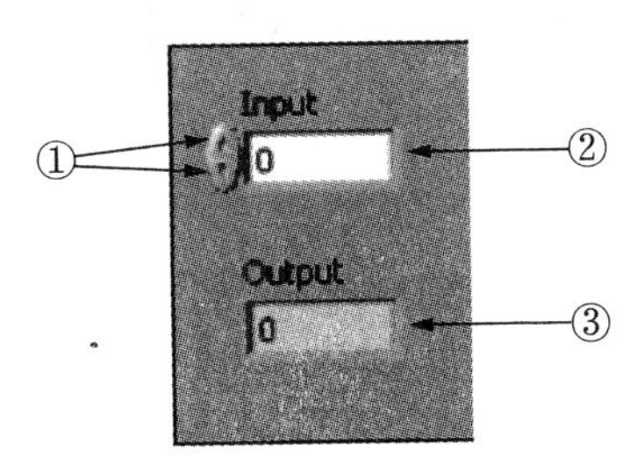

① 增量/减量按钮；② 数值输入控件；③ 数值显示控件

图5.48 数值输入控件和显示控件

5）布尔输入控件和显示控件

布尔型表示只有两种状态的数据：真或假；ON或OFF。布尔输入控件和显示控件分别用于输入和显示布尔值。布尔型对象可模拟开关、按钮和LED灯。图5.49中的直摇杆开关、开关按钮、圆形指示灯就是布尔型对象。

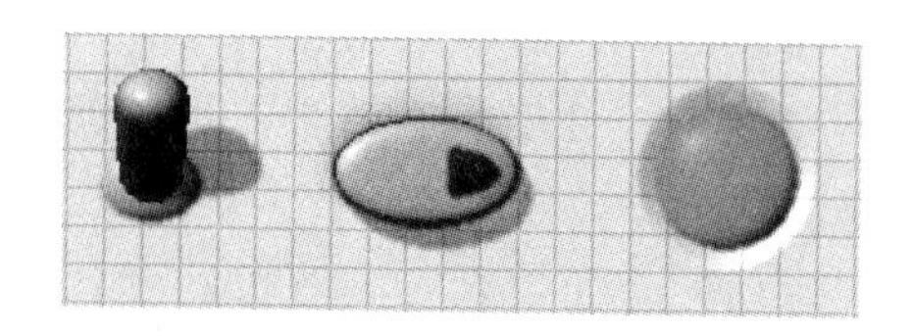

图 5.49　布尔输入控件和显示控件

6）字符串控件和显示控件

字符串型是一串 ASCII 字符。字符串输入控件用于从用户处接收文本，例如密码和用户名。字符串显示控件用于向用户显示文本。常见的字符串对象有表格和文本输入框，如图 5.50 所示。

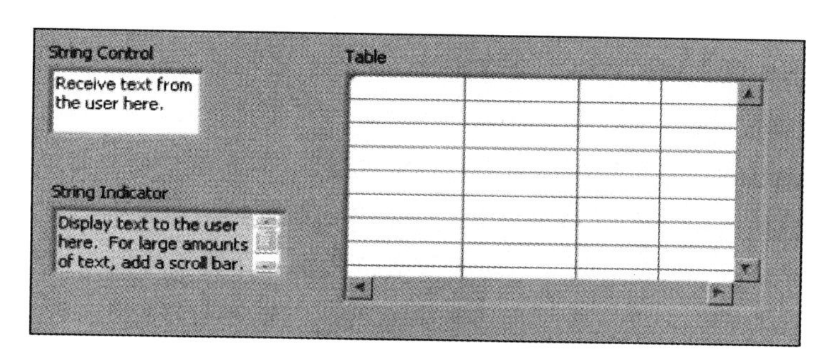

图 5.50　字符串输入控件和显示控件

7）前面板工具条

：运行按钮

：连续运行按钮

：中断运行按钮。当编码出错使 VI 不能编译或运行时，中断运行按钮将替换运行按钮

：连续运行按钮

：暂停/继续按钮

：异常终止执行按钮

：对齐对象按钮。用于将变量对象设置成较好的对齐方式

：分布对象按钮。用于对两个及其以上的对象设置最佳分布方式

：调整对象大小按钮。用于将若干个前面板对象调整到同一大小

创建前面板后，需要添加图形化函数代码来控制前面板对象，程序框图窗口中包含了图形化的源代码。

8）程序框图

程序框图对象包括接线端、子VI、函数、常量、结构和连线。连线用于在程序框图对象间传递数据。

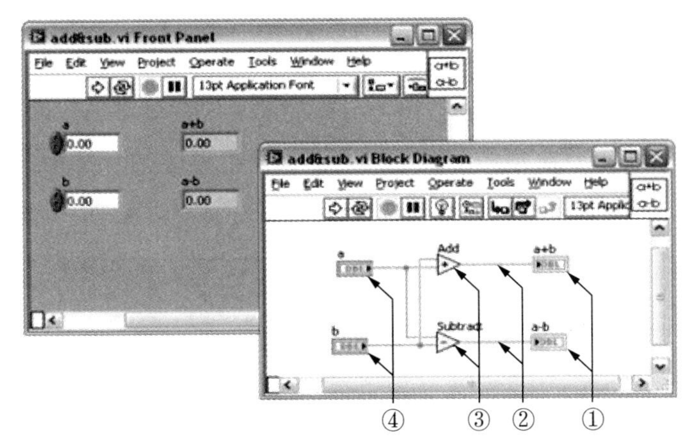

① 显示控件接线端；② 连线；③ 节点；④输入控件接线端

图 5.51　程序框图及其前面板示例

创建前面板后，需要添加图形化函数代码来控制前面板对象。程序框图窗口中包含了图形化的源代码。

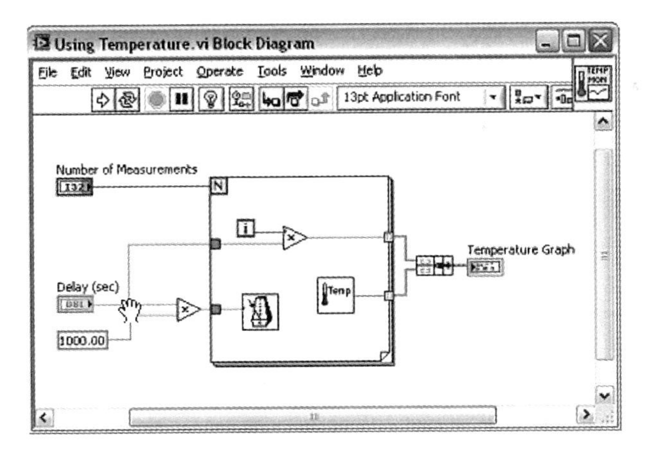

图 5.52　程序框图

9）接线端

前面板上的对象在程序框图中显示为接线端。接线端是前面板和程序框图交换信息的输入输出端口。接线端类似于文本编程语言的参数和常量。接线端的类型有输入/显示控件接线端和节点接线端。输入/显示控件接线端属于前面板上的输入控件和显示控件。用户在前面板控件中输入的数据通过输入控件接线端进入程序框图。然后，数据进入加和减函数。加减运算结束后，输出新的数据值。新数据进入显示控件接线端，然后更新前面板上显示控件中的值。

10）输入控件、显示控件和常量

输入控件、显示控件和常量用作程序框图算法的输入和输出。以计算三角形面积算法为例：面积＝0.5 * 底 * 高，在图 5.53 的算法中，Base（底）和 Height（高）是输入，Area（面积）是输出。

Area of a Triangle
Height (cm)
0
Base (cm)
0
Area (cm^2)
0
<---- Height ---->
<---- Base ---->

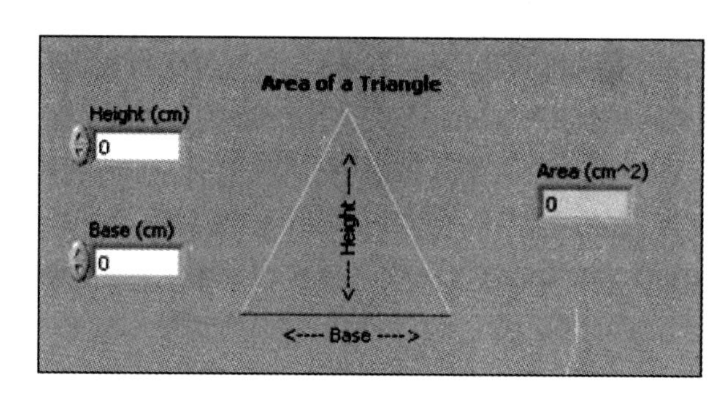

图 5.53　计算三角形面积 VI 的前面板

由于用户无须更改或访问常量 0.5，因此不出现在前面板上。图 5.54 是该算法在 LabVIEW 程序框图上的实现代码。程序框图中有 4 个接线端，分别由 2 个输入控件、1 个常量和 1 个显示控件生成。

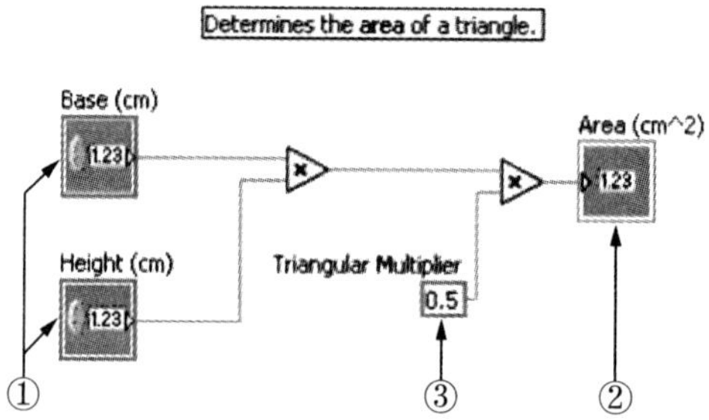

Determines the area of a triangle.
Base (cm)
1.23
Height (cm)
1.23
Triangular Multiplier
0.5
Area (cm^2)
1.23
①
③
②

① 输入控件；② 显示控件；③ 常量

图 5.54　计算三角形面积算法的程序框图（接线端显示为图标）

注意，程序框图中 Base（cm）和 Height（cm）两个接线端的外观与 Area（cm^2）接线端不一样。输入控件和显示控件接线端有两个显著区别：第一，接线端上的数据流箭头不一样。输入控件箭头的方向显示数据流出接线端，而显示控件箭头的方向则显示数据流入接线端。第二，接线端的边框不一样。输入控件的边框较粗，而显示控件的边框较细。接线端既可显示为图标，也可不显示为图标。图 5.55 是不显示为图标的同一个程序框图，其中输入控件和显示控件的区别特征不变。

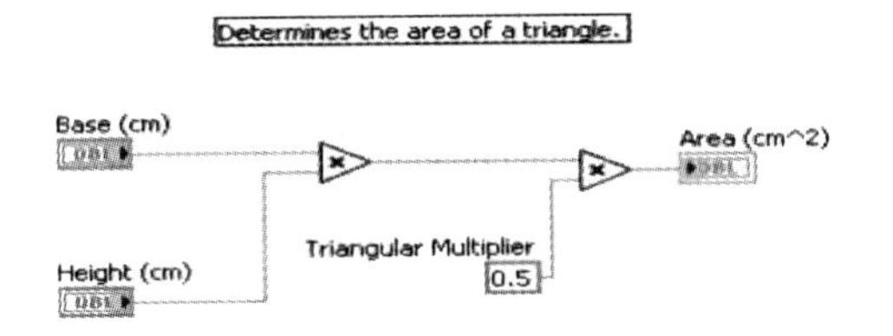

图 5.55　计算三角形面积算法的程序框图（接线端不显示为图标）

11）程序框图节点

节点是程序框图上拥有输入/输出并在 VI 运行时执行某些操作的对象。节点相当于文本编程语言中的语句、运算、函数和子程序。节点可以是函数、子 VI、Express VI 或结构。结构是指过程控制元素，例如条件结构、For 循环和 While 循环。

12）函数

函数是 LabVIEW 的基本操作元素。在之前的例子中，“加”函数和“减”函数是函数节点。函数没有前面板或程序框图窗口，但有连线板。双击一个函数只能选择该函数。函数图标的背景为淡黄色。

13）子 VI

一个 VI 创建好后可将它用在其他 VI 中，被其他 VI 调用的 VI 称为子 VI。子 VI 可以重复调用。要创建一个子 VI，首先要为子 VI 创建连线板和图标。子 VI 节点类似于文本编程语言中的子程序调用。节点并非子 VI 本身，就如文本编程中的子程序调用指令并非程序本身一样。程序框图中相同的子 VI 出现了几次就表示该子 VI 被调用了几次。子 VI 的控件从调用方 VI 的程序框图中接收和返回数据。双击程序框图中的子 VI，可打开子 VI 的前面板窗口。前面板中包含输入控件和显示控件。程序框图中包含子 VI 的连线、图标、函数、子 VI 的子 VI 和其他 LabVIEW 对象。

每个 VI 的前面板和程序框图窗口右上角都有一个图标。上图是一个默认的 VI 图标。图标是 VI 的图形化表示。图标中可以同时包含文本和图像。如将一个 VI 用作另一 VI 的子 VI，图标可帮助在程序框图上辨识该 VI。默认图标中有一个数字，表示 LabVIEW 启动后打开新 VI 的个数。

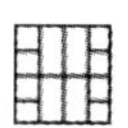

如上图所示，要将一个 VI 用作子 VI，必须为它创建连线板。连线板是一组与 VI 中的控件相对应的接线端，类似于文本编程语言中的函数调用参数列表。右键单击前面板窗口右上角的图标即可访问连线板，但程序框图窗口右上角的图标不能访问连线板。子 VI 图标的背景为白色。

14）Express VI

Express VI 属性通过对话框配置，因此所需的连线最少。Express VI 用于实现一些常规的测量任务。关于 Express VI 的详细信息，请参阅 LabVIEW 帮助中的 Express VI 主题。在程序框图上，Express VI 显示为可扩展的节点，背景是蓝色。

15）函数选板

函数选板中包含创建程序框图所需的 VI、函数和常量。在程序框图中选择“查看》函数选板”可打开函数选板。函数选板包含许多类别，可根据需要显示或隐藏。图 5.56 是一个包含全部类别的函数选板，其中的“编程”类别展开显示，以及具体展示了几个常用的函数选板。如果要显示或隐藏类别，可以点击“自定义”按钮，选择“更改可见选板”。要显示或隐藏类别，请点击“自定义”按钮，选择“更改可见选板”。

16）搜索控件、VI 和函数

在我们熟悉 VI 和函数的位置之前，可以使用搜索按钮搜索函数或 VI。例如，如要查找“随机数”函数，可在程序框图顶部工具条中输入“随机数”，单击搜索按钮，LabVIEW 将列出以文字开头或包含文字的所有匹配项，包括“帮助”和“选板”（如图 5.57 所示）。在选板然后单击需要的搜索结果，便能够取出相应的函数，将其拖进程序框图。这里还值得一提的是，软件中提供有大量规范权威的帮助信息，对每一个函数做了详细的说明，还提供了一些常见范例，因此作为初学者一定要学会使用帮助，多查看帮助。在帮助任务栏下可以选择“显示及时帮助”，编程或者学习别人的程序时，将及时帮助框放在一旁便于随时查看，对我们最初的学习大有益处。

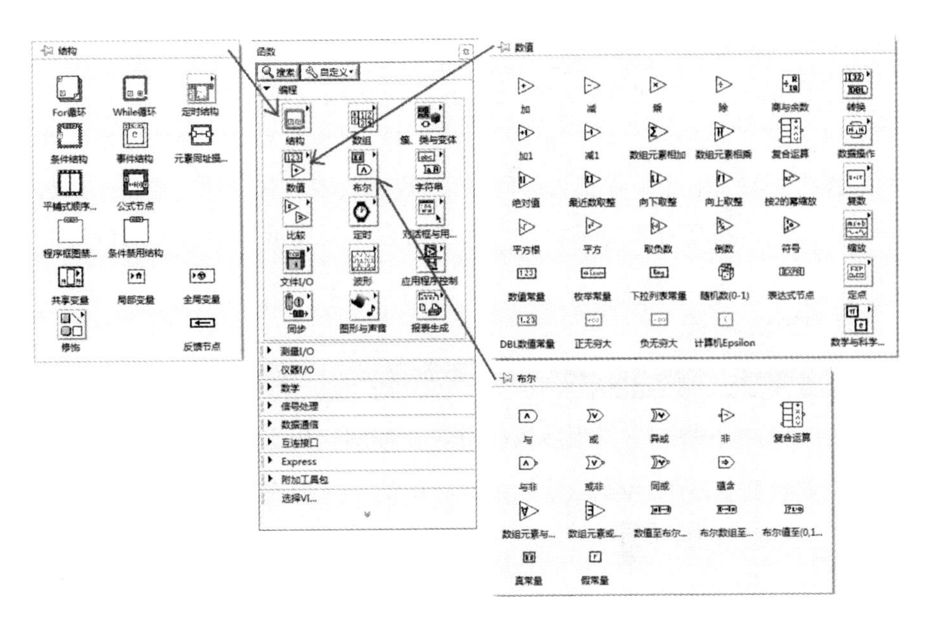

图 5.56　函数选板

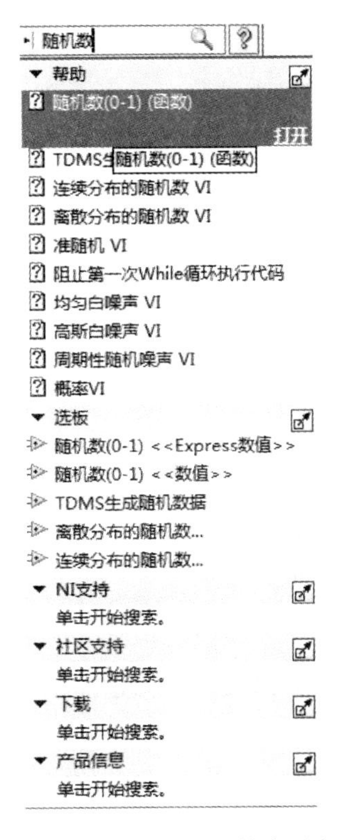

图 5.57　在工具栏中搜索对象

17）快速放置

除上述方法外，还可通过“快速放置”对话框查找和放置 VI。要打开快速放置对话框，可按＜Ctrl－Shift－Space＞键。“快速放置”在寻找某一具体函数和操作时特别有用。在键入的同时，“快速放置”将自动完成匹配函数的名称输入。双击高亮需要的函数，然后单击程序框图或前面板上的位置放置函数。

18）框图工具条：

13pt 应用程序字体

：加亮执行按钮。当程序执行时，在框图代码上能够看都数据流，这对于调试和校验程序的正确运行是非常有用的。在加亮执行模式下，按钮转变成一个点亮的灯泡：

：保存连线值按钮。

：单步进入按钮。允许进入节点，一旦进入节点，就可在节点内部单步执行。

：单步跳过按钮。单步跳过节点，但不执行时不进入节点内部但有效地执行节点。

：单步跳出按钮。允许跳出节点，通过跳出节点可完成该节点的单步执行并跳转到下一个节点。

13pt 应用程序字体：文本设置按钮。

：层叠顺序。

这里需要补充程序调试的有关知识，写好程序时难免会犯一些错误，导致运行按钮显示为断裂的箭头，程序无法运行，或者是程序运行之后得不到预想结果，那么对程序进行检查找出错误，然后进行修改就显得非常必要。如果编程有误，运行按钮变为断裂的箭头，双击它会弹出错误列表，其中详细指出了错误项，双击第二个方框中的信息，能够返回到程序框图中有错误的位置，便可以快速定位进行修改。除了这些基本规则类型的错误，在编程时逻辑上的错误往往难以用这种方式直接改出，此时可点击高亮执行按钮，配合单步执行、单步步出按钮，能够在程序框图中看到慢速移动的彩色圆点沿着连线流动，这就是数据流。通过观察数据在哪些节点处出现异常、不能流过，以及数据流经节点的顺序来对程序进行调整。当然，这样的调试方法还需要更多的学习和动手实践才能熟练掌握。

（2）了解它的“性格”——基本编程思路

在了解了 LabVIEW 的“外表”后还需了解它的“性格”，也就是基本编程思路，概括来说，编写出一个基本程序有以下三个步骤：设计前面板、编写程序框图、运行程序进行修改和调试。首先在控件选板中选择要用到的控件，放置在前面板上；然后转换到程序框图，添加函数并进行接线；最后修改程序，让程序正常运行。

3. 开始动手干吧——我与 LabVIEW 有个“约会”

（1）LabVIEW 软件

1）安装 LabVIEW2014 软件

软件是开发程序的平台，首先需要下载 LabVIEW 软件。除了用于程序编写的平台，LabVIEW 还具有众多的配套开发程序。不需要一次性将所有东西都安装齐全，在使用过程中，有需要再去安装。例如要实现两台电脑间的串口通信或者接受蓝牙传输的数据，需要在电脑上安装 NI max 以及串口驱动。

2）创建项目

第一步：单击“创建项目”，出现创建项目界面。

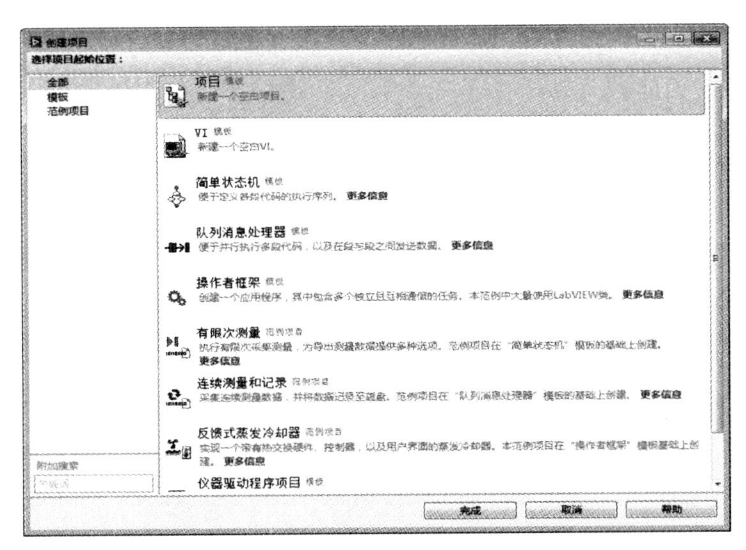

图 5.58　新建项目窗口

第二步：选取“项目模板”，点击“完成”，弹出项目浏览界面。

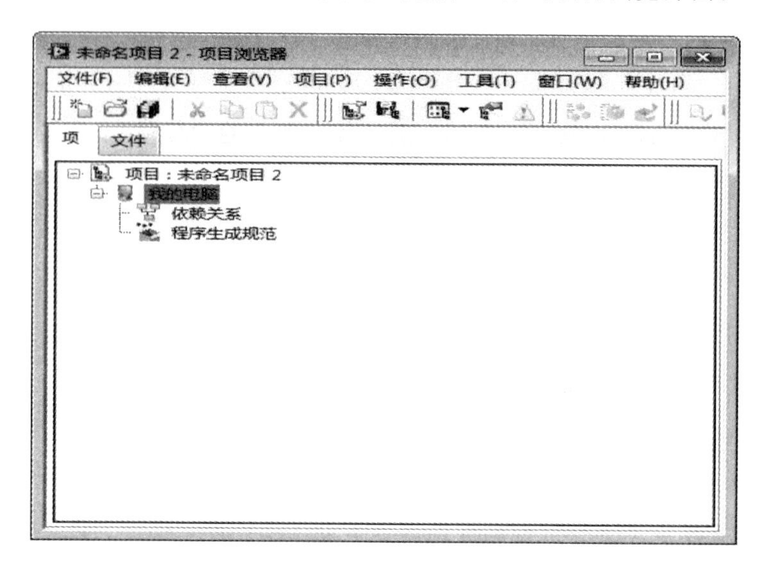

图 5.59 项目浏览界面

第三步：单击“保存全部”，指定文件名，然后点击“确定”，完成项目的创建及命名保存。

第四步：新建 VI 程序并保存到项目中。点击“新建”，选择“VI”，选取“添加至项目”。

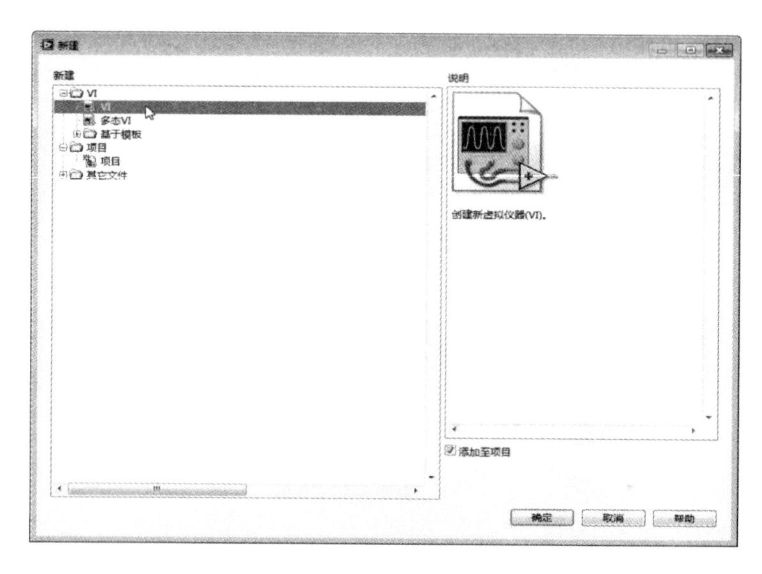

图 5.60 新建 VI 界面

确定 VI 文件名并保存后，就可看到 VI 程序已经添加在项目中。从控件选项板的想要的数值子选项板中选择控件，单击控件，然后拖拽控件到所希望的位置，然后单击鼠标将控件放下，在工具选项板中选择连线工具，连线完成后，单击运行按钮，便可在前面板上看到运行的结果。

（2）小案例

1）两台电脑间的串口通信

首先通过串口线将两台电脑连接，然后正确选择 VISA 资源名称，两台电脑设置相同的波特率、数据比特，最后就能够实现数字、字母、汉字的发送和接收。在前面板设置可以读取的数据进制，也可在程序框图中添加属性节点达到相同的效果。在对电脑间的通讯有了进一步了解后，也可以尝试 TCP/IP、蓝牙等通讯方式。

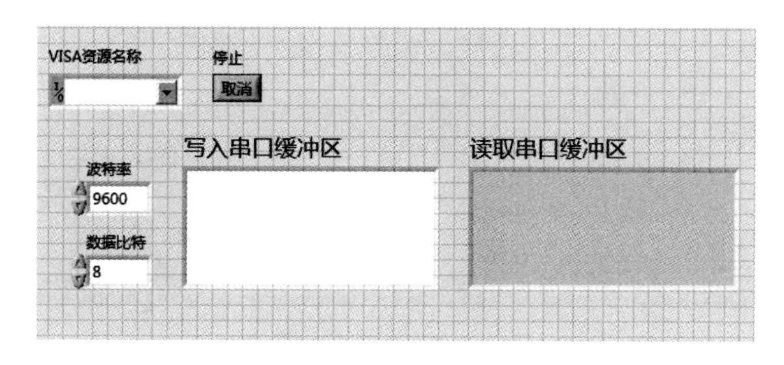

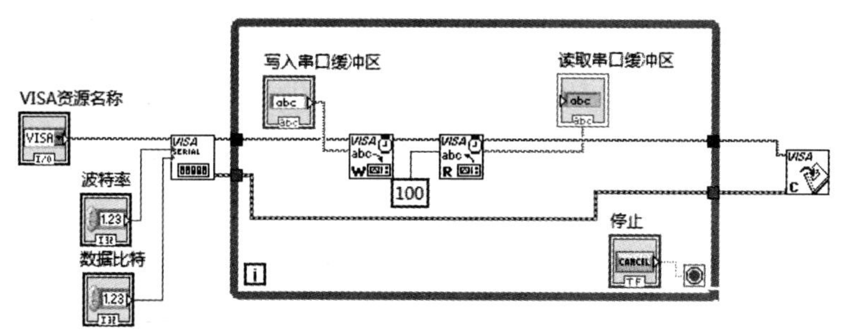

图 5.61　案例 1 前面板和后台程序

2）模拟红绿灯程序

在本例中，运行程序可以看到红灯、绿灯交替亮灭，同时在波形图中以折线形式显示了出来。这里示范的是一个基本的相同时间间隔变换，在程序框图中调整时间设置，可以做出功能更全面的红绿灯控制系统。

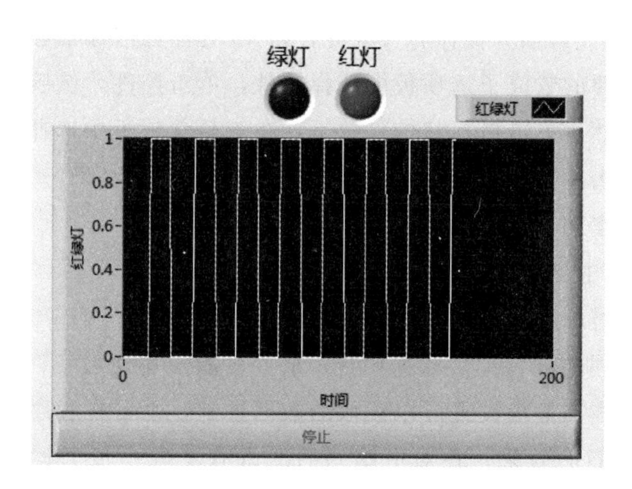

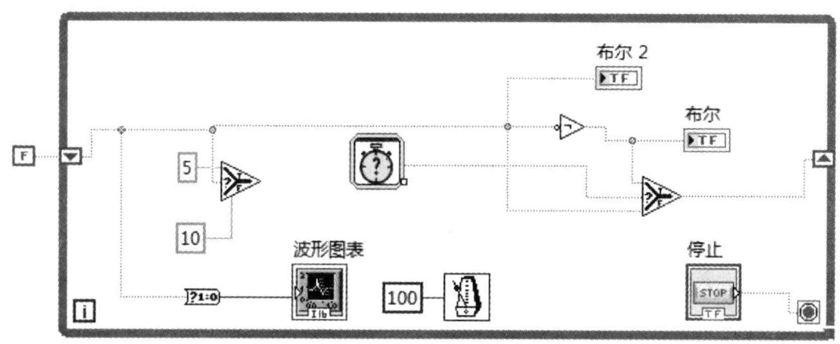

图 5.62　案例 2 前面板和后台程序

3）解决简单的数学问题：比较 a，b，c 三个数的大小

这里提供两种解法供大家对比。方法一：用程序框图法。在程序中运用编程≫比较里的“大于等于?”和“选择”两个控件就能实现数值比较的功能。在第一个节点处，先比较 a 和 b，如果 a 大于 b 即输出 a 到下一个节点，反之输出 b。两者中的较大者再与 c 比较，同样的方法，输出较大数即为三个数中的大数，最后通过显示控件输出。这样就实现了选出 a，b，c 最大值的功能。方法二：用公式节点法。选择公式节点结构，在程序框中用到的是 C 语言的语法。用两层嵌套的 if 语句进行比较，先将 a 的值赋给 y；如果 y<b，则令 y=b；如果 y<c，则令 y=c。这样同样能得出 a，b，c 中的最大值。通过这个小例子的对比，不难发现正如最初所说，通过图形和连线，能更轻松地看懂程序要实现的功能，尤其对于没有 C 语言基础的同学。但当已经掌握了 C 语言后，LabVIEW 通过公式节点函数同样提供给它使用的平台，这样来

说，LabVIEW在程序的开发中非常灵活，在编写复杂程序时，也可以尝试将两种方法结合使用来达到更高效编程的效果。

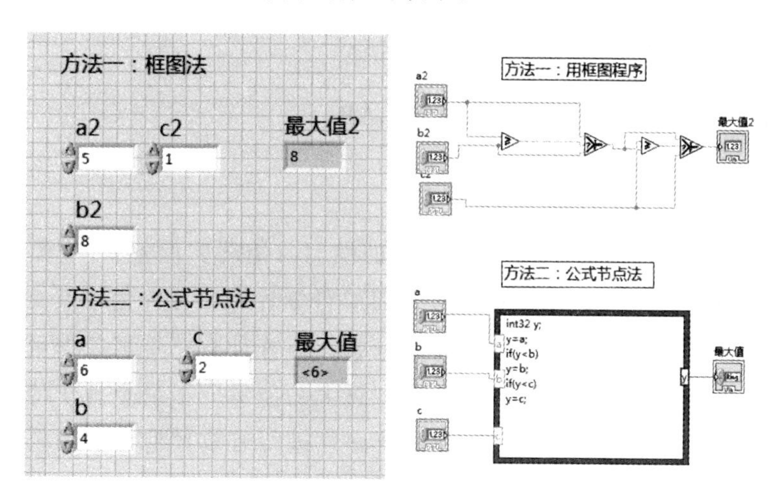

图 5.63　比较三个数大小的程序

当已经掌握了这些LabVIEW最最基础的用法，就可逐步地进行专题式的学习，有一定编程基础的同学可在短时间内掌握LabVIEW，而选择学习LabVIEW作为编程的开始，也将比学习其他语言更加快速。本节的目的并非将大家变成LabVIEW高手，而是希望能够燃烧起同学们对LabVIEW的热情，手握敲门砖，拥有之后进一步学习能如鱼得水游刃有余的自信，并在学习过程中感受到快乐和激情！

4. 可以用来寻找答案的网站

（1）http：//www. ni. com/zh－cn. html

（2）LabVIEW论坛（http：//bbs. elecfans. com/zhuti _ LabVIEW _ 1. html）

（3）cpubbs论坛（http：//www. cpubbs. com/bbs/forum. php）

（4）测量与测试世界（http：//www. vihome. com. cn/indax. html）

（5）中国电子网技术论坛（http：//bbs. 21ic. com/icfilter－typeid－216－444. html）

（6）LabVIEW之家（http：//www. nilab. com. cn/）

5. 参考书

（1）陈树学，刘萱，LabVIEW宝典，电子工业出版社

（2）Jeffrey Travis，Jim Kring，乔瑞萍等（译），LabVIEW大学实用教

程，电子工业出版社

（3）阮奇桢，我和LabVIEW，北京航空航天大学出版社

（4）岂兴明等，LabVIEW入门与实践开发100例，电子工业出版社

5.6 数据分析助手——MATLAB

1. 什么是MATLAB?

MATLAB是“Matrix laboratory”的缩写（矩阵实验室），它是由美国mathworks公司于1984年发布的主要面对科学计算、可视化以及交互式程序设计的高科技计算环境。它将数值分析、矩阵计算、科学数据可视化以及非线性动态系统的建模和仿真等诸多强大功能集成在一个易于使用的视窗环境中，为科学研究、工程设计以及必须进行有效数值计算的众多科学领域提供了一种全面的解决方案，并在很大程度上摆脱了传统非交互式程序设计语言（如C、Fortran）的编辑模式，代表了当今国际科学计算软件的先进水平。

MATLAB主要应用于工程计算、控制设计、信号处理与通讯、图像处理、信号检测、金融建模设计与分析等领域。

MATLAB的基本数据单位是矩阵，它的指令表达式与数学、工程中常用的形式十分相似，故用MATLAB来解算问题要比用C、FORTRAN等语言完成相同的事情简捷得多，并且MATLAB也吸收了像Maple等软件的优点，使MATLAB成为一个强大的数学软件。在新的版本中也加入了对C、FORTRAN、C++、JAVA的支持。随着新版本的推出，MATLAB的扩展函数越来越多，功能越来越强大。

2. MATLAB软件工作环境

（1）软件基本介绍

首先，了解MATLAB系统的工作环境，MATLAB系统是一个高度集成的语言环境，使用起来非常方便，通常情况下，MATLAB的工作环境主要由命令窗口（Command Window）、当前路径窗口（Current Directory）、工作空间浏览器窗口（Workspace）、命令历史窗口（Command History）、启动平台（Launch Pad）、图形窗口（Figure）和文本编辑窗口（Editor）组成。

（2）MATLAB 的工作环境

1）命令窗口

在命令窗口的菜单条下，共有 6 个下拉菜单：File、Edit、View、Web、Windows 和 Help，命令窗口是 MATLAB 的主窗口，当用户使用命令窗口进行工作时，在命令窗口中可以直接输入相应的命令，系统将自动显示信息。例如在命令输入提示符“>>”后输入指令：

>>ty= [1，2，3；4，5，6；7，8，9]；

按回车键后，系统即可完成对变量 ty 的赋值。在命令输入的过程中，除了可以采用常规的编辑软件所定义的快捷键或功能键来完成对命令输入的编辑外，MATLAB 还提供以下特殊的功能键，为命令对输入带来方便。

↑调出上一个（历史）命令行

↓调出下一个命令行

Esc 键 恢复命令输入的空白状态

这些功能在程序调试时十分有用，在输入命令的语句过长，需要两行或多行才能输入时，则需要使用“...”做连接符号，按回车键转入下一行继续输入。

2）工作空间窗口

工作空间窗口是一个独立的窗口，其操作性相当方便，它允许用户查看当前 MATLAB 工作空间的内容，与命令“whos”相同（“whos”的作用是：在命令窗口输入“whos”，回车键后即可在命令窗口中查看当前 MATLAB 工作空间的内容），不同的是用图形化的方式来显示。而且，通过它可以对工作空间中的变量进行删除、保存、修改等操作，十分方便。

3）命令历史窗口与当前路径窗口

命令历史窗口（Command History）主要显示曾经在 Command Windows 窗口执行过的命令。

当前路径窗口（Current Directory）主要显示当前工作在什么路径下，包括 M 文件的打开路径等，当前路径窗口允许用户对 MATLAB 的路径进行查看和修改。

4）图形窗窗口

MATLAB 图形窗窗口（Figure）主要用于显示用户所绘制的图形。通常，只要执行了任意一种绘图命令，图形窗窗口就会自动产生。绘图都在该图图形窗中进行。如果要再建一个图形窗窗口，则可输入 figure 命令，MATLAB 会新建一个图形窗窗口，并自动给它排出序号。

5）文本编辑窗口

通常，MATLAB 的命令编辑有行命令方式和文件方式两种。行命令方式就是在命令窗口中一行一行地输入命令，计算机对每一行命令做出反应。文件方式就是将多行语句组成一个文件（.M 文件），然后让 MATLAB 来执行这个文件的全部语句。因此，行命令方式只能编辑简单的程序，在入门时通常采用这种方式完成命令编辑。文件方式可以编写较复杂的程序。文本编辑窗的作用就是用来创建、编辑和调试 MATLAB 的相关文件（.M 文件），它与一般的编辑调试器有相似的功能。

（3）什么是 M 文件？

用 MATLAB 语言编写的程序，称为 M 文件。M 文件可以根据调用方式的不同分为两类：命令文件（Script File）和函数文件（Function File）。它可以用任何编辑程序来建立和编辑，而一般常用且最为方便的是使用 MATLAB 提供的文本编辑器。

1）主程序文件结构

通常 MATLAB 主程序文件由以下两部分组成：

a 有关程序的功能、使用方法等内容的注释部分

b 程序主体

2）函数文件结构

与主程序文件不同的另一类 M 文件就是函数文件，它与主程序文件的主要区别有三点：

a 由 function 起头，后跟的函数名必须与文件名相同。

b 有输入输出变元（变量），可进行变量传递。

c 除非有 global 声明，程序中的变量均为局部变量，不保存在工作空间中。

通常，函数文件由函数定义行、H1 行、函数帮助文本、函数体、注释组成。

3. MATLAB 语言的特点和基本语法

（1）MATLAB 语言特点

MATLAB 语言是一种以矩阵运算为基础的交互式程序语言，它集成度

高、使用方便、输入简洁、运算高效、内容丰富，并且很容易由用户自行扩展，与其他计算机语言相比，MATLAB具有以下显著特点。

1）MATLAB以解释方式工作，输入算式立即得出结果，无须编译，对每条语句解释后立即执行。

2）MATLAB中的变量具有“多功能性”，每个变量代表一个矩阵，它可以有n×m个元素，每个元素都看作复数，这个特点可以说是MATLAB特有的，在其他的语言中不常见。MATLAB会根据用户输入的数据形式，自动决定一个矩阵的阶数。

3）运算符号的“多功能性”，所有的运算，包括加、减、乘、除、函数运算都对矩阵和复数有效。

4）语言规则与笔算式相似。

5）具有强大而简易的作图功能，如果数据齐全，往往只需要一条命令即可给出相应的图形。

6）功能丰富，可扩展性强。

MATLAB软件包括基本部分的矩阵运算、各种变换运算等和扩展部分的工具箱（toolbox），用来解决某一方面的专门问题，或某一领域的新算法，不需要像C语言一样一个字一个字地编程，大多数函数只需要一条指令就可以调用出来，所以在MATLAB中一定要学会调用函数，在编写程序时会更轻松。

（2）MATLAB的基本语法

1）变量及赋值

a 标识符与数据格式

标识符是标志变量名、常量名、函数名和文件名的字符串总称。在MATLAB中，变量和常量的标识符最长允许19个字符。字符包括全部的英文字母（大小写共52个）、阿拉伯数字和下划线等符号，标识符中第一个字符必须是英文字母。

b 矩阵元素及其元素的赋值赋值就是把数赋给代表常量或变量的标识符，赋值语句的一般形式为：

变量＝表达式（或数）

在MATLAB中，变量都代表矩阵，其阶数为n×m，即该矩阵共有n行m列，在输入矩阵时，应遵循以下规则：整个矩阵的值应放在方括号中；同一行中各元素之间以逗号“,”或空格分开；不同行的元素以分号“;”隔开。

例如，在MATLAB命令窗口中输入：

>>s=[1，2，3，4，5]　　　%可当作一个行矢量（或一维数组）

回车后则显示为：s=1 2 3 4 5

因此，变量s是1×5阶矩阵，该矩阵元素的值分别为：

s（1，1）=1　s（1，2）=2　s（1，3）=3　s（1，4）=4　s（1，5）=5

2）运算符与数学表达

MATLAB的运算符可以分为三类：算数运算符、关系运算符、逻辑运算符，它们的优先级依次为算数运算符、关系运算符、逻辑运算符，这些运算符及功能，可以利用help matlab \ ops命令获得，下面将这三类运算符罗列出来，供大家学习。其实MATLAB语言中的很多运算符都与C语言相同，MATLAB多了点运算符，即点乘和点除，这是因为MATLAB中的运算基本单元是矩阵，很多运算和单个的数还是有差别的，MATLAB中的语言和C语言很像，却又比C更简单，更易上手。

表5.6　MATLAB算数运算符

运算符	功能说明
+	加法：两矩阵对应元素相加
−	减法：两矩阵对应元素相减
*	矩阵乘法：两矩阵相乘
/	矩阵右除
\	矩阵左除
^	矩阵幂
%	注释符号,%后的内容不执行
.*	矩阵元素相乘
./	矩阵元素右除
.\	矩阵元素左除
.^	矩阵元素的幂
'	矩阵转置共轭
.'	矩阵元素非共轭
:	冒号操作符

表 5.7　MATLAB 逻辑运算符

逻辑运算符	功能描述
&	与：当两个操作为真时，结果为真，其他为假
|	或：当两个操作数至少有一个为真时，结果为真
～	非：这是一个单目运算符，它只有一个操作数。操作数为真，结果为假；操作数为假，结果为真

4. 常用语句

MATLAB 中的常用语句是循环语句，也称为控制流，计算机程序通常都是从前到后逐一执行的，但往往也需要根据实际情况，中途改变执行的次序，成为流程控制。在 MATLAB 中提供了 if、switch、while 及 for 等多种控制流程语句，这些语句的功能和作用，可通过 help matlab \ lang 命令来获取。

(1) if 语句

if 语句称为条件执行语句，其关键词包括 if、else、elseif 和 end，通常 if 语句有三种格式，此处详细解说一种格式，其余两种格式读者可以按照介绍，在 MATLAB 中编写程序，自行学习。

格式一（流程图如图 5.64 所示）

if 表达式

语句组 A

end

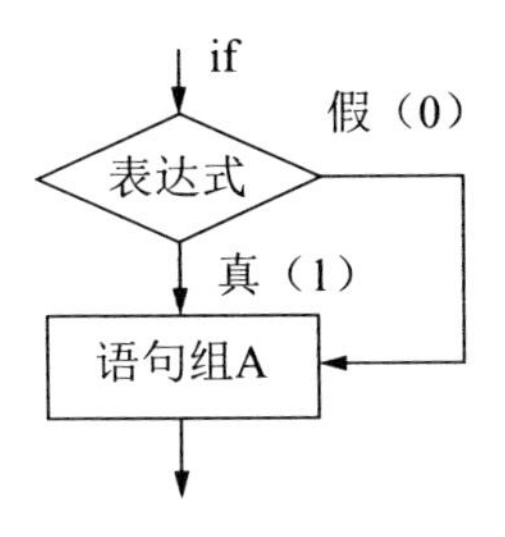

图 5.64　if 格式一语句流程图

执行到该语句时，计算机先检验 if 后的表达式的逻辑性，如果逻辑为真（即为 1），它就执行语句组 A；如果逻辑表达式为 0，就跳过语句组 A，直接执行 end 后续的语句。注意，这个 end 是决不可少的，没有它，在逻辑表达式为 0 时，就找不到继续执行程序的入口。

例如：

n = input（‘n=?’）；

if rem（n，2）==0；

disp（‘n is even’）；

end。

格式二（流程如图 5.65）

if 表达式

  语句组 A

end

  语句组 B

end

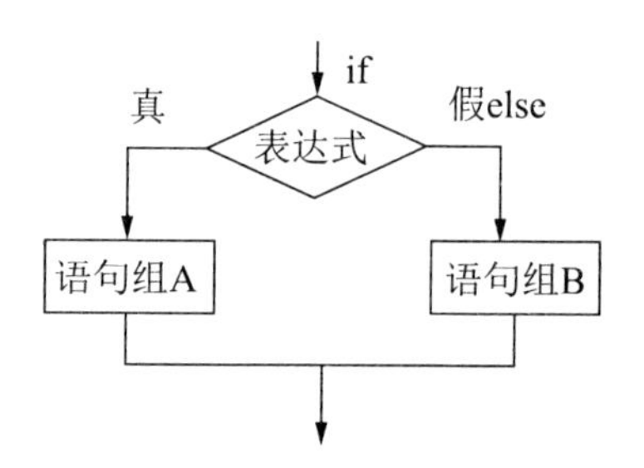

图 5.65 if 语句格式二流程图

格式三（流程如图 5.66 所示）

if 表达式 1

  语句组 A

elseif 表达式 2

  语句组 B

else

  语句组 C

end

(2) switch 语句

格式：

switch 选择表达式

case 情况表达式 1

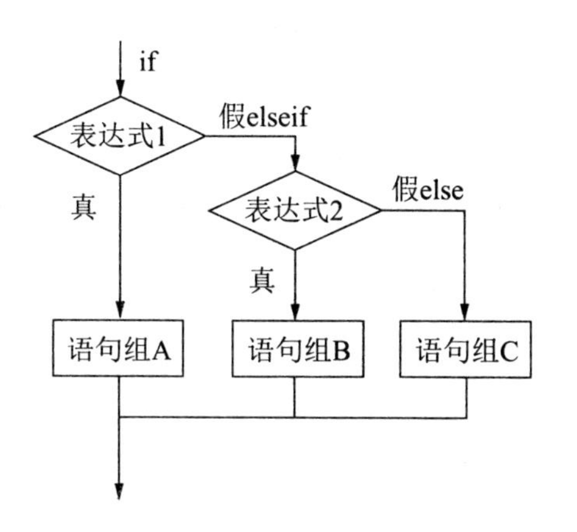

图 5.66 if 语句格式三流程图

```
  语句组 1
case 情况表达式 2
  语句组 2
case 情况表达式 3
  语句组 3
    ⋮
otherwise
    语句组 n
end
```

(3) while 语句

格式：

```
while 表达式
  语句组 A
end
```

(4) for 语句

格式：

```
for index=初值：增量：终值
    语句组 A
end
```

5. **基本函数**

在 MATLAB 函数库里，为用户提供了四大类函数：三角函数、指数函数、复数、取整和求余函数。下表为读者列举了 MATLAB 函数库中的基本函数。

表 5.8 基本函数库

类型	函数名	功能说明	函数名	功能说明
三角函数	sin、sinh	正弦和双曲正弦	cos、cos	余弦和双曲余弦
	asin、asinh	反正弦和反双曲正弦	acos、acosh	反余弦和反双曲余弦
	tan、tanh	正切和双曲正切	sec、sech	正割和双曲正割
	atan、atanh	反正切和反双曲正切	asec、asech	反正割和反双曲正割
	cot、coth	余切和双曲余切	csc、csch	余割和双曲余割
	acot、acoth	反余切和反双曲余切	acsc、acsch	反余割和反双曲余割
	atan2	4 象限反正切		
指数函数	exp	以 e 为底的指数	log	自然对数
	log2	以 2 为底的指数	log10	以 10 为底的常用对数
	pow2	2 的幂	squrt	平方根
	nextpow2	比输入数大而近似的 2 的幂		
复数	abs	绝对值和复数模值	angle	相角
	real	实部	imag	虚部
	conj	共轭复数	isreal	是实数时为真
	unwrap	去掉相角突变	cplxpair	按复数共轭对排序元素群
取整和求余	round	四舍五入取整数	fix	向 0 方向取整数
	floor	向—∞方向取整数	ceil	向∞方向取整数
	sign	符号函数	rem（a，b）	a 整除 b，求余数
	mod（x，m）	x 整除 m 取正余数		

这里不再详细地向大家解说每个函数的具体用法和调用方式，灵活运用 help 命令会使得学习 MATLAB 的过程更加轻松。

6. 基本绘图方法

(1) 基本绘图步骤

在 MATLAB 中提供了强大的绘图功能，基本的绘图步骤为：

1）准备需要绘制在 MATLAB 图形窗口中的数据。

2）创建图形窗口，并选择绘制数据的区域。

3）使用 MATLAB 的绘图函数绘制图形或曲线。

4）设置坐标轴的属性。

5）为绘制的图形添加标题、轴标签或者标注文本等。

（2）图形窗口的创建和控制

1）图形窗口创建指令：figure 或 figure（N）

功能：创建一个图形窗口，使编号为 N 的图形窗口为当前窗口，即图形窗口处于可视状态。

2）图形控制指令：clf 和 close

clf 功能：清除当前图形窗口中所有的内容

close 功能：关闭当前图形窗口

close（N）功能：关闭编号为 N 图形窗口

close all 功能：关闭所有图形窗口

（3）二维图形和三维图形的绘制

1）二维图形的绘制

在二维图形的绘制中最常用的命令就是 plot，plot 函数能够将向量或者矩阵中的数据绘制在图形窗体中，并可以指定不同的线性和颜色。plot 函数可以一次绘制多条曲线，plot 函数调用的基本格式如下。

绘制一条曲线：

plot（x，y，' color，linestyle，marker'）

绘制多条曲线：

plot（x1，y1，' clm1'，x2，y2，' clm2'，.......）

下面举几个二维图形的绘制例子。

例 1：绘制出正弦函数的曲线

```
>>x=0：pi/100：2 * pi；
>>y=sin（2 * x+pi/4）；
figure（1）
plot（x，y，' r- * '）
```

得到如图 5.67 的图形。

例 2：使用 plot 命令绘制子图

```
x=linspace（0，100）；
```

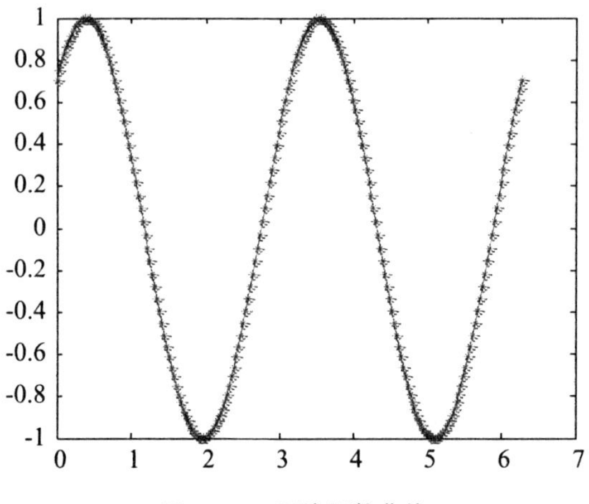

图 5.67　正弦函数曲线

```
y=log10 (x);
subplot (3, 1, 1);
loglog (x, y);
title ('对数坐标');
grid on;
subplot (3, 1, 2);
semilogx (x, y);
title ('x 半对数坐标');
grid on;
subplot (3, 1, 3);
semilogy (x, y);
title ('y 半对数坐标');
grid on
```

绘制出的如图 5.68 的图形。

2) 三维图形绘制

三维图形包括：三维曲线图——plot3 和三维曲面图——mesh 和 surf

基本语法：

plot3 (xdata1, ydata1, zdata1,' clm1 ', xdata2, ydata2, zdata2,' clm2', ...)

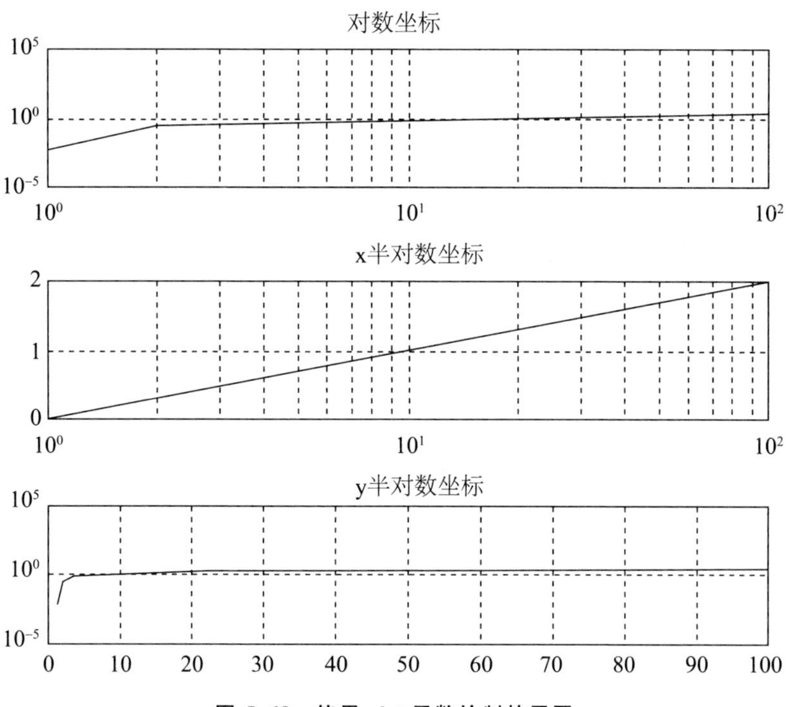

图 5.68 使用 plot 函数绘制的子图

例 1：

```
z=0：0.1：40；
x=cos (z)；
y=sin (z)；
plot3 (x, y, z)
```

绘制出的图形如图 5.69 所示。

例 2：绘制三维曲面图

```
t=-3：0.125：3；
x=sin (2*t)；
y=cos (2*t)；
[x, y] =meshgrid (x, y)；
z=x.^2+2*y.^2；
mesh (x, y, z)；
axis ([-1 1 -11 0 2])；
meshc (x, y, z)；
```

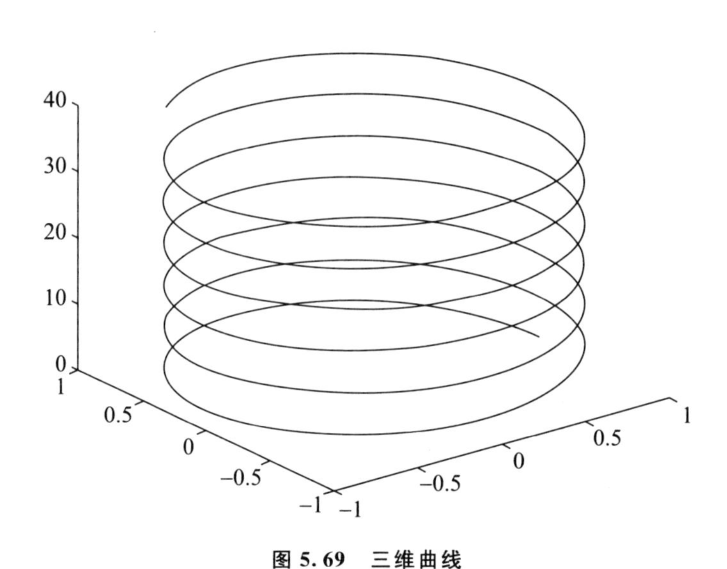

图 5.69　三维曲线

surfc（x，y，z）；

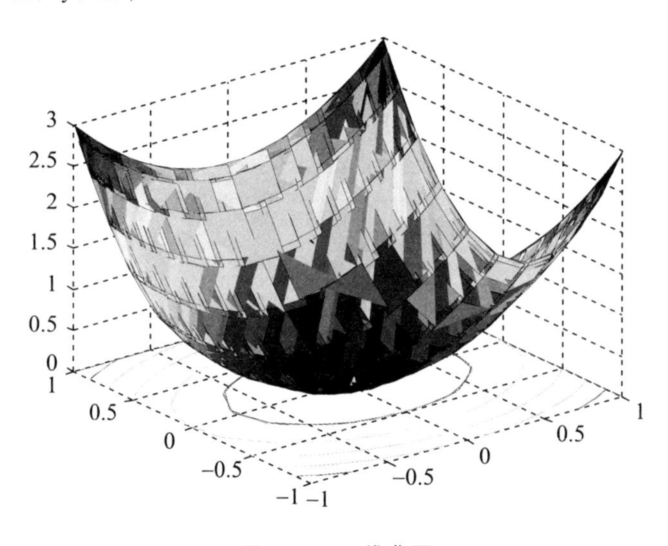

图 5.70　三维曲面

（4）图形的导出和保存

1）MATLAB 提供了将图形窗体中的内容输出到图形文件，或者将图形打印出来的功能。

2）MATLAB 提供了一种文件格式来保存 MATLAB 的图形文件，这种文件的扩展名为 *.fig。

3）扩展名为 .fig 的图形格式的文件只能在 MATLAB 中使用。

4）保存为其他图片格式的方法：save as、export，这两种方法既可以在图形窗口 file 菜单中点击实现，也可以通过函数命令直接实现。

7. 活用 help

MALTAB 的各个函数，不管是内建函数、M 文件函数、还是 MEX 文件函数等，一般它们都有 M 文件的使用帮助和函数功能说明，各个工具箱通常情况下也具有一个与工具箱名相同的 M 文件用来说明工具箱的构成内容等。在 MATLAB 命令窗口中，可以通过指令来获取这些纯文本的帮助信息。

通常能够起到帮助作用、获取帮助信息的指令有 help、lookfor、which、doc、get 和 type 等。用得最多的是 help 指令，学会了如何灵活的使用 help 指令就可更加方便地编程。可以说 help 指令是 MATLAB 中最有用的指令之一，下面介绍 help 的几种常见使用情况。

（1）直接使用 help 指令

直接使用 help 指令可以获取当前电脑上 MATLAB 的分类列表，即当前安装的工具箱名称以及其简要描述。例如，在命令窗口种输入 help，可以得到如图 5.71 的信息。

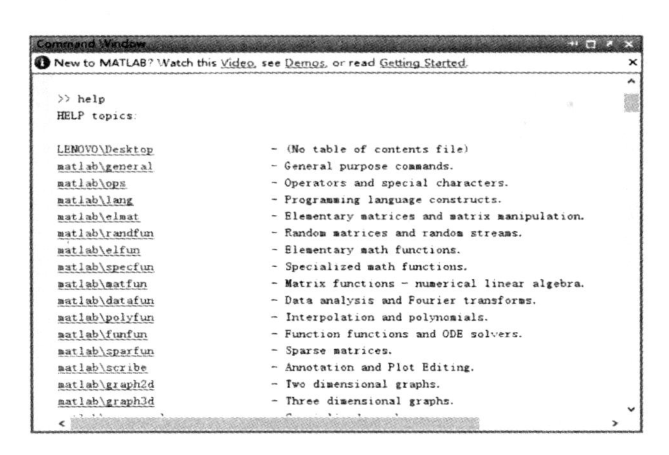

图 5.71　help 界面

（2）使用 help 工具箱名

使用 help 工具箱名可以获取该工具箱的相关的函数、图形用户工具以及演示文件名等。由前面的 help 的使用方法，可在毫不知道要查找的函数具体名称，也不清除它所在工具箱的具体名称，仅仅知道其大概所属类别的情况下，查找出其所在工具箱的具体名称。然后，再用 help 工具箱名就可以得到该工具箱的函数列表，每个函数后面有简要的说明，可以根据其说明来确定可能需要的是哪个函数。例如，在命令窗口中，输入 help optim 就可以获得该工具箱基本信息和分类函数列表，如图 5.72 所示。

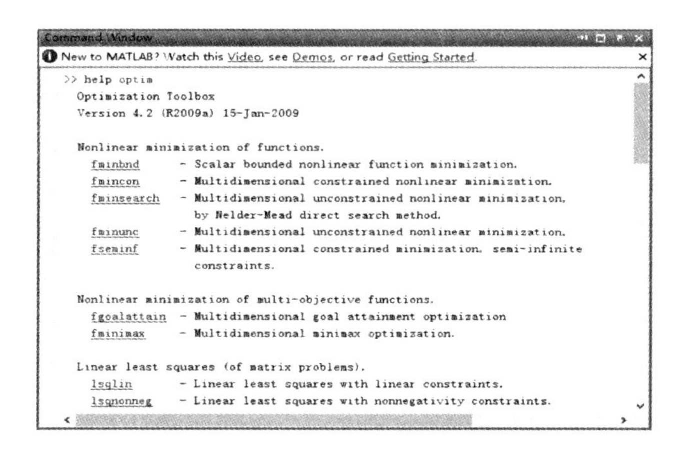

图 5.72　help optim 得到的工具箱基本信息和分类函数列表

（3）使用 help 函数名

使用 help 函数名可以获得该函数的纯文本的帮助信息，通常也带有少量的例子。通过上面的使用方法 2，应该已经找到了需要的函数的具体名称，然后就可以在 MATLAB 命令窗口中用 help 指令获取该函数的具体信息了。例如 help fminbnd 可以得到信息如图 5.73 所示。

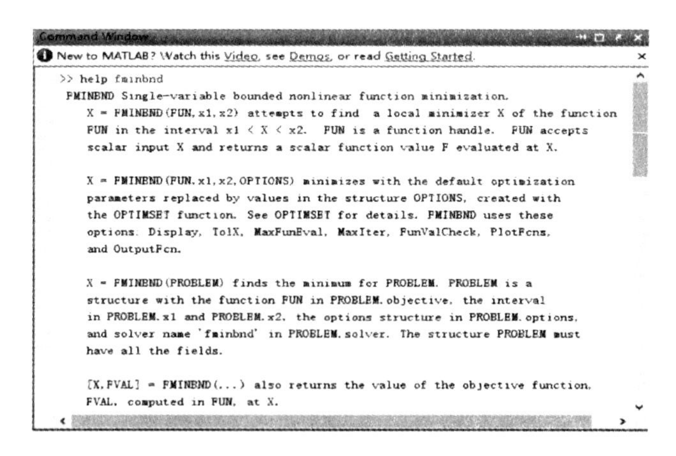

图 5.73　help fminbnd 得到的信息

在采用这种方法得到该函数帮助信息的时候，值得注意的是最后面的See also给出了该函数有相关的一些指令，有时候通过这些相关指令，可以查找到更广泛的有用信息。以上即为 help 命令的有一般用法，掌握这些相信会对你的 MATLAB 学习有很大的帮助。

8. MATLAB 在数据分析中的应用实例

在进行数据分析时，MATLAB 是方便高效的计算工具。学会在数据分析中合理灵活地使用 MATLAB 是十分重要的。在对大量数据进行分析时，充分利用 MATLAB 中的相关函数能够极大地减少计算量快速得出问题的答案。利用 MATLAB 编写程序对数据进行相关处理已经成为学习相关专业的必备能力。本章节为大家介绍 MATLAB 在数据分析中的简单应用。

要利用 MATLAB 来进行数据分析要做到以下几点。

1）MATLAB 是以矩阵为基本单元进行相关操作，故应该熟练掌握 MATLAB 中矩阵的相关基本操作，如矩阵转置、求逆等。

2）熟悉一些基本的与数学计算相关的函数，如求元素之差函数、数值求梯度函数以及数值求积分函数等。

3）要有分析问题的能力，将相关具体问题抽象为数学公式，灵活利用 MATLAB 中的相关函数解决问题。

（1）简单的数理统计应用

在本例中是简单的统计函数的应用，要求掌握 MATLAB 中常用的与统计有关的函数及其调用格式。在进行相关统计分析时直接调用函数即可。

1）随机输入一组数据，求其最大值、最小值、平均值、中间值、方差和标准差。

先随机输入一组数据：

```
>> x=[10 21 25 24 78 95 16];
```

调用最大值函数 max（x）：

```
>> max(x)

ans =

    95
```

调用最小值函数 min（x）：

```
>> min(x)

ans =

    10
```

调用平均值函数 mean（x）：

```
>> mean(x)

ans =

   38.4286
```

调用标准差函数 std（x）：

```
>> std(x)

ans =

   33.5900
```

调用方差函数 var（x）：

```
>> var(x)

ans =

  1.1283e+003
```

2）随机输入两组数据，求其协方差和相关系数，利用 rand 函数随机生成两组数据。

先调用 rand 函数生成随机数据：

```
>> x1=rand(1,5)

x1 =

    0.7431    0.3922    0.6555    0.1712    0.7060
```

```
>> x2=rand(1,5)

x2 =

    0.0318    0.2769    0.0462    0.0971    0.8235
```

调用相关系数函数 cov（x）：

```
>> cov(x1,x2)

ans =

    0.0600    0.0200
    0.0200    0.1105
```

（2）简单数学问题的求解

在求解相关数学问题时，计算常常花费大量的时间。而如果在求解时利用 MATLAB 进行计算，那么会大大降低计算量从而能够快速地得出答案。利用 MATLAB 求解数学问题要求大家要熟练掌握矩阵的相关运算和基本操作，了解 MATLAB 中相关数学公式的计算函数，如求积分、微分以及极值点分析等函数。

1）设：写一个 MATLAB 函数程序，使得调用此函数时，x 可以用矩阵代入，得出 f（x）为同阶矩阵。

分析：由题 f（x）是和 x 同阶的矩阵，故公式中的计算应该采用点乘的形式。先编写计算 f（x）的程序：

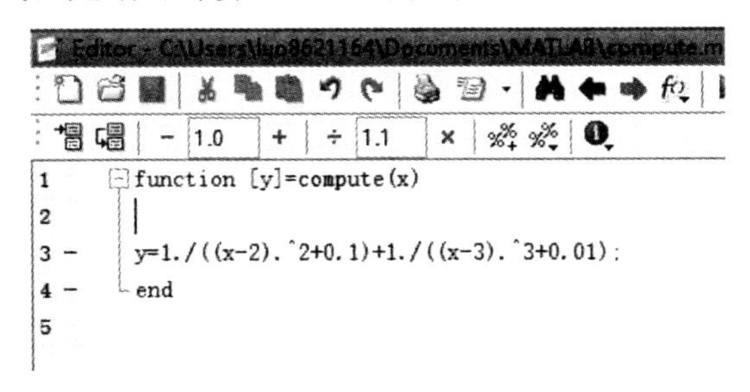

调用该函数计算 f（x）：

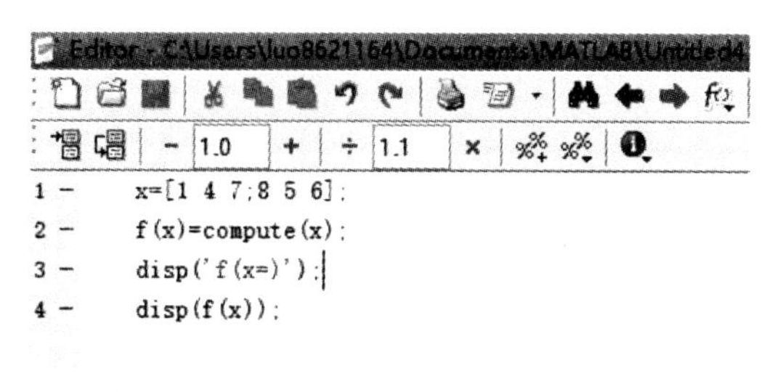

运行结果为：

```
f(x)=
    0.7839    8.9899  100.9091
    1.2340    0.2347    0.0991
    0.0555    0.0357    0.0250
```

2）根据 $y=1+\frac{1}{3}+\frac{1}{5}+\cdots+\frac{1}{(2n+1)}$，求 y<3 时的最大 n 值与 n 值对应的 y 值。编写如下 m 程序：

```
1 -   y=1;
2 -   b=100;
3 -   a=[];
4 -   for n=1:b
5 -       y=y+1/(2*n+1);
6 -       a(n)=y;
7 -       if y>=3
8 -           break;
9 -       end;
10 -  end
11 -  disp('n=');
12 -  disp(n);
13 -  disp('y=');
14 -  disp(y);
```

运行结果：

```
Command Window
  n=
      56

  y=
      3.0033
```

（3）数据拟合

拟合是数据处理和数值计算的一种重要问题和方法。当给出一组数据点 $(x_i, y_i)(i=1, 2, \cdots, n)$ 近似地满足函数关系式 $y=f(x)$，试确定 $y=$

$f(x)$ 的具体形式。这里，$y = f(x)$ 称为拟合函数或经验公式，不要求它经过每一个数据点，只需使之与各数据点之间的距离尽可能的小即可，其体形式可由经验、散点图或者数学建模等确定。

在 MATLAB 中，与拟合和回归有关命令的主要有：

Polyfit（x，y，n）　　n 次多项式拟合

regress（y，x）　　多元线性回归（仅进行参数拟合）

Nlinfit（x，y，f，beat）　　非线性拟合，其中 f 为函数，beta 为 f 中的参数初值

1）实验测得的一组数据（x，y）如表 5.9 所示。试确定 y 和 x 之间函数关系 $y = f(x)$ 。

表 5.9　实际测的一组数据

x	18	20	22	24	26	28	30
y	26.86	27.50	28.00	28.87	29.50	30.00	30.36

先调用命令绘制 x 和 y 之间的散点图，由散点图可知 $y = f(x)$ 近似为线性函数，故可采用线性拟合。散点图如图 5.74 所示。

```
>> x=[18 20 22 24 26 28 30];
y=[26.86 27.50 28.00 28.87 29.50 30.00 30.36];
scatter(x,y); %绘制x和y的散点图
>>
```

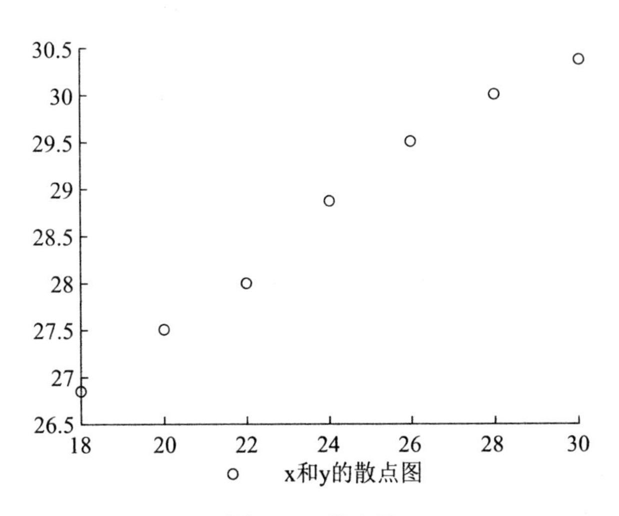

图 5.74　散点图

调用线性拟合函数得出拟合结果：

```
>> polyfit(x,y,1)    %线性拟合

ans =

     0.3036    21.4414
```

故拟合结果为：$y = 0.3036x + 21.44414$ 。

对实验数据进行拟合并分析拟合结果。

表 5.10　数据拟合结果

x	1	2	3	4	6	7	8	9	10
y	2.1	2.6	1.6	4.1	9.7	8.8	10.3	15.6	17.2

```
fx >> x=1:10;
y=[2.1 2.6 1.6 4.1 7.4 9.7 8.8 10.3 15.6 17.2];
scatter(x,y);  %绘制散点图
hold on
y1=polyfit(x,y,6);  %进行6次线性拟合
x0=1:10;
y2=polyval(y1,x0);  %根据拟合结果求出x0对应的y值
plot(x,y2,'r');     %绘制拟合曲线
legend('拟合曲线及散点图')
```

拟合曲线及散点图如图 5.75 所示，可见拟合效果比较不错。

（4）插值问题

插值问题指对于给定的一组数据点，找到函数 $y = f(x)$ 使得 $f(x_i) = y_i (i = 0, 1, \cdots, n)$ 。称 (x_i, y_i) 为插值节点，$f(x)$ 为插值函数，$f(x_i) = y_i$ 为插值条件。

在 MATLAB 中插值的相关函数如下：

interpl（x，y，xi，’method’）一维插值，(x, y) 为插值节点，x_i 为被插值点，method 为插值方式。

interp2（x，y，xi，yi，’method’）二维插值，(x, y, z) 为插值节点，x_i 为被插值点，method 为插值方式。

插值方式：

Nearest 最小邻近点插值

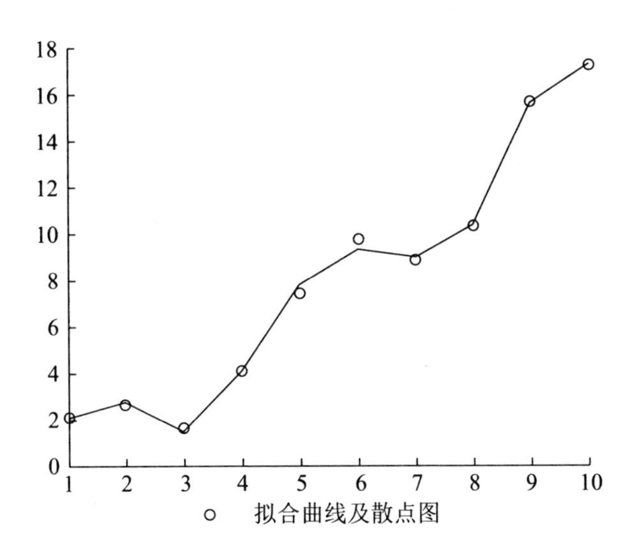

图 5.75 拟合曲线和散点图

Linear 线性插值

Cubic 三次多项式插值

Spline 三次样条插值

每隔一小时测试一次某煅烧工件从下午一点到晚上十二点之间的温度，测试的温度数据分别为：5、8、15、25、29、31、30、22、25、27、24。要求估计该工件每隔 15 分钟的温度。

分析题目可得，x 为 1～12 的整数，测得的温度值为 y，要求 x 每隔 0.25 的 y 值，使用线性插值函数求 y_i 。程序如下：

```
1 -   x=1:12;
2 -   y=[5 8 9 15 25 29 31 30 22 25 27 24];
3 -   xi=1:0.25:12;
4 -   yi=interp1(x,y,xi,'linear');
5 -   plot(x,y,'o',xi,yi,'r+');
6 -   legend('测量的温度值','线性函数插值',4);
7 -   xlabel('时间');
8 -   ylabel('温度');
```

求出的 yi 的值如图 5.76 所示。

原始数据和插值所得数据在图 5.77 中呈现。

9. 可以用来寻找答案的网站

(1) http://www.ilovematlab.cn/

```
Columns 1 through 13

  5.0000    5.7500    6.5000    7.2500    8.0000    8.2500    8.5000    8.7500    9.0000   10.5000   12.0000   13.5000   15.0000

Columns 14 through 26

 17.5000   20.0000   22.5000   25.0000   26.0000   27.0000   28.0000   29.0000   29.5000   30.0000   30.5000   31.0000   30.7500

Columns 27 through 39

 30.5000   30.2500   30.0000   28.0000   26.0000   24.0000   22.0000   22.7500   23.5000   24.2500   25.0000   25.5000   26.0000

Columns 40 through 45

 26.5000   27.0000   26.2500   25.5000   24.7500   24.0000
```

图 5.76　yi 的值

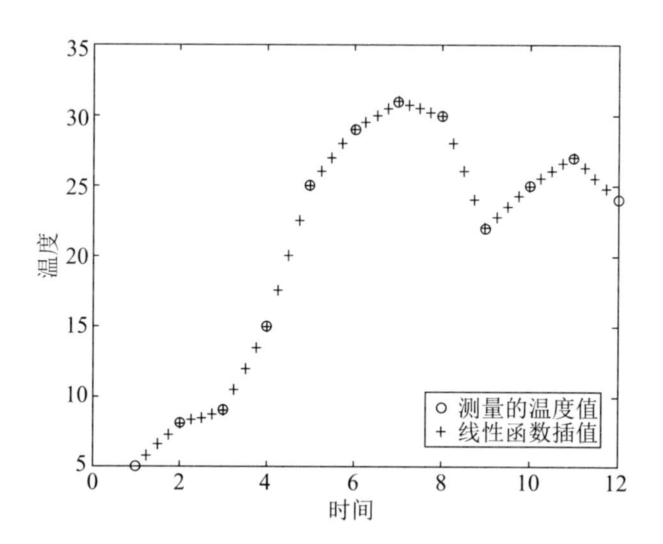

图 5.77　原始数据和插值

（2）http：//www.matlabsky.com/

（3）http：//www.labfans.com/bbs/f6/

（4）http：//www.mathworks.cn/matlabcentral/

10. 参考书

（1）薛定宇，高等应用数学问题的 MATLAB 求解，清华大学出版社

（2）葛哲学，精通 MATLAB，电子工业出版社

（3）Eva Part－Enander，王艳清等（译），MATLAB 5 手册，机械工业出版社

（4）中村小一郎，梁恒（译），科学计算引论——基于 MATLAB 的数值分析（第二版），电子工业出版社

（5）彭芳麟，数学物理方程的 MATLAB 解法与可视化，清华大学出版社

（6）Edward B. Mag，高会生（译），MATLAB 原理与工程应用，电子工业出版社

（7）陈杰，MATLAB 宝典，电子工业出版社

（8）徐昕，李涛，伯晓晨等，MATLAB 工具箱应用指南，清华大学出版社

（9）王立宁，乐光新，詹非，MATLAB 与通信仿真，人民邮电出版社

（10）李维波，MATLAB 在电气工程中的应用，中国电力出版社

第六章　用好模块 事半功倍

将基本元器件组装起来实现某个功能，那么这个整体就可以被看作是一个功能模块，或者简称为模块。模块的优点是可以被当成“黑盒子”，即在使用的时候可以不用搞清楚模块内部是如何工作的，仅需要明白该模块与外界的连线即可。采用模块化有以下几方面的好处：首先是极大地节省制作时间，事无巨细地进行电子设计只会把人搞得心力交瘁，最后忘记了我们的初心——从电子制作中获得快乐；其次是极大地节省金钱成本，自己设计的PCB板需要找厂商开模，还要下单购买所需的元器件单品，焊接的过程中还可能发生焊接错误，因而实际消耗的元器件数目远多于一块板子真实需要的数量。若改为购买已经商品化的功能模块，其产品技术成熟、品质有保障，其次因为是大规模生产，所以成本要低得多，因此综合来看，模块化的设计理念，应该深入我们创新制作的骨髓中。只要用好模块，就可以实现事半功倍的奇效。本章将对常见的模块进行罗列和介绍。

6.1　单片机模块

1. STM32 开发板

(1) 什么是STM32开发板?

顾名思义，STM32开发板是用来向STM32单片机写入程序的工具，是用来进行嵌入式开发系统的，为初学者了解和学习系统的硬件和软件而集成的电路板，包括中央处理器、存储器、输入设备、输出设备、数据通路/总线和外部资源接口等一系列硬件组件。一般的STM32开发板继承了数字量输入、输出、交通红绿灯、数字显示、继电器控制、高速脉冲输入、输出、

CAN 通信、RS485 通信、模拟量采集、模拟量输出、步进驱动控制、附加输入点扩展等功能。

(2) 为什么要叫作 STM32 呢?

其中 ST 是前缀名，指的是 ST（意法半导体）集团。M 指 Microelectronics，即微电子学。数字 32 即 ARM Cortex－M 内核的 32 位微控制器，针对这一系列的微型控制器设计了 STM32 开发板。STM32 型号的说明：以 STM32F103RBT6 这个型号的芯片为例，该型号的组成为 7 个部分，其命名规则如表 6.1 所示。

表 6.1 STM32

STM32	代表 ARM Cortex－M 内核的 32 位微控制器
F	芯片子系列
103	增强型系列
R	代表引脚数，其中代表 36 脚，C 代表 48 脚，R 代表 64 脚，V 代表 100 脚，Z 代表 144 脚，I 代表 176 脚
B	代表内嵌 Flash 容量，其中 6 代表 32K 字节 Flash，8 代表 64K，B 代表 128K 字节 Flash，C 代表 256K 字节 Flash，D 代表 384K 字节 Flash，E 代表 512K 字节 Flash，G 代表 1M 字节 Flash
T	代表封装，其中 H 代表 BGA 封装，T 代表 LQFP 封装，U 代表 VFQFPN 封装
6	代表工作温度范围，其中 6 代表－40—85℃，7 代表－40—105℃

利用开发板，我们可以做定时器、显字板，也可模拟红绿灯，甚至可通过与其他元件的组合实现更多的功能。例如和湿度传感器组合可以制作采集并且显示空气或者土壤湿度的装置，利用这些装置就可以进行生活中的小创新。

2.51 单片机最小系统

51 单片机最小系统引出了全部的 IO 口，拿到手就可以直接连线使用，省去了焊接的麻烦。它集成了 ISP、10P 下载接口，支持 STC89C52、STC12C5A60S2、STC11/10x 系列、AT89S52 以及和上述芯片引脚兼容的芯片，外扩 3 路 VCC、GND 可以用作电源。51 单片机最小系统可以用于一般的电子器件的制作，比如特殊算法的计算器、LED 灯阵、空气净化器等各个方面，当然，要真正完成以上作品，还需要相关的其他元器件。

图 6.1 STM32 开发板

图 6.2 51 单片机最小开发系统

6.2 显示模块

1. 1602 显示屏

1602 液晶也叫 1602 字符型液晶，可以显示字母、数字和符号等，虽然它也有中文显示功能，但是需要使用者自取字符字模，相对于其他种类的显示屏（比如 12864）会比较麻烦。1602 轻便，程序相对简单，这个特性也使得它较适合于初学者使用。表 6.2 列出了 1602 管脚的专业指标。

表 6.2 1602 管脚专业指标

引脚编号	名称	说明
1	VSS	地电源
2	VDD	接 5V 正电源
3	V0	液晶显示器对比度调整端，接正电源时对比度最弱，接地电源时对比度最高，对比度过高时会产生“鬼影”，使用时可以通过一个 10K 的电位器调整对比度

续表

引脚编号	名称	说明
4	RS	寄存器选择，高电平时选择数据寄存器、低电平时选择指令寄存器
5	R/W	读写信号线，高电平时进行读操作。当RS和RW共同为低电平时可以写入指令或者显示地址，当RS为低电平RW为高电平时可以读取信号，当RS为高电平RW为低电平时可以写入数据
6	E	使能端，当E端由高电平变成低电平时，液晶模块执行命令
7－14	D0－D7	8位双向数据线
15	—	背光电源正极
16	—	背光电源负极

图6.3　1602显示屏

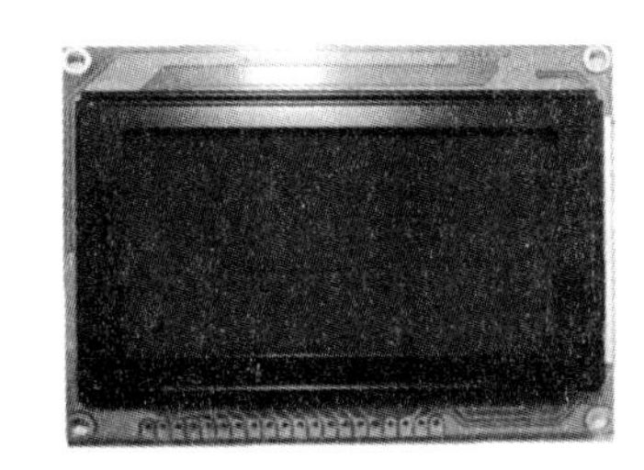

图6.4　12864显示屏

2.12864液晶屏

12864是液晶屏的一个种类，屏幕有大有小，是128＊64个点构成的液晶屏的统称。这类显示屏通常自带中文字库，所以如果需要显示中文，选择这类显示屏可以节省很多麻烦。该模块接口方式灵活、简单，操作指令也相对方便，可构成全中文人机交互图形界面。

3.TFT液晶屏

TFT液晶屏在反应速度和色彩逼真度方面都优于之前提到过的显示屏，因为它的节点都是相对独立的，而且每个像素都有一个半导体开关，并且可以连续控制。不过正因为它的制作工艺类似于大规模集成电路，所以会比较耗电，且成本较高。如果需要很好的图像质量，不妨选择这款显示屏。

表 6.3　2.4 寸 TFT 液晶屏专业指标

序号	名称	说明
1	GND	地电源
2	VCC	正电源
3	NC	空
4	RS	数据/命令切换
5	WR	写数据时钟
6	RD	读数据时钟
7－14	DB8－DB15	高 8 位数据总线
15	CS	片选
16	F_CS	FLASH 片选
17	REST	复位
18	NC	空
19	LED_A	背光电源
20	NC	空
21－28	DB0－DB7	低 8 位数据总线
29	T_CLK	触摸控制器时钟
30	T_CS	触摸控制器片选
31	T_DIN	触摸控制器的数据入
32	NC	空
33	T_DO	触摸控制器的数据出
34	T_IRQ	触摸控制器数据中断
35	SD_DO	SD 卡接口的 MISO
36	SD_CLK	SD 卡接口时钟
37	SD_DIN	SD 卡接口的 MOSI
38	SD_CS	SD 卡接口片选
39	NC	空
40	NC	空

图 6.5　2.4 寸 TFT 液晶屏

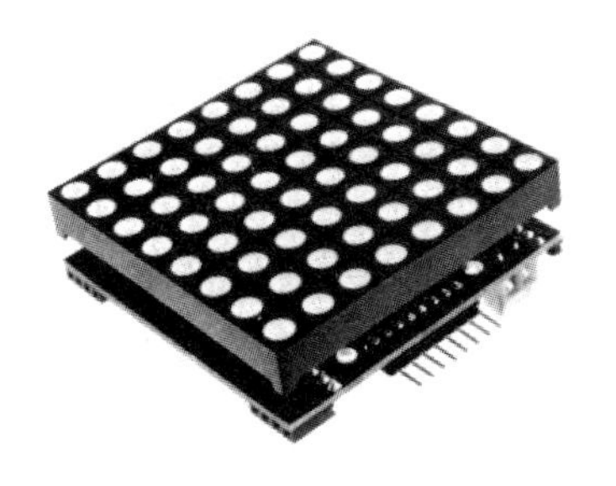

图 6.6　8 * 8LED 点阵

4. 8 * 8LED 点阵

8 * 8 点阵使用起来相对简单，可以用来实现流水灯的设计，用来直观地显示控制效果。当然，也可以用灯阵来组成字母，甚至是汉字，所以它还是有很大的发掘空间的。

6.3　通信模块

1. 蓝牙模块

蓝牙模块是一种集成蓝牙功能的 PCBA 板，用于短距离无线通信。按功能可分为蓝牙数据模块和蓝牙语音模块。它可以实现点对点以及点对多点的通信，并且有低功耗、通信安全性好、在有效范围内可越过障碍物进行连接、没有特别的通信视角和方向要求、支持语音传输等优点。

图 6.7　蓝牙模块图

图 6.8　WIFI 模块

2. WIFI 模块

WIFI 模块（又名串口 Wi－Fi 模块）属于物联网传输层。传统的硬件设备嵌入 Wi－Fi 模块可以直接利用 Wi－Fi 联入互联网，是实现无线智能家居、M2M 等物联网应用的重要组成部分。具有体积小（指甲盖大小）、无线漫游和快速联网的优点，并且通过绑定目的网络的 BSSID 地址，防止 STA 建立相同 SSID/ESSID 的无线网络使之联接到非法 AP 上，造成网络的泄密。

3. 以太网网络模块

以太网通讯模块就是用来对以太网上传输的信号进行调试和解调试，将其转为可交给 CPU 识别和处理的有效数据的模块，比如电脑里的网卡以太网上的数据是以一种差分的形式传递的，处理器无法识读，所以需要以太网通讯模块，将网络线上的信号转换为 CPU 能够识别的 0 和 1 这样的数据。

图 6.9　以太网网络模块

图 6.10　NRF24L01 2.4G 无线模块

4. NRF24L01 2.4G 无线模块

NRF24L01 无线模块经常用于无线鼠标键盘等无线设备，具有功耗低、灵敏度高、生产容易、频段免费和误码率低等优点。同时也可以用来制作红外遥控器。

5. 315M 无线模块

315M 模块分为 315M 无线发射模块以及 315M 无线接收模块两个部分，因其工作频率为 315MHZ 而得名。在车辆监控、遥控、遥测、小型无线网络、无线抄表、门禁系统、小区传呼、工业数据采集系统、无线标签、身份识别、非接触 RF 智能卡、小型无线数据终端、安全防火系统、无线遥控系统、生物信号采集、水文气象监控、机器人控制、无线 232 数据通信、无线 485/422 数据通信、数字音频、数字图像传输等领域都有应用。

图 6.11　315M 无线发射模块

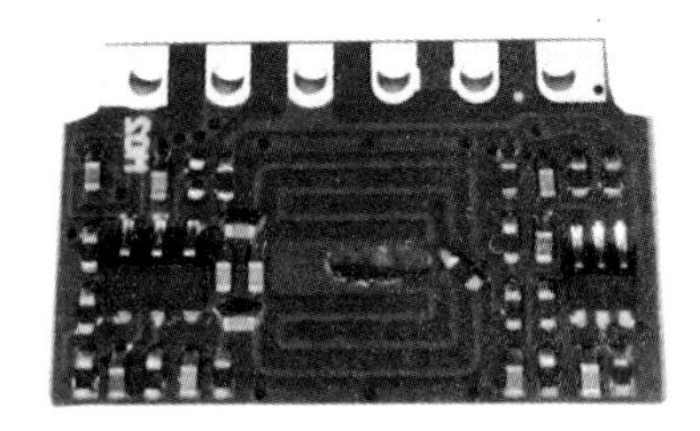

图 6.12　315M 无线接收模块

6. 433M 高频接收模块

433M 高频接收模块的工作频率为 433MHZ，相较于 315M 模块，它的天线短、方向性强且穿透能力强，但是绕性没有那么好，其他方面基本一致。中国普遍使用 315M，国外大部分使用 433M。

图 6.13　433M 高频接收模块

7. GPRS A6 模块

GPRS A6 模块可实现语音通话，甚至支持 SMS 短信和 GPRS 数据业务。除此之外，还支持数字音频和模拟音频，支持 HR、FR、EFR 和 AMR 语音编码。其最大数据速率可达到下载 85.6Kbps，上传 42.8Kbps。

图 6.14　GPRS A6 模块

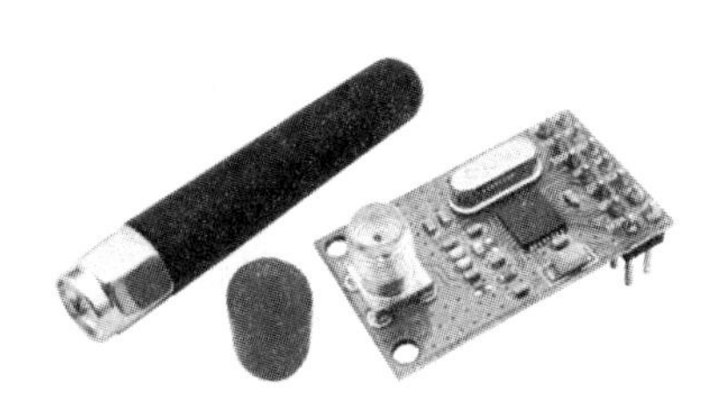

图 6.15　NRF905 无线传输模块

8. NRF905 无线传输模块

NRF905 是一款体积小、传输距离远、抗干扰能力强的模块，通信相对稳定，是目前主流的无线 RF 手法方案。它的空旷通讯距离可达 200—300 米，同时具有很强的抗干扰功能，室内通信 3—6 层均可实现可靠通信。

9. RS485 模块

相比其他模块，该模块性能更高，适用于进行中长距离的信号传输。RS485 最大的通信距离约为 1219m，最大传输速率为 10Mbps，传输速率与传输距离成反比，在 100KbpS 的传输速率下才可以达到最大的通信距离，如果需传输更长的距离，需要加 485 中继器。RS485 总线一般最大支持 32 个节点，如果使用特制的 485 芯片，可以达到 128 个或者 256 个节点，最大的可以支持到 400 个节点。

图 6.16 RS485 模块

10. CAN 总线模块

CAN 最初是由德国的 BOSCH 公司为汽车监测、控制系统而设计的。所以 CAN 总线可以很好地解决发动机的定时、注油控制、加速、刹车控制（ASC）及复杂的抗锁定刹车系统（ABS）等问题。它的直接通信距离最远可达 10km（速率在 5Kbps 以下），通信速率最高可以达到 1MB/S（距离在 40m 以下）。

图 6.17 CAN 总线模块

6.4 传感器模块

1. 对射光电传感器

光电传感器的工作原理是通过把光强度的变化转换成电信号的变化，从而达到控制电路的目的。其广泛应用于光电读出、光电耦合、光栅测距、激光准直、电影还音、紫外光监视器和燃气轮机的熄火保护装置等。

图 6.18 对射光电传感器

图 6.19 超声测距模块

2. 超声测距模块

其工作原理为先测量超声波从发射到遇到物体返回所经历的时间，乘以声音的速度，再乘上 1/2，就是物体与超声波模块的距离。该模块可以用来测量模块与物体之间的距离，相当于机器人的眼睛，可以做到检测并通过程序让机器人有效地避开障碍物。

超声测距模块还可以用于水下排障机器人的研制，可以让机器人自己在水下发现并且清除障碍物，替代人类的工作，但要注意声音在水中的传播速度更快，所以程序里的计算公式也要做出相应的修改。

3. 空气质量传感器模块

这里主要介绍 MQ135 气体传感器，这种传感器所使用的气敏材料是在清洁空气中电导率较低的二氧化锡（SnO2）。当传感器所处环境中存在污染气体时，传感器的电导率随空气中污染气体浓度的增加而增大。使用简单的电路即可将电导率的变化转换为与该气体浓度相对应的输出信号。

MQ135 传感器对氨气、硫化物、苯系蒸汽的灵敏度高，对烟雾和其他有害气体的监测也很理想。这种传感器可检测多种有害气体，是一款适合多种应用的低成本传感器。

图 6.20 空气质量传感器模块

图 6.21 DS18B20 温度传感器模块

4. DS18B20 温度传感器模块

该模块可以用来测量温度，连接显示屏单片机等，可以做出温度计、感温杯托等。

5. 红外避障模块

该传感器模块对环境光线适应能力强，具有一对红外线发射与接收管发射管发射出一定频率的红外线，当检测方向遇到障碍物（反射面）时，红外线反射回来被接收管接受，经过比较器电路处理之后，绿色指示灯回亮起，同时信号输出接口输出一个低电平数字信号。该模块可用于机器人避障、流水线技术和黑白线循迹（小车通过赛道的黑白线判断如何运动）等。

图 6.22　红外避障模块

6. 寻迹传感器模块

寻迹传感器的红外发射二极管不断发射红外线，当发射出的红外线没有被反射回来或被反射回来但强度不够大时，红外接收管一直处于关断状态，此时模块的输出端为高电平，指示二极管一直处于熄灭状态；被检测物体出现在检测范围内时，红外线被反射回来且强度足够大，红外接收管饱和，此时模块的输出端为低电平，指示二极管被点亮。此模块可用于制作寻迹机器人和寻迹小车等。

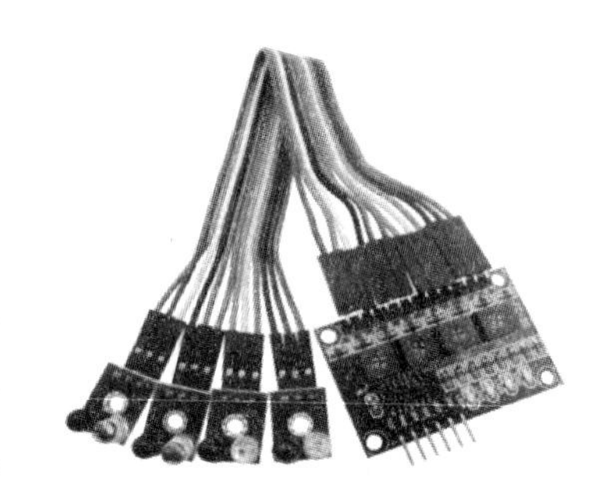

图 6.23　寻迹传感器模块

7. 湿度模块

温度模块的作用是将湿度传感器的电阻信号转换为电压信号输出，方便测出空气湿度。通过对电位器的调节，可以改变湿度检测的阈值。主要应用于加湿机、除湿机、空气调节器、自动环境控制、测量仪表等。值得注意的是湿度模块应安装于通风较好的位置，避免周围有发热较严重的物体或设备，且要避免长期使用或存放于结露、多灰尘、油雾等环境中，不宜应用于有腐蚀性的气体中，如酸性气体、具有氧化性的气体等。

图 6.24　湿度模块

8. 土壤湿度计检测模块

该模块主要应用于土壤湿度检测，具有模拟放大电路检测，可快速精准高效地传输数据。

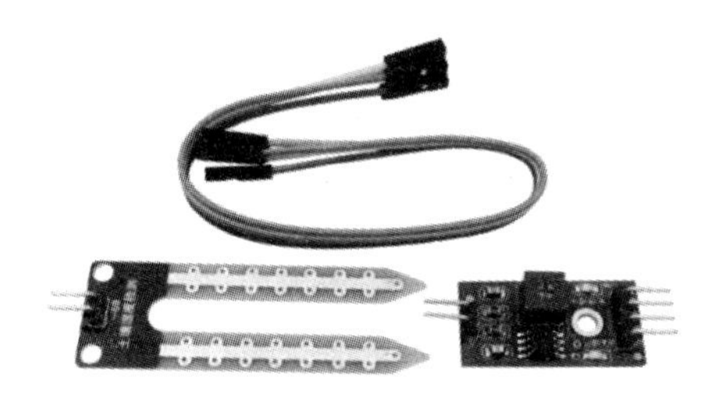

图 6.25　土壤湿度计检测模块

9. 光敏电阻传感器模块

该模块由敏感元件、转换器件、信号调节转换电路等模块组成。其中敏感元件主要用来感受被测非电量，并按一定规律将其转换成与被测非电量有确定对应关系的其他物理量。转换器用来将非电物理量（比如光照强度）转化成电路参数。信号调节主要是运算和放大转换器输出的电信号。

图 6.26　光敏电阻传感器模块

10. 水位传感器模块

该模块通常和水电动阀配套使用，原理是容器内的水位传感器，将感受到的水位信号传送到控制器，控制器内的计算机将实测的水位信号与设定信号进行比较，得出偏差，然后根据偏差的性质，向给水电动阀发出“开”和“关”的指令，保证容器达到设定水位。

图 6.27　水位传感器模块

11. 倾角传感器

图 6.28　倾角传感器

据基本的物理原理，在一个系统内部，速度是无法测量的，但其加速度却可以测量。如果初速度已知，就可以通过积分算出线速度，进而可以计算出直线位移，所以它其实是运用惯性原理的一种加速度传感器。当倾角传感器静止时，也就是侧面和垂直方向没有加速度作用，那么作用在它上面的只有重力加速度，重力垂直轴与加速度传感器灵敏轴之间的夹角即为倾斜角。该传感器可以用于制作机械臂，汽车四轮定位等方面。

12. 声音传感器

声音传感器又可称为声敏传感器，它是一种在物质中传播的机械振动转换成电信号的器件或装置。该传感器内置一个对声音敏感的电容式驻极体话筒。声波使话筒内的驻极体薄膜振动，导致电容的变化，而产生与之对应变化的微小电压，再经过 A/D 转换发送给单片机。

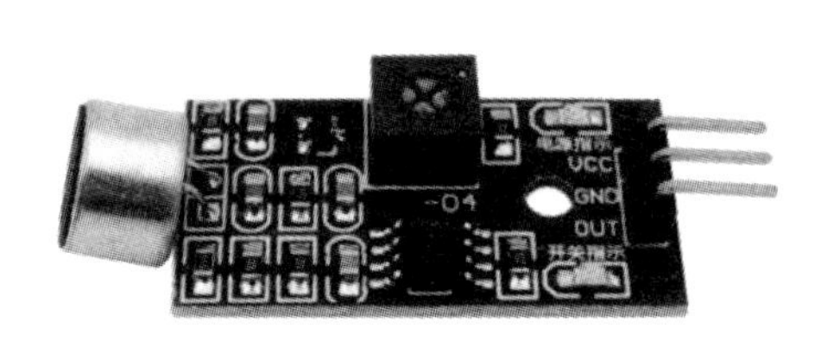

图 6.29　声音传感器模块

图 6.30　雨滴模块

13. 雨滴模块

雨滴传感器用于检测是否下雨及雨量的大小，被广泛应用于汽车自动刮水系统、智能灯光系统和智能天窗系统等。

14. 霍尔传感器

霍尔传感器是根据霍尔效应制作的一种磁场传感器。霍尔器件有许多优点，它们的结构牢固、体积小、重量轻、寿命长、安装方便、功耗小、频率高（可达 1MHZ）、耐震动、不怕灰尘、油污、水汽及盐雾等的污染或腐蚀。可以用来测量位移、力、角速度和线速度。

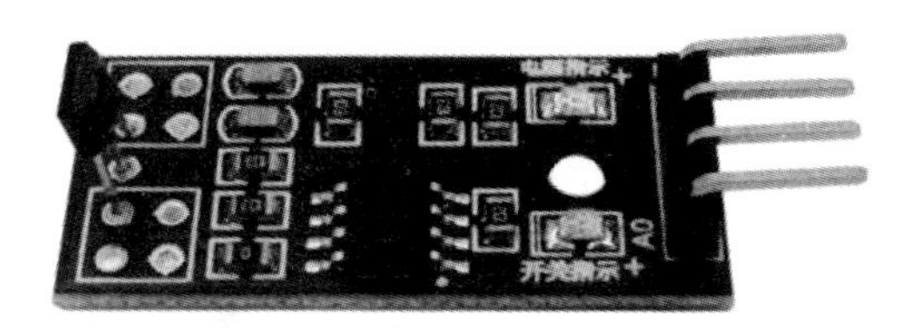

图 6.31　霍尔传感器

15.3 轴磁场传感器、罗盘

磁场传感器是可以将各种磁场及其变化的量转变成电信号输出的装置。可以用来探测、采集、存储、转换、复现和监控各种磁场和磁场中承载的各种信息的任务。

图 6.32　3 轴磁场传感器、罗盘

16. MQ—3 酒精传感器

该传感器可以应用于机动车驾驶人员及其他严禁酒后作业人员的现场检测，也用于其他场所乙醇蒸气的检测。

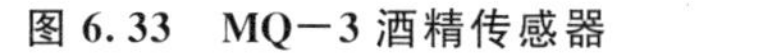

图 6.33　MQ—3 酒精传感器　　　　图 6.34　MQ—7 CO 传感器模块

17. MQ—7 CO 传感器模块

该传感器可以测量空气中 CO 的浓度，防止毒气中毒。

18. 轻触传感器模块

当用手触摸时，S 输出一个高电平，灯亮；手放开就是低电平，再次触摸

S输出一个高电平，手放开就是低电平，从而达到开关的效果。

6.35 轻触传感器模块

图 6.36 报警器感应模块

19. 报警器感应模块

该传感器通过感受震动进行报警，用于各种震动触发作用，如防盗报警、智能小车、地震报警和摩托车报警等。

20. 震动传感器模块

该模块和报警器感应模块类似，不多赘述。

图 6.37 震动传感器模块

21. 火焰传感器模块

可以检测火焰或者波长在760纳米～1100纳米范围内的光源，打火机测试火焰距离为80cm，火焰越大，测试距离越远。火焰传感器对火焰最敏感，对普通光也是有反应的，一般用于火焰报警等用途。

图 6.38 火焰传感器模块

22. 高度计传感器模块

高度计传感器模块包括一个高线性度的压力传感器和一个超低功耗的24

位模数转换器，可以将高度转化为线性信号。这里重点介绍 BMP280 气压传感器，该传感器模块使用的是一个非常紧凑的封装。它的小尺寸和低功耗允许在电池供电的移动电话等设备的实现。它还优化了功耗装置，分辨率和滤波器的性能。该模块可用于 GPS 导航增强（例如时间先修的改善、航位推算、边坡检测）、室内导航（地面检测、电梯检测）、天气预报、垂直速度指示和海拔高度测量等。

图 6.39　高度计传感器模块

图 6.40　数字温湿度传感器

23. 数字温湿度传感器

温湿度是自然界中和人类打交道最多的两个物理参数，无论是在生产实验场所还是在居住休闲场所，温湿度的采集或控制都十分频繁和重要，网络化远程采集温湿度并报警是现代科技发展的一个必然趋势。通过该模块和其他模块（比如蓝牙模块）的组合，实现远程温度控制，可以在上班的时候，控制家里的温度，让家里的宠物得到最舒适的环境，因此该模块也是实现智能家居不可或缺的一部分。此模块能测量温度和湿度，可用于暖通空调、除湿器等。

24. 光敏二极管模块

光线检测、亮度检测，通过电位器可调节检测亮度阈点，自带继电器，可做各种亮度检测开关，可以控制各种路灯的晚上自动开启、白天自动熄灭和车上用品控制及自动化设备。

图 6.41　光敏二极管模块

图 6.42　光敏二极管模块

25. 环境光传感器模块

该器件对环境光非常敏感，并且可抑制红外线（IR）光谱，从而可提供类似“人眼”的更高可见光谱响应性。

26. 电流传感器

电流传感器，是一种检测装置，能感受到被测电流的信息，并能将检测感受到的信息，按一定规律变换成为符合一定标准需要的电信号或其他所需形式的信息输出，以满足信息的传输、处理、存储、显示、记录和控制等要求。可应用于家用电器、智能电网、电动车、风力发电等。

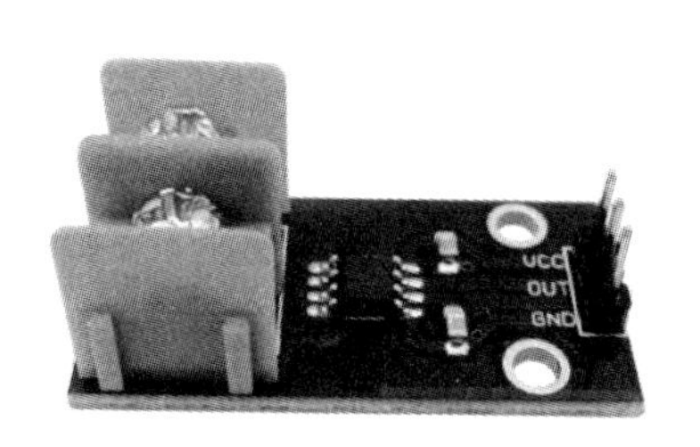

图 6.43　电流传感器

图 6.44　HX711 模块 称重传感器专用

27. HX711 模块 称重传感器专用

称重传感器实际上是一种将质量信号转变为可测量的电信号输出的装置。考虑到不同使用地点的重力加速度和空气浮力对转换的影响，称重传感器的性能指标主要有线性误差、滞后误差、重复性误差、蠕变、零点温度特性和灵敏度温度特性等。在各种衡器和质量计量系统中，通常用综合误差带来综合控制传感器准确度，并将综合误差带与衡器误差带联系起来，以便选用对应于某一准确度衡器的称重传感器。可通过对压力的测量来制作电子秤，以及制作一些可以根据重量分类的机器。

6.5　电机

1. 减速电机

减速电机牺牲了转动速度，但是扭矩大大提升，且只在通电时才能拉动。投影仪就很好的应用了减速电机。

图 6.45　减速电机

图 6.46　步进电机（4 相 5 线）

2. 步进电机（4 相 5 线）

步进电机是一种将电脉冲转化为角位移的执行机构。当步进驱动器接收到一个脉冲信号，步进电机按设定的方向转动一个固定的角度（称为“步距角”），步进电机的旋转是以固定的角度一步一步运行的。

3. 舵机

舵机是一种位置（角度）伺服的驱动器，适用于那些需要角度不断变化并可以保持的控制系统。目前，在高档遥控玩具，如飞机、潜艇模型顿遥控机器人中已经得到了普遍应用。舵机主要是由外壳、电路板、驱动马达、减速器与位置检测元件所构成。其工作原理是由接收机发出讯号给舵机，经由电路板上的 IC 驱动无核心马达开始转动，透过减速齿轮将动力传至摆臂，同时由位置检测器送回讯号，判断是否已经到达定位。位置检测器其实就是可变电阻，当舵机转动时电阻值也会随之改变，借由检测电阻值便可知转动的角度。

图 6.47　舵机

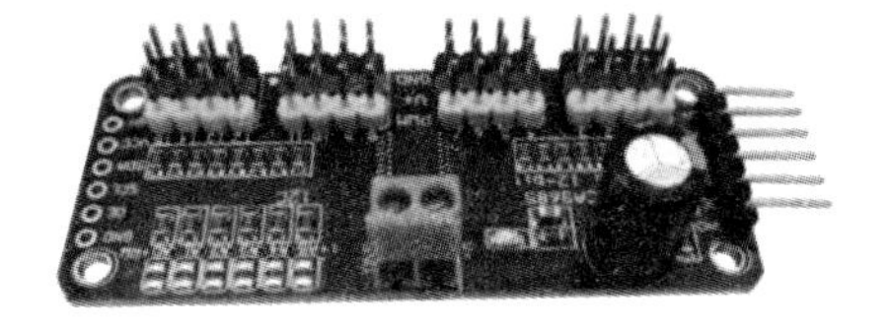

图 6.48　舵机控制器

4. 舵机控制器

舵机控制器可以控制 16 路舵机的运动，并支持脱机运行、串口通信，手机充电线通信以及蓝牙通信等，还可以设定动作状态，简化动作过程编写，甚至可以在线运动程序编辑，自定义动作序列。结合其完善的电脑端控制软件，可以实现在线控制，离线运行。并且其为 USB 供电（用于编写程序），有直接插拔、无须安装驱动等优点。可很好地对舵机进行控制，让舵机充分配合完成相应动作。

5. L298N 电机驱动板

电机驱动板是与电机配套的，使电机正常运转的电路。当单片机发出对电机的控制指令后，因为单片机的引脚输出电流有限，无法带动电机转动，此时就需要电机驱动板，该驱动板的输入包括接收单片机控制指令的引脚和5V或12V DC的能量输入引脚，输出就是一路或者两路接直流电机（减速电机）的引脚，这样接线后，单片机只要发出控制电机旋转的指令，电机就会进行正向或者反向旋转。

图 6.49 L2 98N 电机驱动板

图 6.50 微型 PWM 直流电机调速器

6. 微型 PWM 直流电机调速器

通过改变输出方波的占空比使负载上的平均电流功率从 0－100％变化、从而改变电机的速度。可以用于轻工机械、物流输送设备等方面。

6.6 电源模块

1. DC－DC 模块

DC/DC 定电压隔离双输出（两路正压或两路负压及或一正一负）转换器，输出共同一地线，瞬变响应快，极低纹波噪声输出，无须外围元件即可工作，脚位采用 7PIN 单列，14PIN 双列直插，小型封装。

可作为车载稳压电源，只需要将本模块输入端接上汽车点烟嘴供电，就可以调节电位器，输出电压就可以在 1.25－30V 任意调整，为手机、MP3、MP4、PSP 充电等许多设备供电，非常简单方便；给电子设备供电，当设备需要 3－35V 供电而手里对应电压电源时，用这个模块就可以方便地把电压调

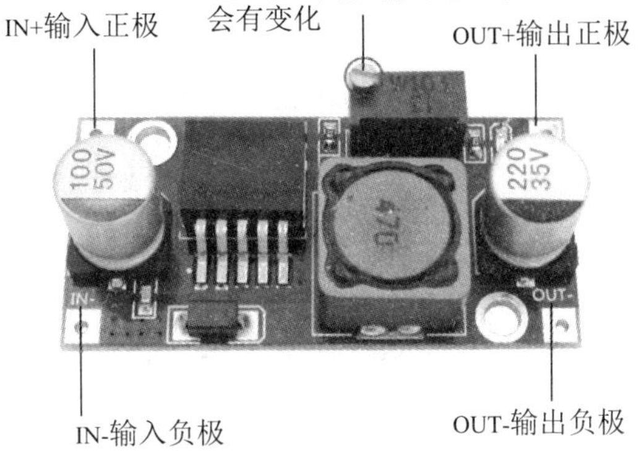

图 6.51　DC－DC 模块

到所需电压，解决困扰；系统工作电压测试，做项目时可以使用本模块调试出各种电压测试系统工作电压范围。

2. 220V AC 转 24V、12V 或 5V DC 模块

220V AC 转 24V、12V、5V DC 模块是开关电源的一种，开关电源是一种利用开关功率器件并通过功率变换技术而制成的直流稳压电源。它具有体积小、重量轻、效率高、对电网电压及频率的变化适应性强、输出电压保持时间长和有利于计算机信息保护等优点，因而广泛应用于以电子计算机为主导的各种终端设备和通信设备中，是当今电子信息产业飞速发展不可缺少的一种电源。

图 6.52　AC－DC 模块

此模块广泛应用于工业自动化控制、军工设备、科研设备、LED 照明、工控设备、通信设备、电力设备、仪器仪表、医疗设备、半导体制冷制热、空气净化器、电子冰箱、液晶显示器、LED 灯具、通信设备、视听产品、安防、电脑机箱、数码产品和仪器类等领域。

3. 锂电池专用充电板

锂电池因体积小、工作电压高、能量密度大、自放电率低和无记忆效应

等优点逐渐普及。而锂电池专用充电板也应运而生，此模块用于单节锂电或者多节并联锂电充电，充电端口可从USB取电。

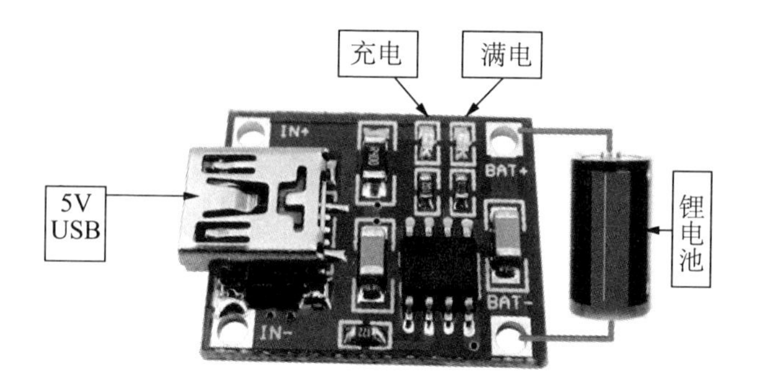

图 6.53 锂电池充电板模块

6.7 语音相关模块

1. MP3 播放器模块

顾名思义，MP3播放器模块是MP3播放器中的核心元件，它承载着播放器的大部分功能。利用MP3模块，可自制一个小型的MP3播放器，通过这个模块我们可以直接录入所需要的音频，而不用再通过烦琐的程序编写来实现。可通过电脑串口调试助手或者单片机向其发送播放/暂停等指令。不同的模块在购买时会配有数据手册，提供对应的控制指令集。

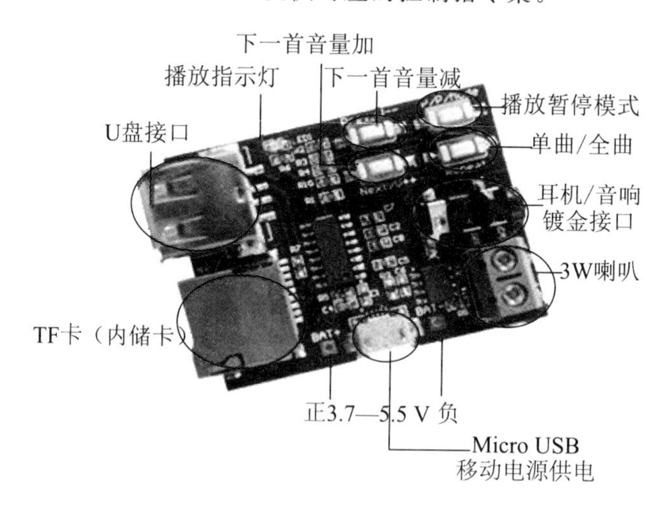

图 6.54 MP3 模块

2. 蜂鸣器模块

蜂鸣器是一种一体化结构的电子讯响器，采用直流电压供电，主要分为压电式蜂鸣器和电磁式蜂鸣器两种类型。广泛应用于计算机、打印机、复印机、报警器、电子玩具、汽车电子设备、电话机和定时器等电子产品中作发声器件。

蜂鸣器分为有源蜂鸣器和无源蜂鸣器两种。有源蜂鸣器接上额定电源就可连续发声，而无源蜂鸣器则和电磁扬声器一样，需要接在音频输出电路中才能发声。有源蜂鸣器的优点：程序控制方便。无源蜂鸣器的优点：①便宜；②声音频率可控，可以做出" 多来米发索拉西" 的效果；③在一些特例中，可以和 LED 复用一个控制口。

图 6.55 有源蜂鸣器模块

蜂鸣器可用于机械、化工、食品、机床和小家电等电器内起到报警功能，也可用于倒车雷达和个人医疗设备上，最广泛的是使用在奇特的玩具上，手机上也逐步在推广。

3. 语音合成模块

语音合成是指通过机械的、电子的方法产生人造语音的技术。TTS 技术（又称文语转换技术）隶属于语音合成，它是将计算机自己产生的或外部输入的文字信息转变为可以听得懂的、流利的汉语口语输出的技术。语音合成模块是实现这个功能的主要元器件。

4. TF 卡 MP3 解码板

此模块与 MP3 播放器模块的功能相仿，但能支持 TF 卡解码播放，支持 MP3、WMA、WAV 和 FLAC 等多种播放格式。

5. 麦克风放大器模块

麦克风放大器模块是指对话筒输入的信号进行放大的设备模块，其实麦克风放大器不仅仅有“功率放大”的功能，很多还包含参量均衡、压缩器和幻向供电等功能，特别是压缩器和参量均衡器。很多麦克风放大设备还拥有高采集率的 A / D 模数转换器，将话筒的模拟信号转换成数字音频信号，输出 AES 等等数字音频格式，可接入麦克风中当作放大器使用。

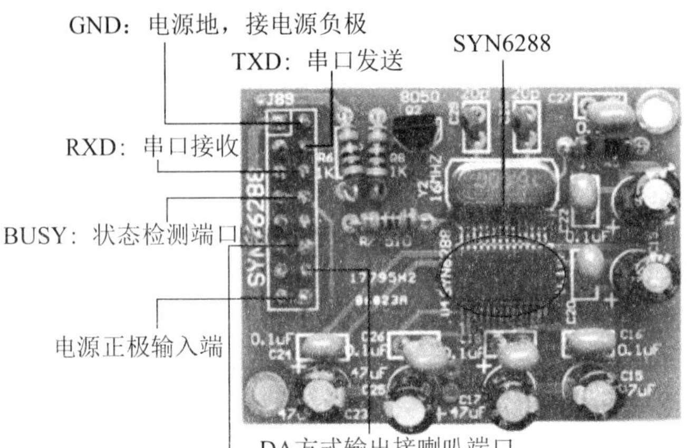

图 6.56 语音合成模块

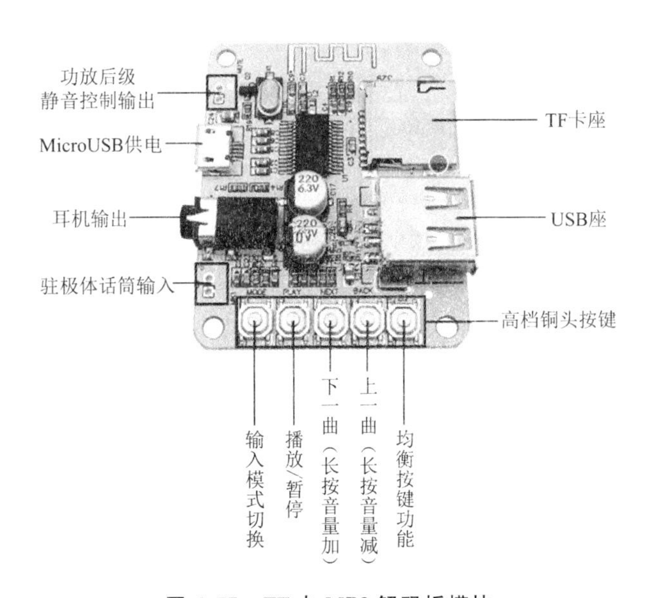

图 6.57 TF 卡 MP3 解码板模块

图 6.58 麦克风放大器模块

6. ISD4004 语音模块

通过此模块能更好地实现语音的存储与录制。ISD4004 语音模块的优点：①板载一枚 51 单片机，已经烧录了语音录放程序，能够实现一键录放功能；②引出板载单片机两个控制脚，可以在外部直接施加控制信号控制板载单片机，同时这两个接口还是单片机 RS232 接口（TTL 电平），同样可以支持在外部发送串口指令控制板载单片机；③如果不想使用板载单片机，此模块已经引出 ISD4004/4003 语音芯片的全部控制接口，并做了清晰准确的标注，方便使用者使用其他外部单片机直接控制 ISD4004/4003；④板载音频输入接口，能够实现从电脑中或者其他放音设备直接取音，实验高品质录音。

图 6.59　ISD4004 语音模块

图 6.60　ISD1820 语音模块

板载 ID4004/4003 语音录放芯片能够进行高保真的录音。可以用于实时报警系统、语音导航、语音识别等方面。

7. ISD1820 录音模块

此模块可实现声音的录放，具有如下优点：①使用方便的 10 秒语言录放；②可做喊话器模块；③本模块可直接驱动 8 欧 0.5W 小喇叭。可用于语音输入与输出的中转站，在语音导航和语音识别等方面也有广泛的应用前景。

6.8　温湿度相关模块

1. 半导体制冷片

半导体制冷片，也叫热电制冷片。它的优点是没有滑动部件，应用在一些空间受到限制、可靠性要求高、无制冷剂污染的场合。利用半导体材料的 Peltier 效应，当直流电通过两种不同半导体材料串联成的电偶时，在电偶的两端即可分别吸收热量和放出热量，可以实现制冷的目的。它是一种产生负热阻的制冷技术，其特点是无运动部件，可靠性也比较高。半导体制冷片具有以下优点：①不需要任何制冷剂，可连续工作，没有污染源和旋转部件，不会产生回转效应，没有滑动部件是一种固体片件，工作时没有震动、噪音、寿命长、安装容易；②半导体制冷片具有两种功能，既能制冷，又能加热，制冷效率一般不高，但制热效率很高，永远大于1。因此使用一个片件就可以代替分立的加热系统和制冷系统；③半导体制冷片是电流换能型片件，通过输入电流的控制，可实现高精度的温度控制，再加上温度检测和控制手段，很容易实现遥控、程控、计算机控制，便于组成自动控制系统；④半导体制冷片热惯性非常小，制冷制热时间很快，在热端散热良好冷端空载的情况下，通电不到一分钟，制冷片就能达到最大温差；⑤半导体制冷片的反向使用就是温差发电，半导体制冷片一般适用于中低温区发电；⑥半导体制冷片的单个制冷元件对的功率很小，但组合成电堆，用同类型的电堆串、并联的方法组合成制冷系统的话，功率就可以做得很大，因此制冷功率可以做到几毫瓦到上万瓦的范围；⑦半导体制冷片的温差范围，从正温90℃到负温度130℃都可以实现。

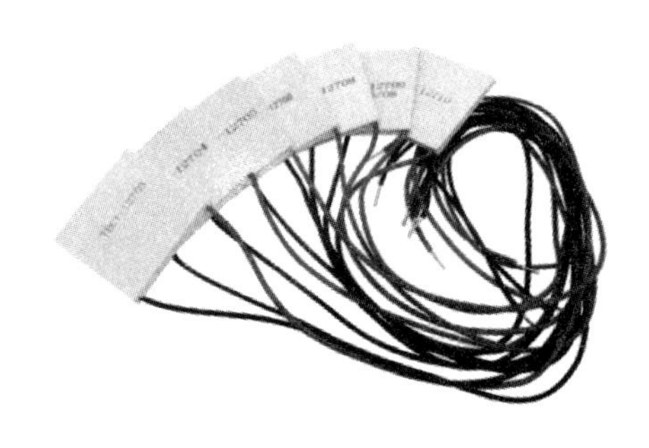

图 6.61　ISD1820 语音模块

其主要用途包括：①军事方面：导弹、雷达和潜艇等方面的红外线探测和导行系统；②医疗方面：冷力、冷合、白内障摘除片和血液分析仪等；③实验室装置方面：冷阱、冷箱、冷槽、电子低温测试装置和各种恒温、高低温实验仪片；④专用装置方面：石油产品低温测试仪、生化产品低温测试仪、细菌培养箱、恒温显影槽和电脑等；⑤日常生活方面：空调、冷热两用箱、饮水机和电子信箱等。

2. 温控系统

温控系统全称为“温度控制系统”，通过单片机来实现对温度的实时检测和控制。可用于冰箱、冰柜、温室大棚和恒温箱等地方。

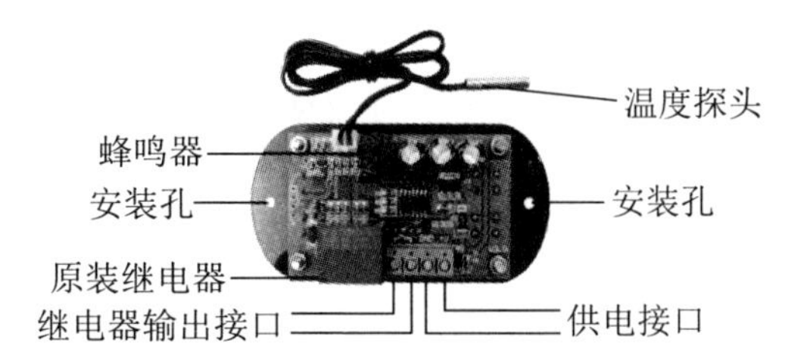

图 6.62　温控模块

6.9　继电器模块

1. 普通继电器模块（带光耦隔离）

继电器（Relay）（也称电驿）是一种电子控制器件，它具有控制系统（又称输入回路）和被控制系统（又称输出回路），通常应用于自动控制电路中，它实际上是用较小的电流去控制较大电流的一种“自动开关”。故在电路中起着自动调节、安全保护和转换电路等作用。普通继电器模块（带光耦隔离）主要分为单路继电器模块和多路继电器模块。顾名思义，单路继电器模块只能控制一个电路的开关，而多路继电器能控制多条电路的开关。

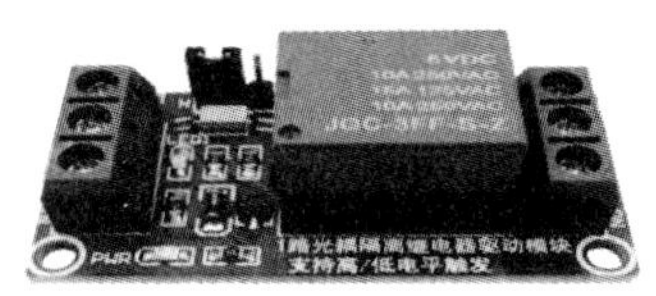

（a）单路继电器模块

（b）多路继电器模块

图 6.63　普通继电器模块

继电器主要用途包括以下几方面：①扩大控制范围：例如多触点继电器控制信号达到某一定值时，可以按触点组的不同形式，同时换接、开断和接通多路电路；②放大：例如灵敏型继电器、中间继电器等，用一个很微小的控制量可控制很大功率的电路；③综合信号：例如当多个控制信号按规定的形式输入多绕组继电器时，经过比较综合，达到预定的控制效果；④自动、遥控和监测：例如自动装置上的继电器与其他电器一起，可组成程序控制线路，从而实现自动化运行。

2. 延时继电器模块

延时继电器主要用于直流或交流操作的各种保护和自动控制线路中，作为辅助继电器，以增加触点数量和触点容量。可根据需要自由调节延时的时间。延时继电器模块的优点：①通过自动延迟负载的闭合时间降低能耗；②提高用户舒适度（例如，ON－OFF 开关同时控制照明和通风）；③延时继电器是常规工业继电器的替代方案，模块化结构可以提供更多好处。可广泛应用于商业和工业楼宇，实现简单的自动化功能：通风、供暖、百叶窗升降调节和互锁、升降机、泵、照明、标识、监控等。

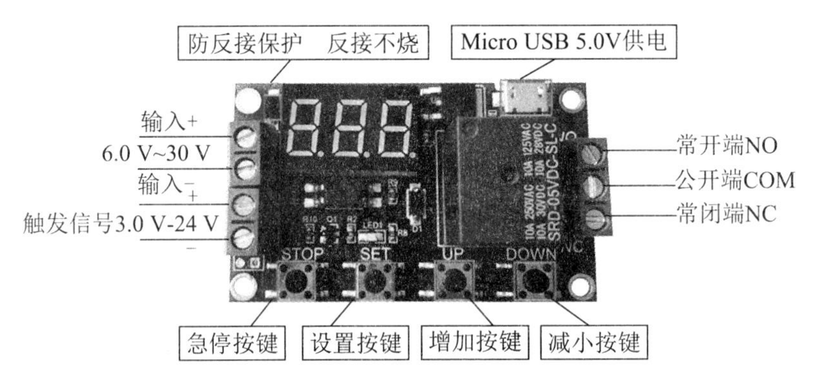

图 6.64　延时继电器模块

3. 光敏电阻继电器

光敏电阻模块对环境光线亮度最敏感，一般用来检测周围环境光线的亮度变化。通过光敏电阻对于光线的敏感性来控制开关的开闭。可广泛应用于各种光控电路和光控开关等。

图 6.65　光敏电阻继电器模块

6.10　其他常用模块

1. 矩阵键盘

矩阵键盘是单片机外部设备中所使用的排布类似于矩阵的键盘组，可类比于我们生活中的键盘。列线通过电阻接正电源，并将行线所接的单片机的I/O口作为输出端，而列线所接的I/O口则作为输入。这样，当按键没有按下时，所有的输入端都是高电平，代表无键按下。行线输出是低电平，一旦有键按下，则输入线就会被拉低，这样，通过读入输入线的状态就可得知是否有键按下。可用于计算器、遥控器、触摸屏ID产品 、银行的提款机、密码输入器和电子秤等地方。

图6.66　矩阵键盘

图6.67　AD模块

2. AD模块

此模块可将模拟信号依次通过取样、保持和量化、编码几个过程后转换为数字格式。当今的一些自控领域中用到的传感器，很多都是模拟信号的，必须要将其转换成数字信号，单片机才能对其操作和控制输出，比如现在推广的数字电视的机顶盒就用到了AD模块。

3. 单联电位器

单联电位器是指具有三个引出端、阻值可按某种变化规律调节的电阻元件，由一个独立的转轴控制一组电位器。主要用途：①用作分压器：电位器是一个连续可调的电阻器，当调节电位器的转柄或滑柄时，动触点在电阻体上滑动。此时在电位器的输出端可获得与电位器外加电压和可动臂转角或行程成一定关系的输出电压；②用作变阻器：电位器用作变阻器时，把它接成两端器件，这样在电位器的行程范围内，便可获得一个平滑连续变化的电阻值；③用作电流控制器。

图 6.68　单连电位器

图 6.69　T24C256 存储模块

4. T24C256 存储模块

T24C256 存储模块可用于大量信息的储存与提取，是现代大型器件中不可缺少的组成部分。

5. 数字小功放板

数字小功放板是指输入是数字信号中间通过 D/A 转换后输出模拟信号的功放。用于数字信号到模拟信号的转换，它通过简单地更换开关放大模块即可获得大功率。功率开关放大模块成本较低，在专业领域发展前景广阔。

图 6.70　数字小功放板

图 6.71　正弦波/三角波/方波发生模块

6. 正弦波/三角波/方波发生模块

此模块用于发出正弦波/三角波/方波，采用单片机波形合成发生器产生高精度、低失真的正弦波电压，可用于校验频率继电器、同步继电器等，也可作为低频变频电源使用。

7. 小功放模块

功放模块是一种将开关电源、功放集成到一起的功率放大模块。该模块很好地解决了开关电源对功放的干扰问题，使功放体积小、效率高等特点得到了更好的表现，应用范围也随之拓宽。功放模块主要分为开关电源和数字功放两部分，开关电源部分的主要作用是将交流电转换为功放所需的直流电并提供足够的电流，功放部分主要完成对音频信号的放大，并提供功放自身的负载的保护功能。小功放模块与小功放板的功能相似，主要与单片机相结合，构成各种功能强大的放大器。

图 6.72　小功放模块

8. L7805 三端稳压器模块

此模块用于电压的稳定。在线性集成稳压器中，由于 L7805 三端稳压器只有三个引出端子，具有外接元件少、使用方便、性能稳定和价格低廉等优点，因而得到广泛应用。L7805 三端稳压器模块的优点：①电路简单、稳定，调试方便（几乎不用调试）；②价格便宜，适合于对成本要求苛刻的产品；③电路中几乎没有产生高频或者低频辐射信号的元件，工作频率低，EMI 等方面易于控制。提高输出电压的电路，设计双电源电路。

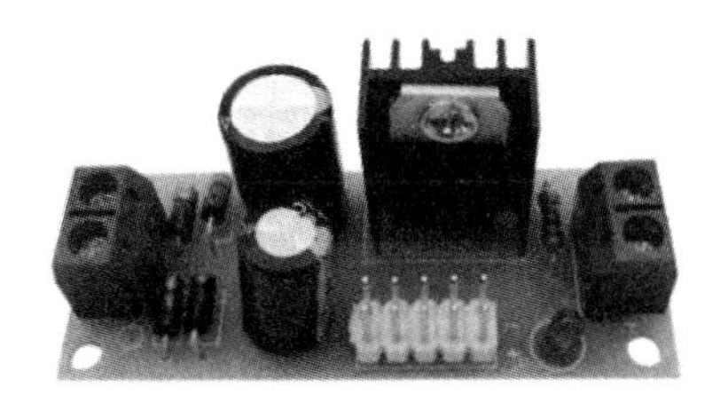

图 6.73　L8705 稳压器

图 6.74　时钟模块

9. 时钟模块

用户可以通过时钟模块设置、读取其内的计时寄存器值，获取当前时间。

一般此模块以秒为周期输出时钟脉冲，连接方式如下：

VCC→+5V/3.3V　GND→GND　CLK→P02

DAT→P01　RST→P00

时钟模块可用于单片机中，实现对时间的计算与汇总。

10. NE555 脉冲频率占空比可调模块

NE555 脉冲频率占空比可调模块可应用在需要方波信号的实验室、步进电机驱动板所需的脉冲信号、维修需要的脉冲发生器等场合。主要用途：①用作方波信号发生器，产生方波信号供实验开发使用；②用来产生驱动步进电机驱动器的方波信号；③产生可调脉冲供 MCU 使用；④产生可调脉冲，控制相关的电路。

图 6.75　NE555 脉冲频率占空比可调模块

图 6.76　场效应管模块

11. 场效应管模块

场效应管由多数载流子参与导电，把输入电压的变化转化为输出电流的变化。输出端可以控制大功率的设备、电机、灯泡、LED 灯带、直流马达、微型水泵、电磁阀等，可以输入 PWM，控制电机转速、灯的亮度等。

第七章　备好工具　准备动手

7.1　焊接系列

1. 电烙铁（配套耗材：松香、焊锡膏）

电烙铁是电子制作和电器维修的必备工具，主要用途是焊接元件及导线。按机械结构可分为内热式电烙铁和外热式电烙铁，按功能可分为无吸锡电烙铁和吸锡式电烙铁，根据用途不同又可分为大功率电烙铁和小功率电烙铁。电烙铁的功率有多种，比较小的有 15 瓦、20 瓦，比较大的有 200 瓦、300 瓦，也有手枪式的 500 瓦。在进行焊接工作时，必须根据焊接对象来确定烙铁功率，有时还要根据气候季节（冬季、夏季）来选择电烙铁的功率。焊接电子元件，用 15 瓦至 20 瓦就好，如果用 500 瓦，在烙铁时，很容易出现黑洞。一般焊接电阻、电容、晶体管、集成块等小脚元件宜选用 20 瓦功率的烙铁，冬季加大一档，选用 25 瓦。焊接散热片、变压器、屏蔽罩等大脚器件，或接地大面积敷铜板时宜用 35 瓦至 40 瓦。

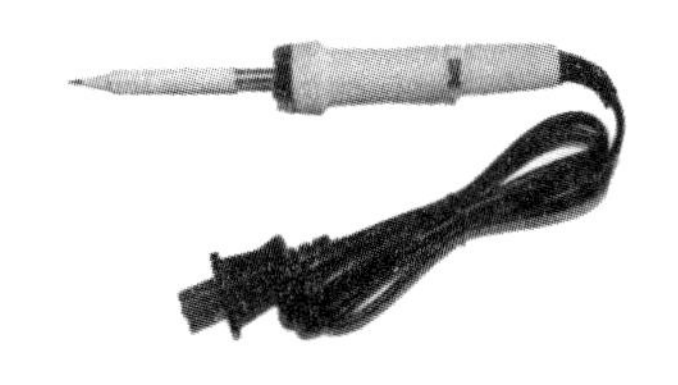

(a) 电烙铁

(b) 松香

(c) 焊锡膏

图 7.1　电烙铁及配套焊材

2. 吸锡器

吸锡器是一种修理电器用的工具，收集拆卸焊盘电子元件时融化的焊锡。有手动、电动两种。维修拆卸零件需要使用吸锡器，尤其是大规模集成电路，更为难拆，拆不好容易破坏印制电路板，造成不必要的损失。简单的吸锡器是手动式的，且大部分是塑料制品，它的头部由于常常接触高温，因此通常都采用耐高温塑料制成（吸锡器头用久了以后，要及时更换新的，使用时间不宜过长）。

图 7.2　吸锡器

7.2　电动工具系列

1. 角磨机

角磨机又称研磨机或盘磨机，是用于玻璃钢切削和打磨的一种磨具。角磨机是一种利用玻璃钢切削和打磨的手提式电动工具，主要用于切割、研磨及刷磨金属与石材等（角磨锯使用时要注意不要对着有人的方向，而且保持双手操作，做好保护措施，使用完之后要及时断电）。

图 7.3　角磨机

图 7.4　电钻

2. 电钻

电钻是利用电做动力的钻孔机。是电动工具中的常规用品，也是需求量最大的电动工具类用品（注意：电钻使用之前要确定钻头已经装好，使用时手要稳，注意安全）。

3. 台锯

台锯的主要由滑动台、工作台面、横档尺、溜板座、主锯、槽锯等结构组成，用于快捷而又准确的切割材料（注意：台锯工作时比较危险，注意安全，要特别注意衣袖，还有手指，用完之后要立即断电）。

图 7.5　台锯

图 7.6　曲线锯

4. 曲线锯

曲线锯主要用于切割木材和金属，可按要求切割出一定曲率的曲线（注意：曲线锯使用时也要注意安全，用完之后要及时断电，避免受伤）。

5. 木工开孔器

开孔器（切割器）安装在普通电钻上，就能方便地在铜、铁、不锈钢、有机玻璃等各种板材的平面、球面等任意曲面上进行圆孔、方孔、三角孔、直线、曲线的任意切割。

图 7.7　木工开孔器

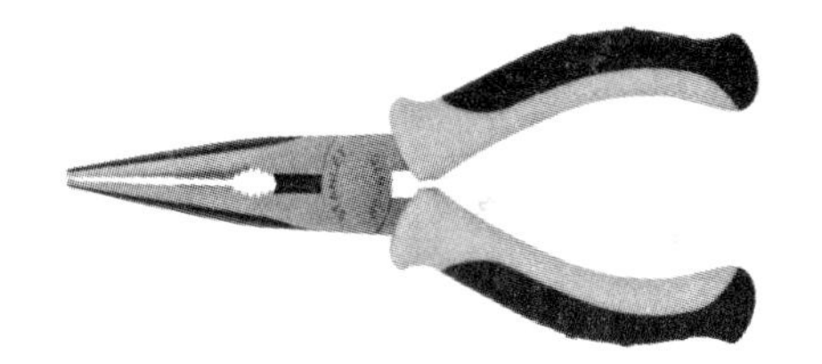

图 7.8　尖嘴钳

7.3　钳子、扳手和螺丝刀等

1. 尖嘴钳

尖嘴钳是一种常用的钳形工具。主要用于剪切线径较细的单股与多股线，以及给单股导线接头弯圈、剥塑料绝缘层等。

2. 斜口钳

斜口钳主要用于剪切导线、元器件多余的引线，还常用来代替一般剪刀剪切绝缘套管、尼龙扎线卡等。

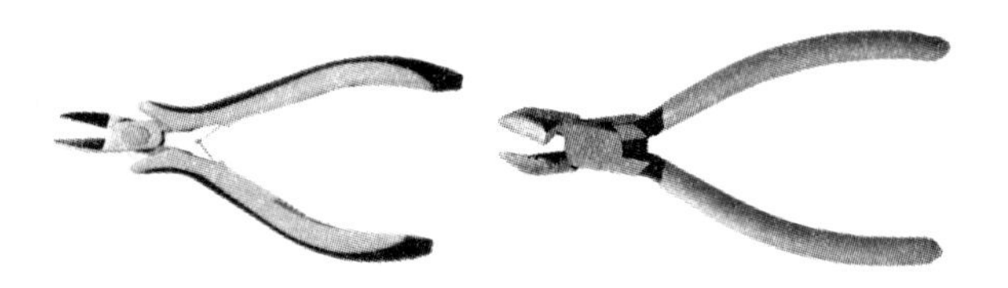

图 7.9　斜口钳

3. 剥线钳

剥线钳的钳柄上套有额定工作电压 500V 的绝缘套管，适用于塑料、橡胶绝缘电线、电缆芯线的剥皮。钳头能灵活地开合，并在弹簧的作用下开合自如，使用方便。

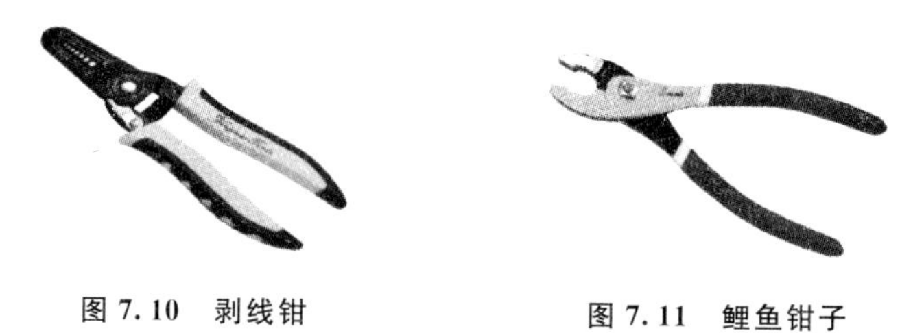

图 7.10　剥线钳　　　　图 7.11　鲤鱼钳子

4. 鲤鱼钳子

鲤鱼钳子可用于夹持圆形零件，也可代替扳手旋小螺母和小螺栓，钳口后部刃口可用于切断金属丝。

5. 梅花扳手

梅花扳手的梅花端通常作为螺丝（帽）的最初放松与最后锁紧用，梅花扳手具有不同型号。

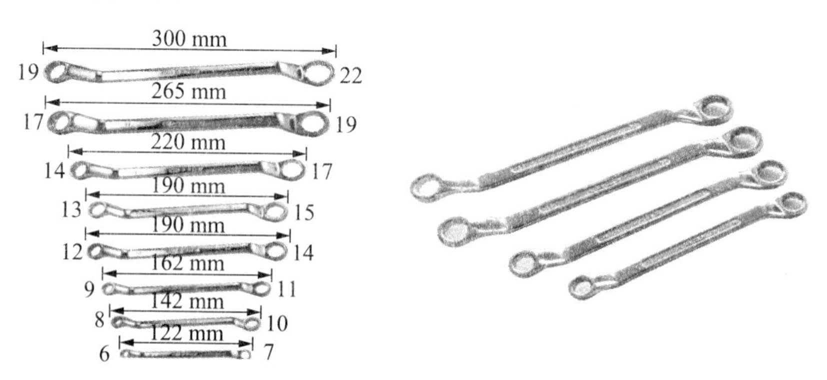

图 7.12　梅花扳手

6. 套筒（套筒扳手）

套筒（套筒扳手）因其是套在各类扳手之上并且形如筒状，故被大家俗称为套筒，是常用的生产、维修、生活工具。

图 7.13　套筒扳手

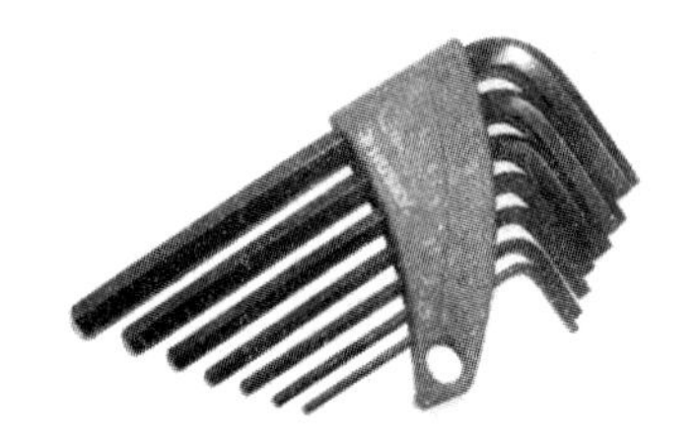

图 7.14　外六角扳手

7. 外六角扳手

外六角扳手的两端是具有带六角孔或十二角孔的工作端，适用于工作空间狭小，不能使用普通扳手的场合。

8. 螺丝刀组合

螺丝刀组合是由多种螺丝刀组合在一起的工具（内含一字形、十字形、五角形和工字形等多种类型螺丝刀）。

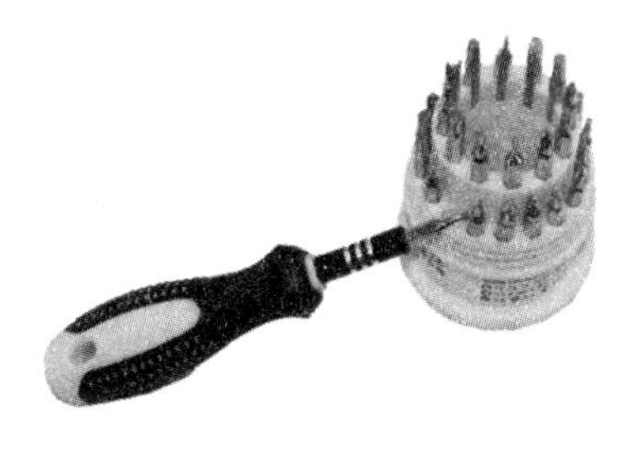

图 7.15　螺丝刀组合

9. 镊子

镊子是一种用于夹取细小东西的用具。常用于夹持导线、元件及集成电路引脚等。挑选镊子时需注意以下几个细节：①镊子头既不能太尖锐，以避免伤手，也不能太钝，否则在夹取东西时非常的不方便；②镊子要配有保护套，可以是纸质、塑料、皮质或其他材质的，能够将镊子完全包住，且材质比较结实为好；③镊子整体都应该非常平滑，尤其是经常和邮票接触的镊子头部分，不能有任何凸起或小毛刺，以避免伤害手指；④两侧镊子头的密合要好。在压合的过程中应该始终保持平行，接触时镊子头的两个面应该同时接触，并且贴合紧密，没有缝隙，边缘不能错位，在同一个平面上。最好的镊子应该是头端有一个极小角度的变形，在压合时是面接触，而不是线接触。

图 7.16　镊子　　　　图 7.17　锉刀

10. 锉刀

锉刀表面上有许多细密刀齿、用于锉光工件。使用锉刀要注意以下几点：①锉刀在使用前要检查锉刀是否处于良好状态，保证锉刀的拉紧套筒松紧度适中；②使用锉刀的过程中要轻拿轻放，防止将锉刀片碎裂伤人；③在工作过程中严禁把锉刀当作锤子使用；④在锉削行程中，要保持锉刀面平稳地与修复面接触，不可左右晃动，避免产生过大、过深的锉刀痕。

11. 美工刀

美工刀（俗称刻刀或壁纸刀）主要用来切割质地较软的东西，多由塑刀柄和刀片两部分组成，为抽拉式结构。（注意：小心刀片锋利，避免伤手）

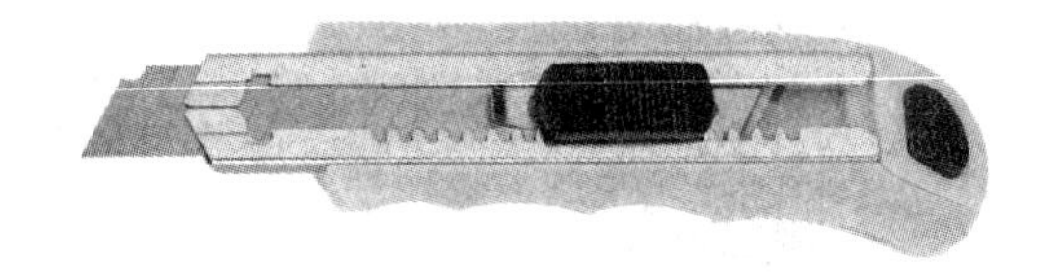

图 7.18　美工刀

12. 剪刀

剪刀是一种双刃工具，两刃交错，可以开合，用于裁剪物品。

13. 手工锯

手工锯用于切割块状物体，使用方便。（注意：锯齿锋利，小心使用）

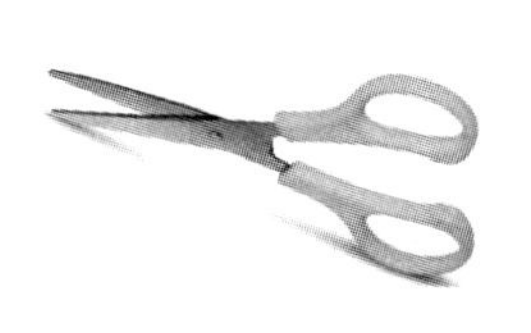

图 7.19 剪刀

图 7.20 手工锯

7.4 电子测量仪器

1. 万用表

万用表是一种多功能、多量程的测量仪表，一般万用表可测量直流电流、直流电压、交流电流、交流电压、电阻和音频电平等，有的还可以测交流电流、电容量、电感量及半导体的一些参数（如 β）等。若使用指针式万用表，则使用前应进行调零。调零分为机械调零和欧姆调零，机械调零是在表头没有通电的情况下需要使用螺丝刀拧动调零旋钮将指针归零，这也是在用万用表测量电压、电流、电阻的时候首先必须要做的。欧姆调零的作用是为了测量电阻来进行调零，需要将挡位打到电阻挡，短接表笔拧动调零旋钮来将指针归零。

（a）模拟万用表

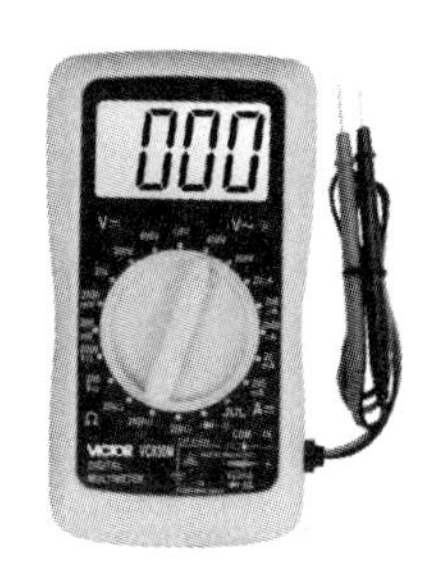

（b）数字万用表

图 7.21 万用表

2. 示波器

示波器能把肉眼看不见的电信号变换成看得见的图像，便于人们研究各种电现象的变化过程。示波器利用狭窄的、由高速电子组成的电子束，打在涂有荧光物质的屏面上，就可产生细小的光点。

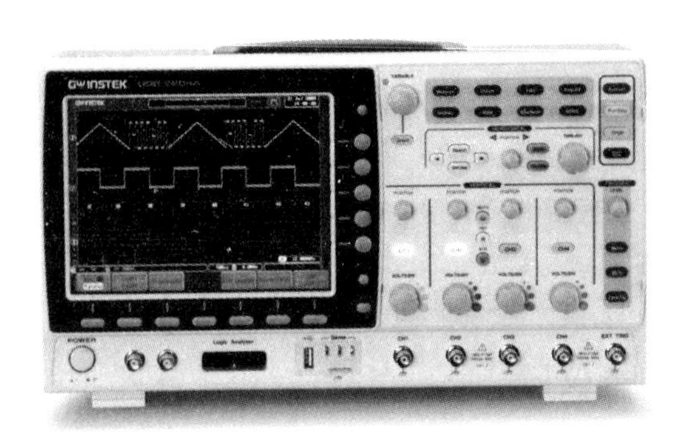

图 7.22 示波器

7.5 粘贴系列

1. 热熔胶枪

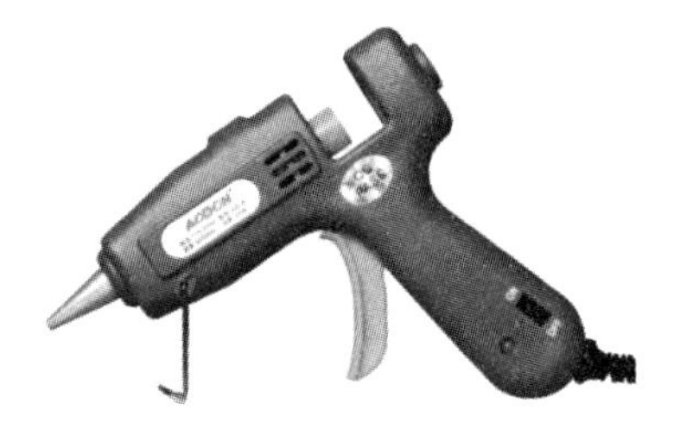

图 7.23 热熔胶枪

热熔胶枪通过高温熔化热熔胶，使热熔胶具有高黏性，使物体粘连（注意：使用时要小心，热熔胶温度极高，要用手去操作时要蘸凉水，女生使用时要将头发扎起来，避免头发上粘连热熔胶）。

2. 热风枪（配合热缩管）

热风枪是利用发热电阻丝的枪芯吹出的热风来对元件进行焊接与摘取元件的工具（注意：使用时吹出的热风温度比较高，要小心，不要对着人避免造成误伤）。

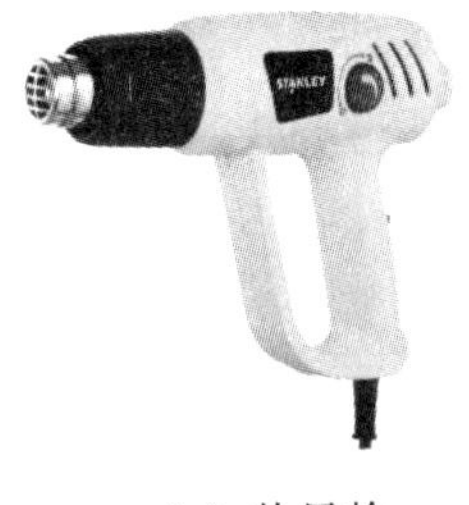

(a) 热风枪

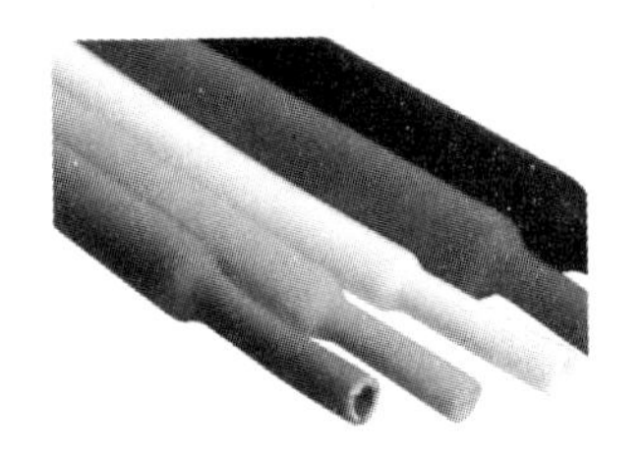

(b) 热缩管

图 7.24

3. 玻璃胶枪

玻璃胶枪是一种密封填缝打胶工具。

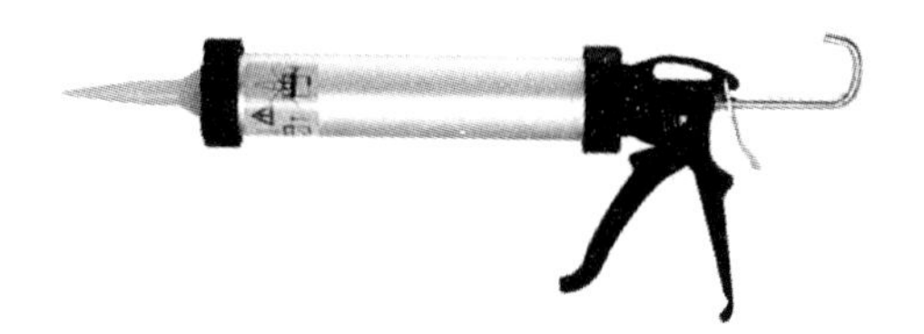

图 7.25　玻璃胶枪

第三篇

优秀大学生
科技制作项目解读

第八章　社会民生之面向大型商场的空气质量管理系统

8.1　背景介绍

进入21世纪后，环境污染的控制与治理是人类社会面临和亟待解决的重大课题。特别是近年来，对环保的认识已由室外延伸到了室内。作为人类生活、工作、休息的重要场所，人们平均每天超过80%的时间是在室内度过，可以说室内环境的质量直接关系到人们的生活健康。室内空气中的微粒、细菌、病毒和其他有害物质在达到一定浓度后，会日积月累地损害着人们的身体健康，特别对于那些长期处于室内环境的人。在美国癌症学会于1995年开始的时间跨度达七年的研究中发现，室内空气污染与城市居民健康有重要的直接关联，目前在发展中国家大约超过200万例死亡与室内空气污染有直接关系，而全球超过4%疾病与室内污染有直接关系。根据中国室内环境检测中心调查数据显示，我国的民用、商用建筑室内空气污染程度超过室外环境空气污染5到10倍，有的特殊地方甚至超过100倍。每年我国因为室内空气污染而死亡的人数在10万人以上，室内空气污染不仅严重影响到人们的健康和正常生活，也对我国造成了巨大的经济损失，影响到社会的平稳发展。

随着我国社会主义市场经济的高速发展，我国建筑数量和规模也在直线上升，现今的大型室内环境大都为一种复合型的公共建筑，例如商场等建筑，人流量大、商品种类多且密闭性强。因此大型室内空气质量低下，耗电耗能大。而且大量新建的建筑基本都是采用中央空调系统来营造室内较为舒适的人工环境。但是由于中央空调带来的室内环境的封闭，往往造成室内空气循环不畅快，室内的空气污染物形成累积，大大降低了室内空气质量，加之在现在建筑的室内装饰上大量建筑材料的使用也造成室内散发大量有害人体的污染物，进一步造成室内空气质量的下降，人们长时间待在这种环境下，不仅会产生生理上的不适，也会有损健康。

随着生活水平的提高，人们对自己日常生活和工作的室内空气环境质量的要求和期望也在不断提高，室内空气净化技术成为了环境领域的一个新的课题。室内空气净化系统应运而生并且运用应用范围日益广泛，尤其是在室内空气净化器诞生以后，各种不同类型的空气净化器如雨后春笋般涌现入市场。再者，对于大型商场来说，不能实现经常开窗通风换气，现今大多数仍然采用人工控制排风扇来排风换气的方式，过于耗费人力，并且不能实时净化空气。在智能网络时代，应提高系统的智能性和经济性，满足市场的需求。

基于此，我们设计了该室内大型智能空气测控系统。相对于传统的人工控制，该系统在自动化、无布线控制等方面显示出比较明显的优势。传统净化系统多为单节点净化，而我们设计的测控系统为主从式多节点的智能测控系统。各个节点可以设置多个净化系统。利用蓝牙通信进行主分机信息传输，无布线控制简约。此装置主要用于自动检测室内的空气质量，共有三种模式：滚动模式、固定模式、强制模式。滚动模式下，屏幕循环显示三个节点的空气质量状态，以及节点处各个净化系统的开启与关闭。固定模式固定显示某一个节点的空气质量状态以及节点处各个净化系统的开启与关闭。强制模式下，用户可以强制某一个节点的净化系统开启，为人为干预提供了渠道。通过三种模式对多节点实行非人工智能化的空气净化动作，从而实现对室内空气质量的监控和调节，大大改善大型室内各个角落的空气质量，同时完成数据的收集、转换和传送。我们所研究的系统节能便利，稳定性高，为用户增加了人性关怀，能够有效地供一些大型场合使用，大大降低了空气污染，为时下空气质量明显下降的情况改善贡献出一分力量。并且该项目体现了数据理念的重要性，迎合现今大数据的科学潮流，具有多种数据处理功能，有利于以后长远的发展。

8.2　总体设计方案和创新点

1. 总体设计方案

基于物联网的室内空气质量测控系统是一个主从式多节点空气质量测控

的系统，整个装置分为主机和从机。主机即主控端，主要完成数据的判断、控制分机的动作、人工控制、实时显示等多项功能。从机即被控端，主要完成数据的收集、转换和传送，以及接受主控端的命令来控制循环风机的功能。

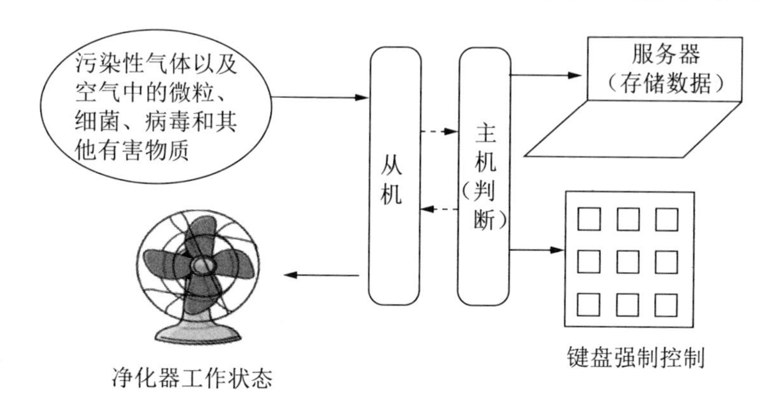

图 8.1　系统总体结构图

设备思路是以主分机构成测控网络，当有污染气体通入装置时，传感器陈列采集污染气体浓度的信号，进行加权平均算得当前空气污染指数，经过AD模块进行转换，将模拟的浓度信号转换成单片机可读取的数字信号，并发送到分机单片机；分机单片机将数据经由通信模块传输到主控端，主控模块对数据进行判断、分析，根据已有的程序控制做出相应的指令，经由通信模块再传回从机，从机根据接收到的指令继而控制继电器的开关，进行通风换气。在主控端发送指令的同时，控制显示屏实时显示各节点的空气质量状况以及净化系统的工作状态，与矩阵键盘控制的三种模式对应，能够实现不同模式的切换显示。也可对整个系统进行人为干预，通过键盘对系统的运行模式进行控制，满足控制者的人为需求。

（1）主控端

主控端由单片机、蓝牙模块、显示屏和矩阵键盘等组成，主要完成空气质量数据的判断、控制分机的动作、人工强制控制系统开关和实时显示工作状态等功能。

1）主控单片机和分机单片机之间的通信

无线通信在实际应用中具有免布线的优势，便于系统的组网，本系统采用蓝牙通信的方式实现主控单片机与多节点分机单片机的通信，具体采用地址查询的方式构成连接从而实现通信，即主控单片机通过调整蓝牙地址决定

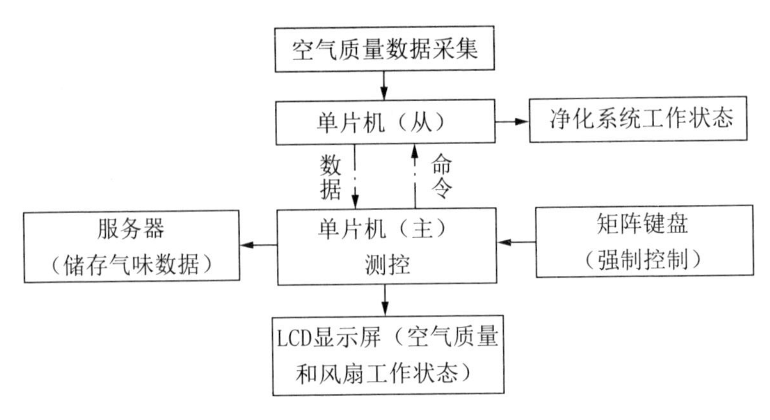

图 8.2　系统工作原理图

与哪个分机单片机通信，通过轮询的方式完成传感器数据的传输和净化指令的传输。具体来说，蓝牙模块负责主控单片机和分机单片机的双向通信，主要包括将各检测节点的传感器信号发送给主控单片机，并将净化指令发送给分机单片机。

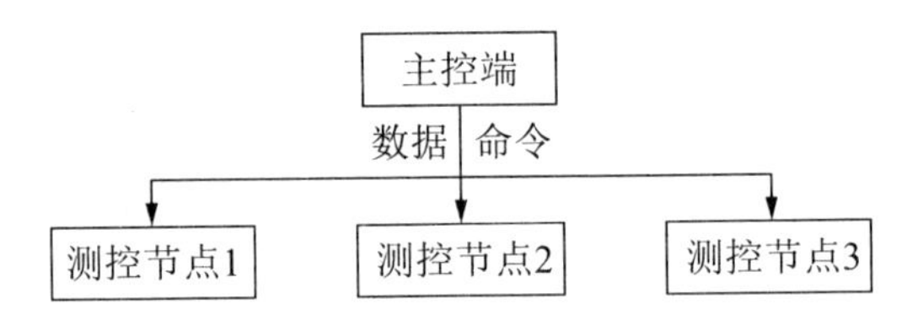

图 8.3　无线通信过程

2）智能控制与人为干预的结合

若本系统用于实际环境中，肯定存在需要人为干预的情况，基于这种考虑，我们在系统中设置了三种不同的工作模式，使其既能自动测控空气质量，又能人为手动强制进行某些查看或者净化操作。拟在主控单片机端设置矩阵键盘来进行模式的切换。作为人工控制系统的唯一窗口，我们提供了三种工作模式可供自由切换选择：模式一：系统自动切换检测各个节点，相隔五秒做一次切换，滚动显示各个节点的空气质量和工作状态；模式二：通过键盘控制，人工选择查看固定某个节点的空气质量和工作状态；模式三：键盘控制强制开启或关闭任意节点的风扇，不再使用系统的自动控制功能。

3）工作状态和空气质量的实时显示

本系统采用显示屏模块与主控单片机连接，实时显示各节点的空气质量状况以及净化系统的工作状态，与矩阵键盘控制的三种模式对应，能够实现不同模式的切换显示，让用户更加清晰地看到整个系统处于什么样的工作状态。

（2）各测控节点

各测控节点是由单片机、气敏传感器阵列、循环净化系统、蓝牙模块和AD模块组成。主要实现实时采集空气质量数据并通过蓝牙传送到主控端，接收命令实现净化动作的功能。

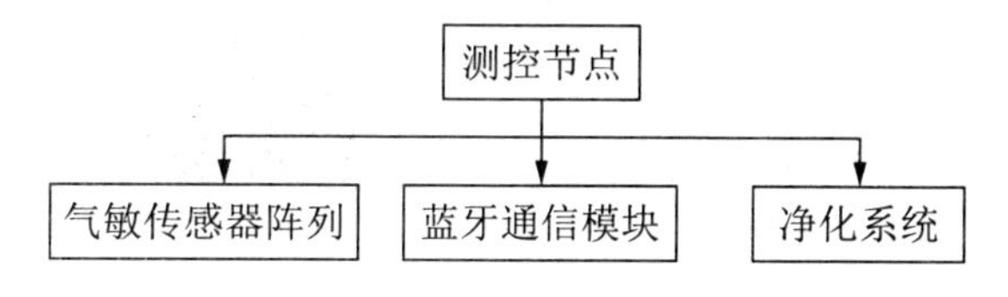

图 8.4　测控节点模块示意图

1）分机单片机

分机单片机负责发送传感器数据给主控单片机，并解析主控单片机的净化指令从而控制风扇的转停。

2）传感器阵列搭建

传感器的选型和阵列规模决定了系统采集的数据质量和后续净化指令的有效性，本作品采用金属氧化物气体传感器来构建阵列。该类型传感器作为气体分析领域的主流传感器，具有性能稳定、灵敏度高以及交叉响应性好等优势，构建一个具有一定冗余度的传感器阵列，对常见的室内空气污染气体具有非常高的敏感性。

（3）上位机显示端

服务器端程序用于完成大量数据的存储和后期分析，该程序软件实现主控单片机与上位机的通信，是物联网概念的一个体现，也是后续进行数据分析的基础。拟采用美国虚拟仪器公司的 LabVIEW 软件完成开发，软件的界面如图 8.5 所示。该软件具备如下功能：①可设置串口号、波特率等基本的串口参数；②可实时显示各节点空气净化器的运行状况；③可显示接收数据并可将数据生成文件保存在指定的路径下；④可进行历史数据的查询，可实现深度学习等数学模型的建立。

2. 创新点

（1）实时显示。设备主机的显示屏、电脑端的设计界面都可以实时显示

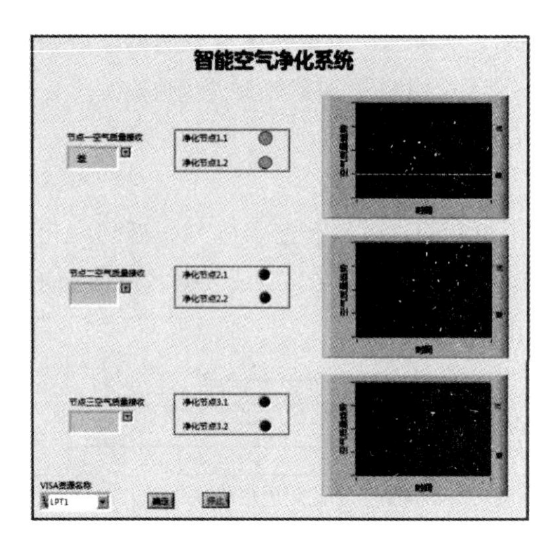

图 8.5　上位机显示界面

各个节点的空气质量和设备的工作状态。

(2) 人性化的键盘控制设计。用户可通过按键选择随意切换设备多种工作模式。

(3) 主机与各测控节点之间通过蓝牙进行双向通信，无线布置减少损耗以及架设困难。

(4) 气体传感器阵列的无线组装。阵列的设计保证了系统采集数据的可靠性，无线组装避免了布线等操作带来的困难。

(5) 工作模式多元化。程序设计出多种控制模式，分别为滚动检测模式、固定节点模式以及人为强制开关模式，使系统应用更人性化，功能更多元化，体现了“工程设计为了解决实际需求”的设计理念。

(6) 系统数据的保存和数据挖掘。上位机端数据分析能够发现数据中隐藏的关键信息，比如室内空气情况随时间的改变，采集的主控单片机发出的净化指令能够帮助使用者了解一段时间内的空气净化情况，从而反推这段时间内的空气质量信息，进而绘制出某一室内的空气质量随时间变化的曲线模型，从而预测未来的空气质量变化走势数据的保存可方便研究者查询历史数据；数据的挖掘能够帮助研究者挖掘数据背后隐藏的关键信息，从而为未来相关问题的决策提供依据。

(7) 利用数学建模算法计算各个测控节点安置的具体位置，力求更有效不重复的采集空气数据，构成传感器网络。

8.3　硬件功能框图

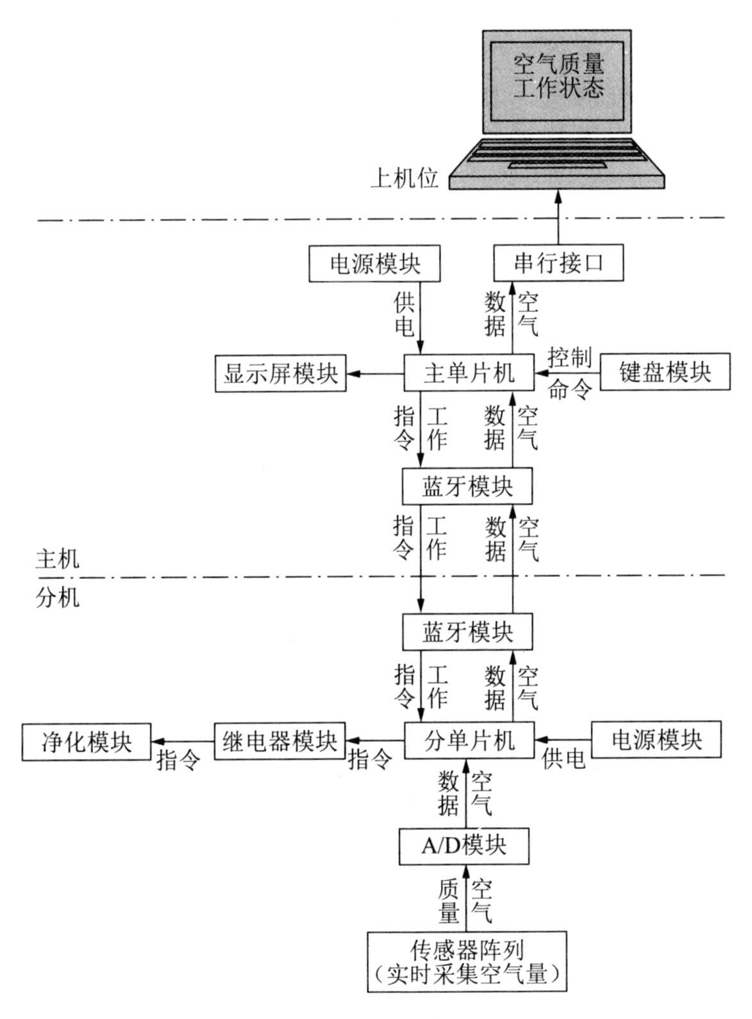

图 8.6　硬件功能框图

当气体浓度超标时，传感器将信号通过 AD 模块进行模数转换从而传送给分单片机，并通过蓝牙将数据传递给主单片机，主单片机将处理后的信号与设定的限制值做比较，将判断之后的指令再传输回分单片机，继而控制继电器的开关，进行通风换气。当商场气体浓度恢复正常时，单片机控制系统自动关闭，从而实现对影响商场内空气质量的参数的控制。同时当人们想要通风换气的时候可以通过按下强制开启净化器的按键，主单片机将开关的指令通过蓝牙传输给分单片机，分单片机进而控制风扇开关来达到人们的目的。并且，主单片机将对空气质量的指令传输至上位机，上位机保存数据并进行分析，达到保存气体数据、测量商场空气质量的效果。

8.4 电子模块选择及连线图

1. 电子模块选择

(1) 电源模块（DC转DC自动升降压转换模块）

本系统采用220伏工作电供电，内部需供电模块包括单片机（5V DC）、LCD12864显示屏（5V DC）和AD数据转换模块（5V DC）、继电器（5V DC）。所以必须首先使用开关电源将220V AC转化成5V DC，从而给系统中各个模块供电。其中，DC－DC电路模块性价比高，可通过调节可变电阻的阻值将输出电压调整成目标值。

(2) AD模块

本装置采用PCF8951型号的AD模块，PCF8591是一个单片集成、单独供电、低功耗、8－bit CMOS数据获取器件。PCF8591具有4个模拟输入、1个模拟输出和1个串行I2C总线接口。在PCF8591器件上输入输出的地址、控制和数据信号都是通过双线双向I2C总线以串行的方式进行传输。

由于51单片机的I/O口只能读取高低电位（0或1），但是传感器输出的数据则是准确的数值，故单片机不能直接读取传感器的输出数据，AD模块则完美的在中间起了转换的作用，它将传感器输出的模拟信号转变为数字信号，供给单片机读取数据。

(3) 单片机系统

根据要实现的功能，本系统采用STC89C51作为主控芯片，STC89C51是采用8051核的ISP在系统可编程芯片，最高工作时钟频率为80MHz，片内含8K Bytes的可反复擦写1000次的Flash只读程序存储器，器件兼容标准MCS－51指令系统及80C51引脚结构，芯片内集成了通用8位中央处理器和ISP Flash存储单元，具有在系统可编程（ISP）特性，配合PC端的控制程序即可将用户的程序代码下载进单片机内部，省去了购买通用编程器，而且速度更快。STC89C51单片机是单时钟/机器周期（1T）的兼容8051内核单片机，是高速/低功耗的新一代8051单片机，全新的流水线，精简指令集结构，内部集成 MAX810 专用复位电路。STC89C51 的 I/O 口丰富，P3 端口用于 AD 模块数据的传输以及继电器（即开关）的控制，P0、P2 端口用于液晶显示屏模块，而且一块芯片就能满足所有的需求。

（4）继电器模块（开关控制）

本装置应用 1 路光耦隔离继电器驱动模块。继电器是一种电子控制器件，它具有控制系统（又称输入回路）和被控制系统（又称输出回路），通常应用于自动控制电路中，它实际在电路中起着开关的作用。

当输入端为低电平时，继电器线圈两端通电，继电器触点吸合；当输入端为高电平时，继电器线圈两端断电，继电器触点断开。从而达到控制循环风机开关的作用。

（5）显示屏模块

采用 12864 液晶显示模块，带中文字库的 12864 是一种具有 4 位/8 位并行、2 线或 3 线串行多种接口方式，内部含有国标一级、二级简体中文字库的点阵图形液晶显示模块；其显示分辨率为 128×64，内置 8192 个 16＊16 点汉字，和 128 个 16＊8 点 ASCII 字符集．利用该模块灵活的接口方式和简单、方便的操作指令，可构成全中文人机交互图形界面。可以显示 8×4 行 16×16 点阵的汉字．也可完成图形显示。低电压低功耗是其又一显著特点。由该模块构成的液晶显示方案与同类型的图形点阵液晶显示模块相比，不论硬件电路结构或显示程序都要简洁得多，且该模块的价格也略低于相同点阵的图形液晶模块。经济实用，并且完全可以实现本系统要求的功能。

（6）蓝牙模块

本系统采用 BLE 串口 CC25404 型号的蓝牙。该模块在装置中能够起到无布线控制，主要适用于主从一模块，具有透传、远控和 PIO 采集三种功能，通过 AT 指令进行切换和设置。该蓝牙的接口电平 3.3VDC，可以连接各种单片机。支持数据透传、串口透传模式和免 MCU 模式，支持串口在线升级。远程控制 IO 输入和输出。该模块具有使用简单无须任何蓝牙协议和开发经验，直接使用以及超低功耗通信，超低功耗待机，模块间透传传输速率最高可达 4Kb/S 的优点。此蓝牙模块负责主控单片机和分机单片机的双向通信，主要包括将各检测节点的传感器信号发送给主控单片机，并将净化指令发送给分机单片机。

（7）矩阵键盘模块

本系统采用的是矩阵键盘。由于在系统功能中，对按键数量要求过多，为了减少 I/O 口的占用，通常使用按键排列成矩阵形式的矩阵键盘。矩阵键盘的识别方法显然比直接法要复杂一些，列线通过电阻接正电源，并将行线所接的单片机的 I/O 口作为输出端，而列线所接的 I/O 口则作为输入。当按键没有按下时，所有的输入端都是高电平，代表无键按下。行线输出是低电平，一旦有键按下，则输入线就会被拉低，这样通过读入输入线的状态就可得知是否有键按下了。

2. 模块连线图

（1）主机模块连线图

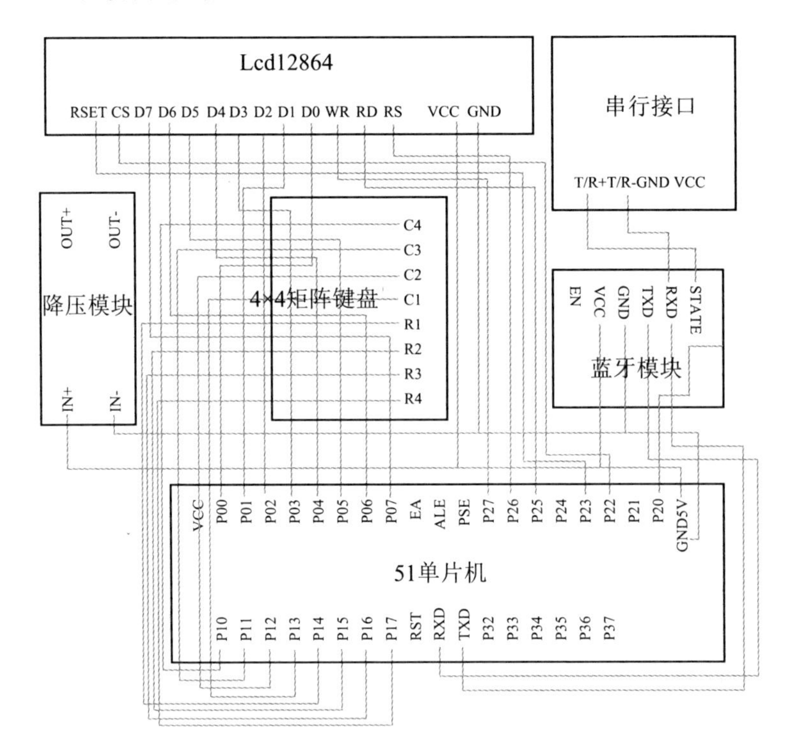

图 8.7　主机模块连线图

（2）分机模块连线图

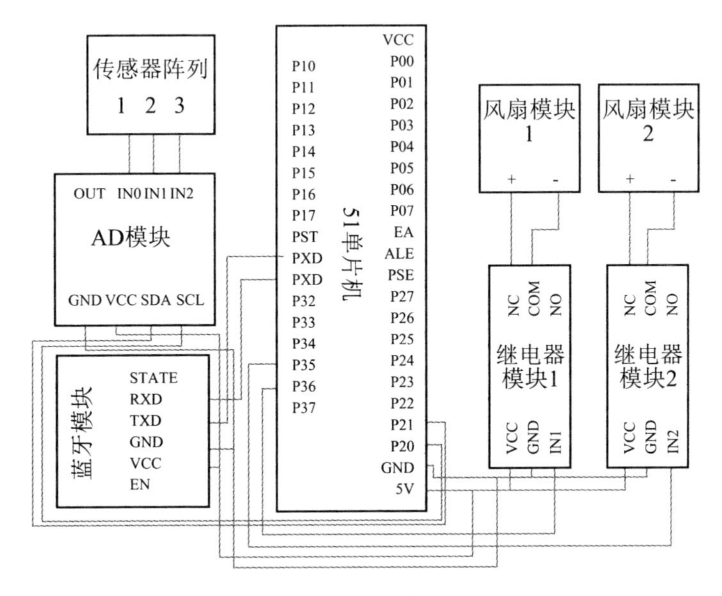

图 8.8　分机模块连线图

8.5　自制模块、硬件图纸和实物图

1. 自制模块详解

传感器的选型和阵列规模决定了系统采集的数据质量。本项目采用日本费加罗公司和郑州炜盛公司生产的金属氧化物气体传感器来构建阵列，该类型传感器作为气体分析领域的主流传感器，具有性能稳定、灵敏度高以及交叉响应性好等优势。每个传感器的目标响应气体里面须包含常见室内空气污染气体，如甲醛等装修过程中常见毒气，另一方面该阵列中还要包含空气质量传感器，该传感器的作用是对一切异于正常空气成分的气体做出反应。确定好阵列中每个传感器的选型要求后，下一步就是确定传感器阵列的规模，也即用多少个传感器。传感器数目太少，构建的阵列受单一传感器的影响大，无法保证系统采集的空气质量数据的正确可靠性；阵列规模太大，一方面设备的尺寸规格会变大，另一方面造价也会提升，因此应从保证数据的可靠性和实际成本等方面综合考虑来一个具有一定冗余度的传感器阵列。在项目实施的过程中，可以建立一个大规模的传感器阵列，然后进行样气实验，根据每个传感器对样气的响应度以及对正确预测做出的贡献度来进行传感器的筛

选，最终建立一个合理的传感器阵列。

本系统考虑到实际应用和成本计算，经研究后采用的是三个传感器构成的传感器阵列，主要针对的是大型室内产生的有毒废气、装修遗留的污染气体以及人体产生的 CO_2 等，具体结构见图 8.9。

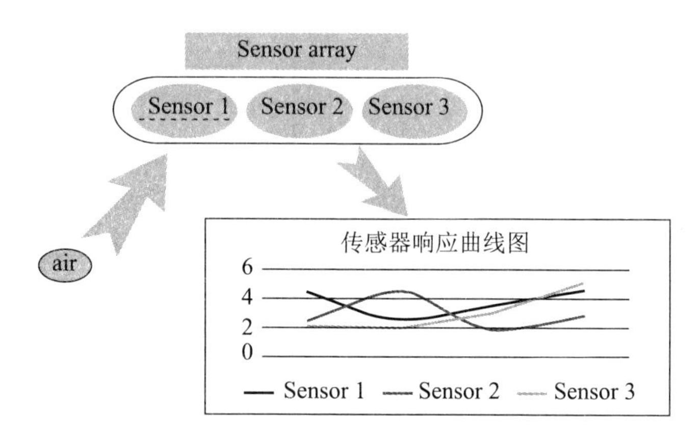

图 8.9　传感器阵列示意图

2. 硬件图纸和实物图

（1）主机硬件图纸

主机硬件轮廓图

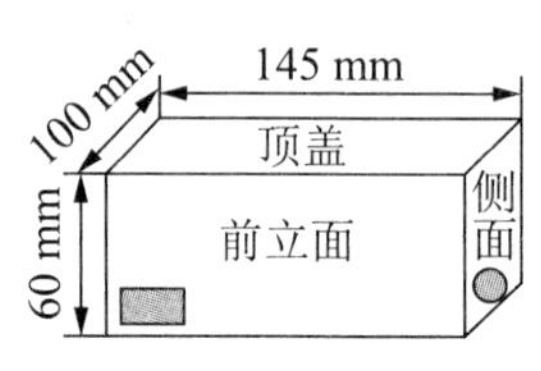

顶盖及底板：145 mm*100 mm
5 mm有机玻璃
前后立面：145 mm*55 mm
5 mm有机玻璃
左右侧面：90 mm*55 mm
5 mm有机玻璃
▭：33 mm*16 mm
距前立面左、下边缘各5 mm
●：直径10 mm
距侧面左边缘25 mm、下边缘20 mm

顶盖打孔示意图

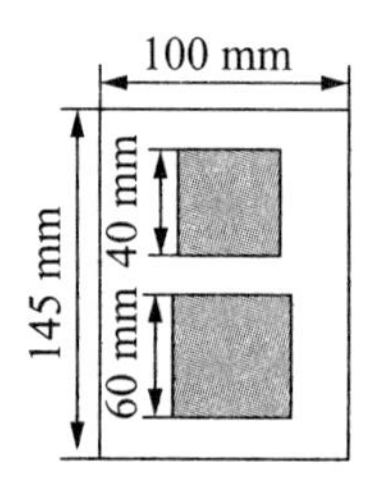

说明：
立面、侧面及底板由热熔胶枪固定，并用3M黑色胶带在表面进行粘贴。
■ 两个方形孔洞边长分别为40 mm和60 mm，位于顶板中轴线，距离上下边缘均为25 mm

图 8.10　主机硬件图纸

（2）分机硬件图纸

分机硬件轮廓图

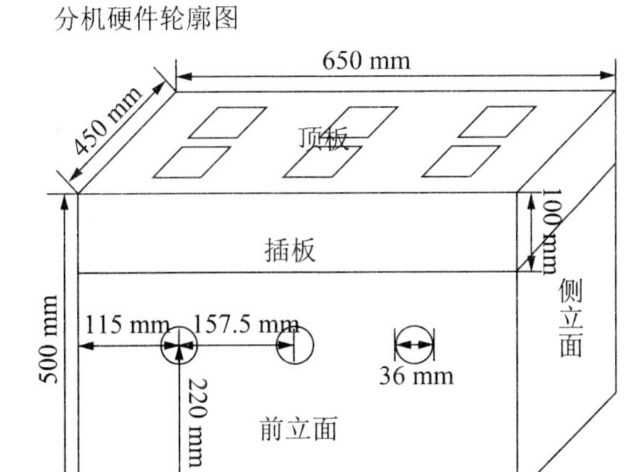

前后立面：650 mm*500 mm
8 mm有机玻璃
侧立面：434 mm*500 mm
8 mm有机玻璃
顶板：650 mm*500 mm
8 mm有机玻璃
底板：650 mm*500 mm
3 mm有机玻璃
插板：634 mm*434 mm
5 mm有机玻璃
顶板打孔安装风扇：
风扇边长120 mm
前立面木头打孔器打孔：
测试孔直径36 mm

顶板打孔示意图

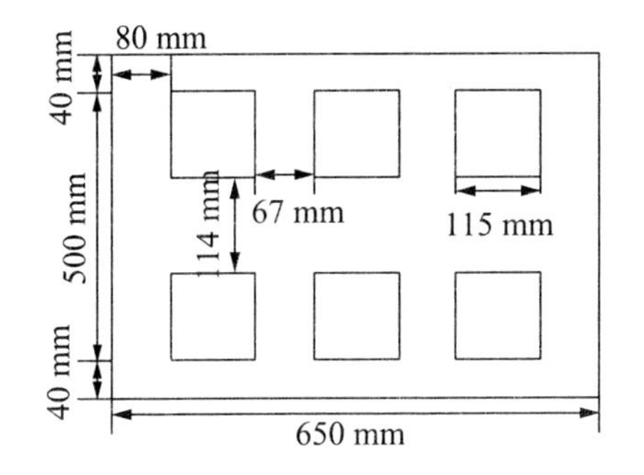

说明：
分机箱体由有机玻璃板用航空箱包角配以直径2.5 mm长度1.5 cm的螺丝，在箱体底部固定前后立的螺丝，在箱体底部固定前后立面、侧立面及底板。前后立面及侧立面由直径3 mm长度3 cm的螺丝打孔连接后固定。

图 8.11　分机硬件图纸

8.6　程序设计思路和流程图

1. 主机

程序开始，进行串口通信和 12864 显示屏的初始化，接下来进入 while 循环：扫描键盘，复位蓝牙，蓝牙端口置 0 后再置 1，并发送其中一个节点的蓝牙地址链接，发送数据请求，主机单片机通过蓝牙接收到数据后，用 if 语句对数据进行判断。程序中根据国家标准设置两个空气质量的标准值 1、2，若接收到的数据小于标准值 1，则判断为空气质量好，风扇 1、风扇 2 皆不启动净化功能；若接收到的数据大于标准值 1，小于标准值 2，则判断为空气质量中等，风扇 1 启动净化功能，风扇 2 不启动；若接收到的数据大于标准值 2，则判断为空气质量差，风扇 1、风扇 2 皆启动净化功能。主机单片机通过蓝牙将控制指令发送给分机单片机，并且指令通过串口传送给服务器端。

2. 分机

程序开始，进行串口通信初始化，继电器也初始化为关闭，接下来进入 while 循环，AD 模块采集传感器数据并将数据传递给分机单片机，通过蓝牙将数据传递给主机单片机进行数据的判断。分机接收到主机发送回来的控制指令后，通过继电器控制净化装置风扇 1 和风扇 2 的开关。若接收到的指令为 1，空气质量好，风扇 1、风扇 2 均关闭；若接收到的指令为 2，空气质量中，风扇 1 开启，风扇 2 关闭；若接收到的指令为 3，空气质量为差，风扇 1、风扇 2 均开启。

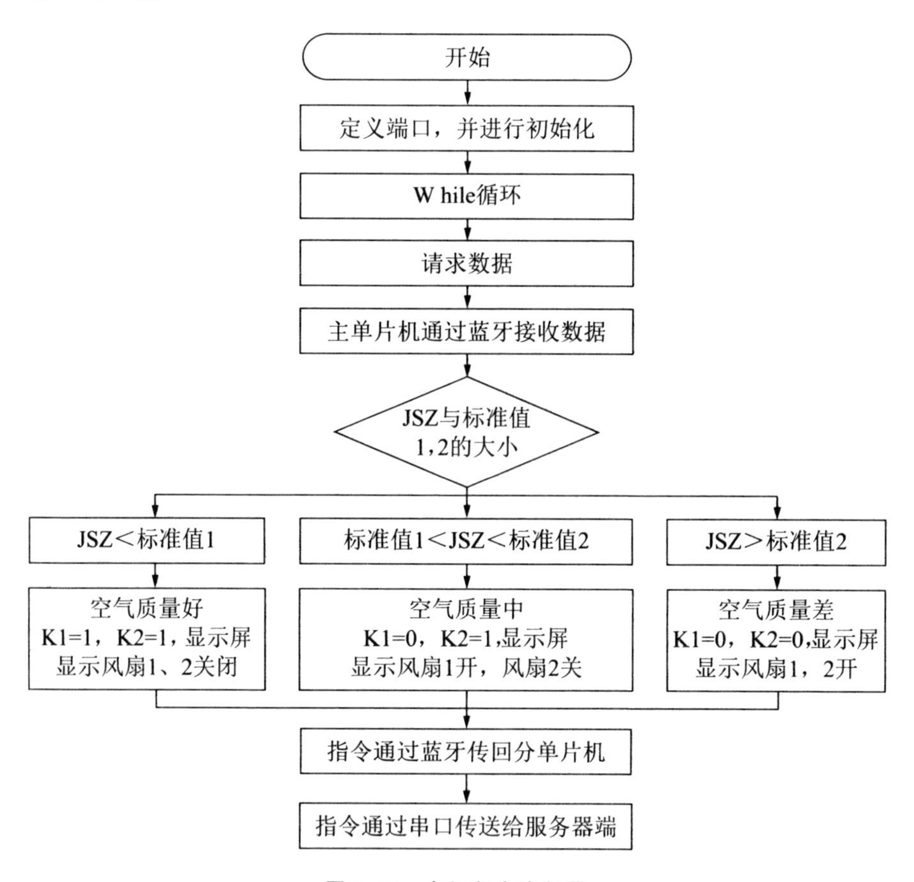

图 8.12　主机程序流程图

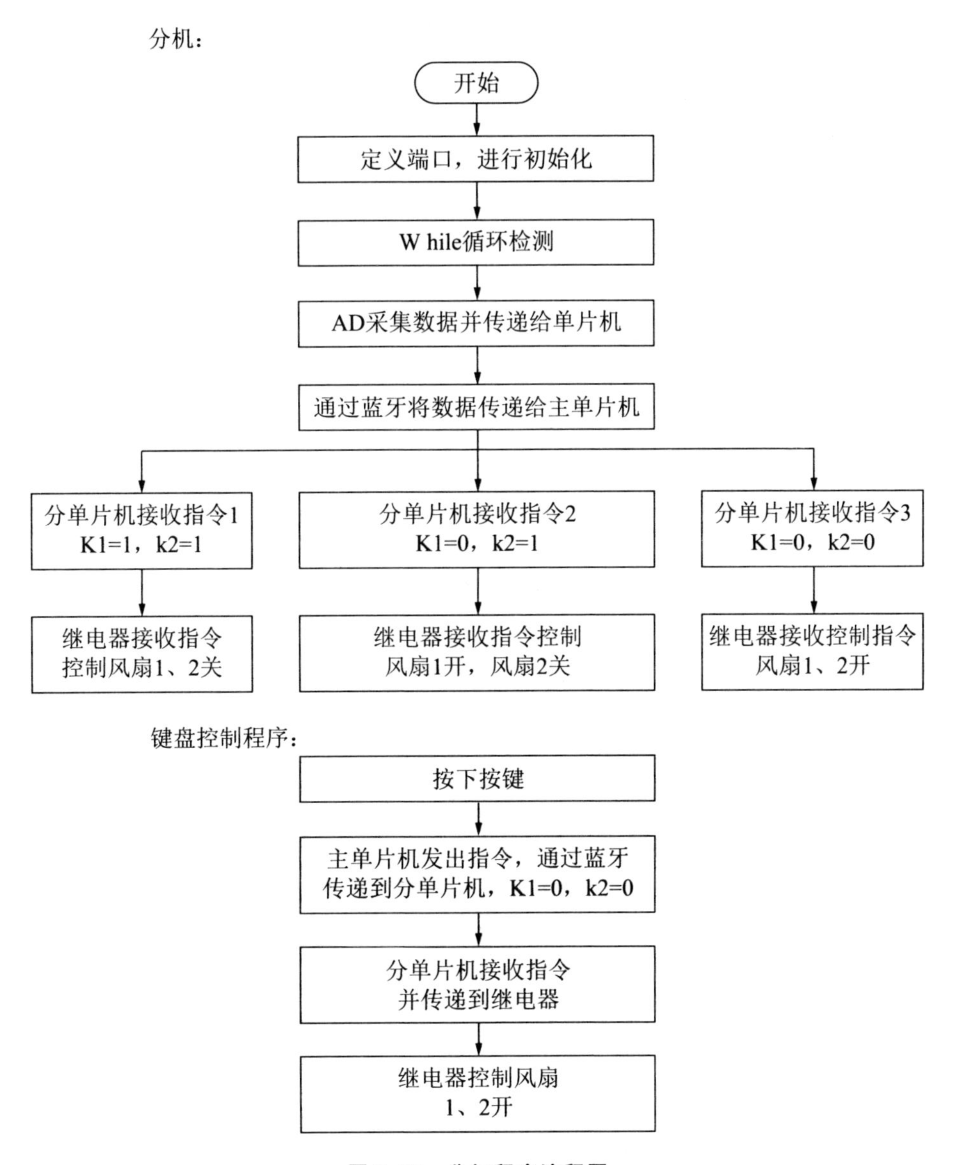

图 8.13　分机程序流程图

3. 涉及的其他软件：取字模软件

软件使用方法：

第一步：设置文字参数。

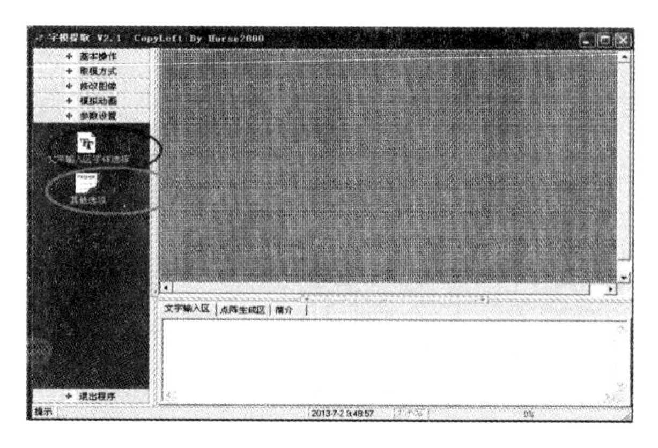

图 8.14　文字参数设置界面

（1）进入“文字输入区字体选择”会弹出以下界面，可选择字体的颜色和大小。

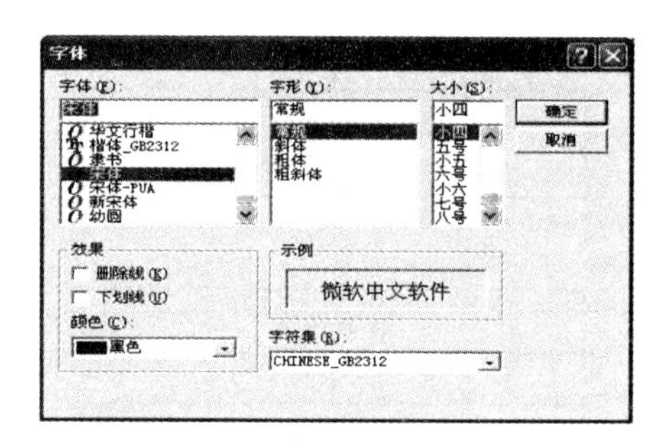

图 8.15　字体设置界面

（2）进入其他选项会出现以下界面，图片中标示的需要注意（为例程中的设置，如自己程序另有需要，可自行选择）。

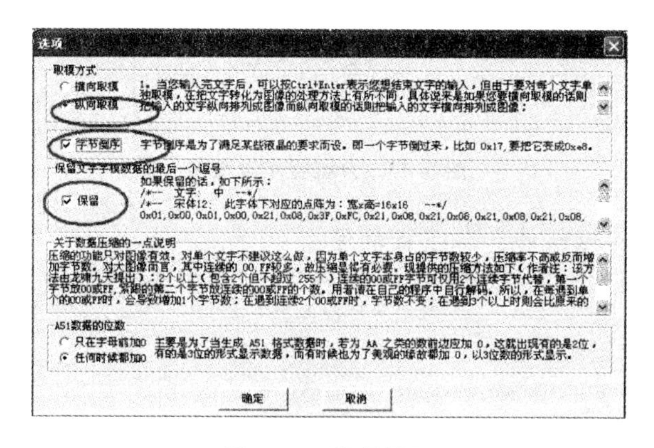

图 8.16　选项界面

第二步：输入要取模的字，如“技”，在键盘上按下“Ctrl + Enter”，字会显示在界面上。

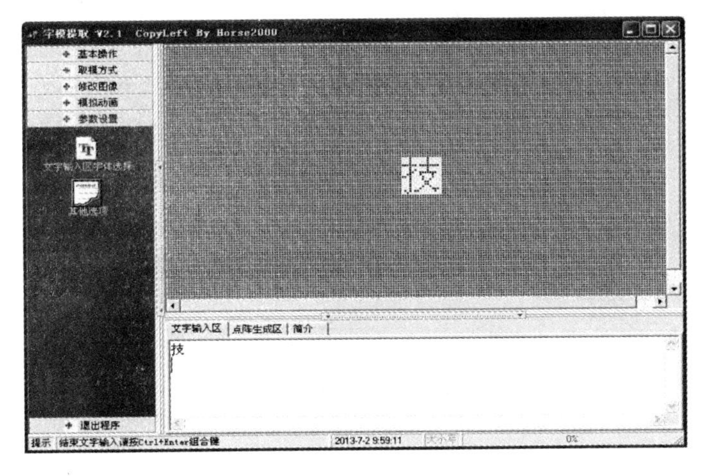

图 8.17 输入待取模的字

第三步：由于硬件是左右镜像设计，则须修改图像。点击“修改图像”，再点击“图像左右调换”（如遗漏此步，取出来的模显示则是镜像的）。

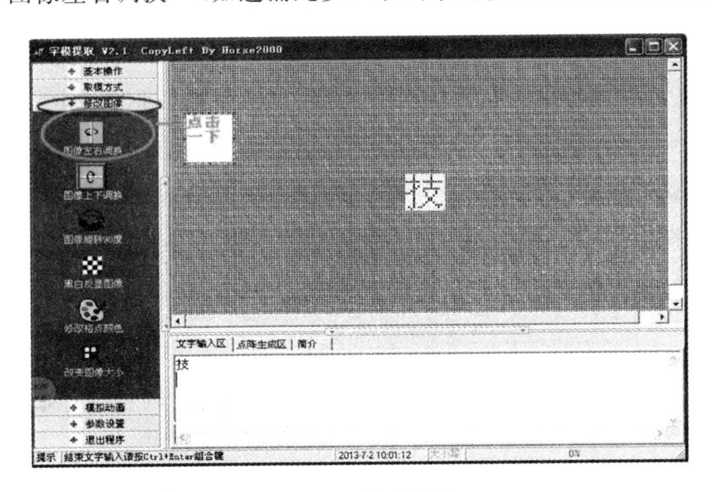

图 8.18 镜像设置

第四步：完成以上步骤后，点击“取模方式”，在里面点击“C51 格式”（如自己需要 A51 格式，自行选择即可），则下面的“点阵生成区”会生成相应数组，复制到程序里即可。

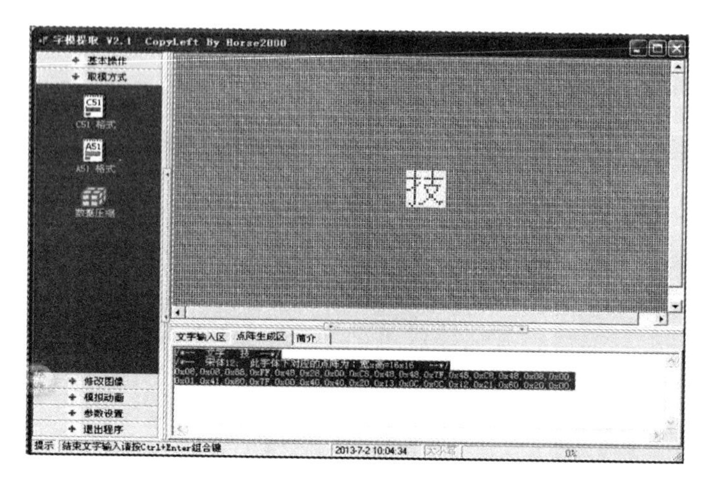

图 8.19　取模方式

4. 电脑端程序

本环节拟采用 LabVIEW 软件进行，LabVIEW 平台是数据分析以及数据显示的经典平台，有着成熟的界面、功能完善的工具箱和各种特殊函数，完全能够满足本实验的数据分析需求，实现实时显示空气质量状态、净化系统是否开启、空气质量变化曲线。接下来以三个节点的净化为例，进行说明。编程思路为：通过串口通信，接收到主机蓝牙发送给分机蓝牙的三组指令字符串，将三组字符串分别分析，根据字符串包含的信息转化成空气质量状况的显示、净化开启状况、空气质量变化曲线。程序分为前面板即界面和程序框图，程序框图主要分为以下几个方面：串口通信、截取字符串、条件结构控制布尔灯。接下来将分部分进行说明。

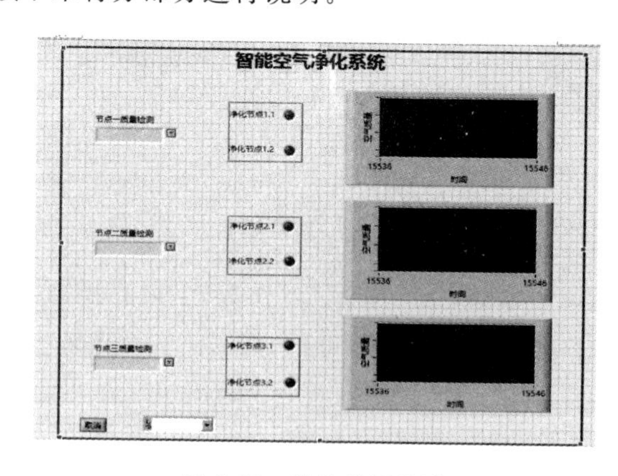

图 8.20　整体界面设计

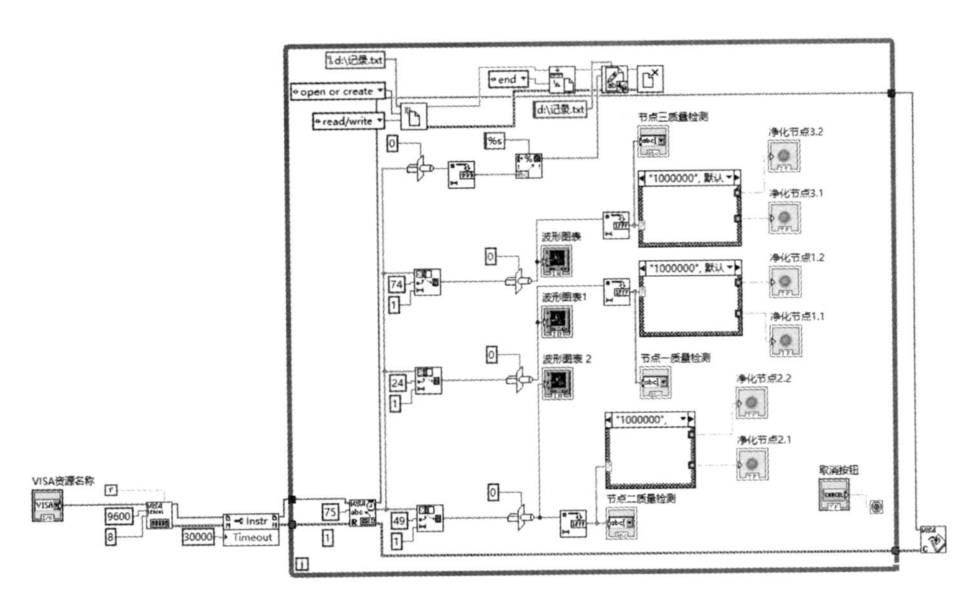

图 8.21　整体程序框图

程序框图部分中，首先需要设置串口。visa 配置串口函数设置串口的波特率、数据比特、奇偶等。节点属性处设置延时。

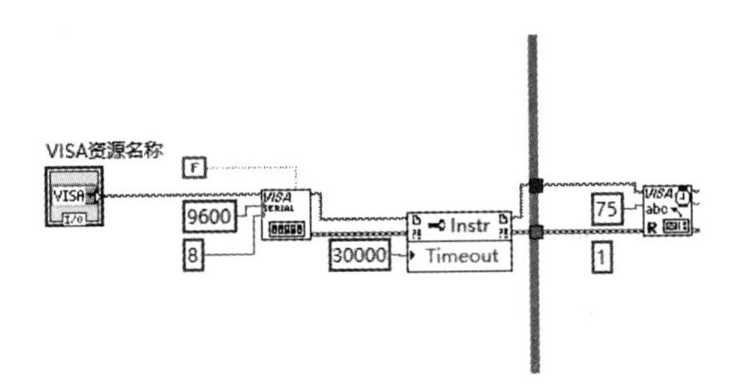

图 8.22　串口函数设置

接下来对收到的字符串进行处理，利用截取字符串将字符串数据分为三组。得到的数据转化成长整形和波形图表连接，将得到的空气质量曲线实时显示，一方面运用组合框函数将数据对应成空气质量的“优”“良”“差”，通过条件结构控制布尔灯的亮灭，布尔亮则代表净化系统的开启。

整个系统功能简单。但是界面能够实时显示数据，直观简洁。

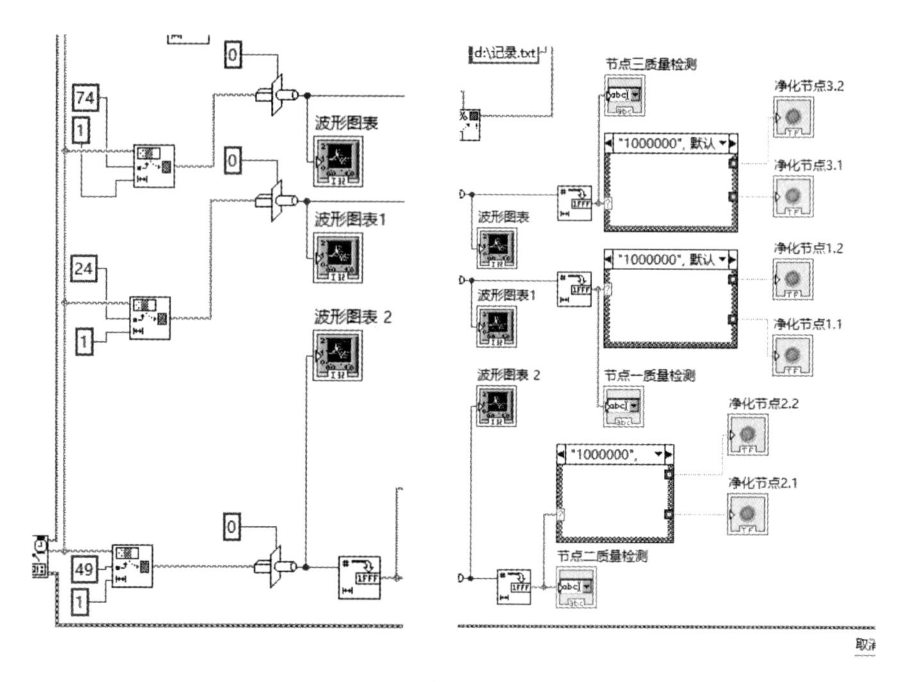

图 8.23　截取字符串函数

8.7　调试过程问题集锦

1. 硬件

注意接线的正确性和稳定性。在调试过程中，就曾发现过接线接错、接反的现象，这会对硬件模块带来很大的危害，所以在制作硬件连接线路时，一定要条理清楚，合理布线并注意核对。尤其是电源线及一些电线接头的地方，注意用焊锡保护、加粗，确保接线的稳定性。

2. 软件

（1）蓝牙匹配问题

由于设备有很多的测控分节点，主机蓝牙要不断地和分机蓝牙断开连接、重新连接，过程中经常会出现连接错乱的现象，要注意蓝牙模块上指示灯的闪烁情况，尤其要注意除了所用蓝牙之外不要有其他蓝牙上电存在，否则会影响蓝牙正确连接。

（2）蓝牙初始地址查询

蓝牙初始地址查询及配置的操作步骤如下。

第一步：将蓝牙模块与 USB 转串口模块连接在一起，共连接 4 个引脚，分别是电源、地、数据写入、数据读出，再与电脑连接。

第二步：查看端口号，打开设备管理器，端口处显示 USB－to－Serial Comm Port 的字样，才可以继续操作。

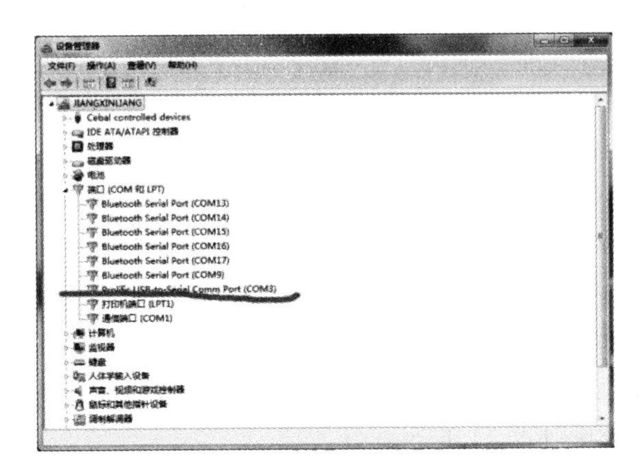

第三步：在 PC 段打开串口调试助手，配置好串口波特率、端口号，默认波特率为 9600，没有校验位，8 位数据位，一位停止位。

第四步：发送测试指令 AT/n，返回 ok 即可。

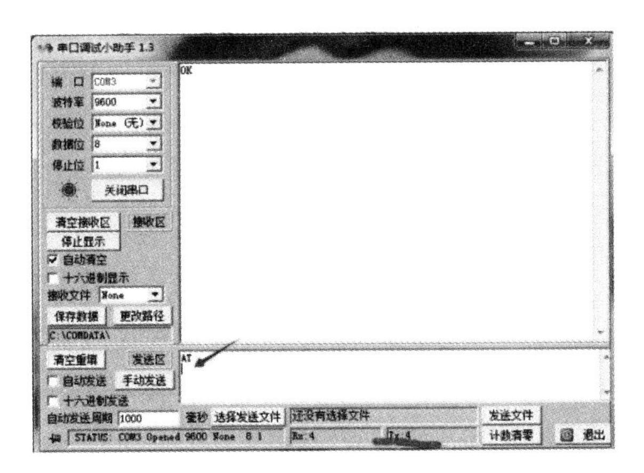

第五步：发送 AT＋ROLE，加不加回车都可，查询主从模式，回复 0 即为从机，回复 1 为主机。

第六步：查询地址时，先把一个蓝牙模块用上一个指令设为主模式，指令为：AT＋ROLE1，其他几个蓝牙不用设置，自动默认为从模式。

第七步：用主蓝牙查询周边蓝牙设备，指令为：AT＋INQ 回车，就会返回分机蓝牙地址。

```
发送搜索:
        AT+INQ\r\n
返回:
        OK\r\n
        +INQS\r\n                          —— 开始
        +INQ:0 0x001583000001\r\n          —— 蓝牙设备 0
        +INQ:1 0x001583000002\r\n          —— 蓝牙设备 1
        . . .                              . . .
        +INQE\r\n                          —— 结束
```

第八步：查询主机蓝牙时，调换主分机即可。

(3) 传感器阈值的设置

在主程序中要设置传感器检测阈值，从而判断空气质量的好坏。而这个阈值的设置就十分重要，考虑的因素主要有以下几点：

1）国家标准规定的空气质量阈值。

2）根据数据采集卡采集的传感器响应曲线，找处于中间的合理值。

3）根据亲身检测，以及各种渠道搜索的人体对于各种气体的承受度与适应度，从而制定合理的气体阈值。

(4) 模式切换间隔时间设置

由于本系统设置了三种模式，并且还有多个节点，节点之间的切换以及模式之间的切换都需要在程序中体现延时函数。延时函数设置的时间间隔也要合理，这个需要不断地进行系统联调，根据系统使用情况找寻最合适的间隔时间，目前该系统设置的切换时间均为 5s。

3. 电脑端

(1) 在使用 LabVIEW 进行数据处理时要注意数据类型的转化。LabVIEW 串口接收到的是字符串，需要将字符串转化成波形图能够识别的长整形，组合框、条件结构能够识别的十六进制字符串。

(2) 使用 visa 配置函数一定要连接错误输出，否则程序会报错。

(3) 因为蓝牙通信具有延时，LabVIEW 的 visa 属性节点设置要设置等待，否则截取字符串处无法截取到需要截取的字符串长度，本组作品设置延时 30s。

第九章　病患关怀之面向中风患者的脑机接口设备

9.1　背景介绍

目前，我国已成为世界上老年人口最多的国家，面临着人口老龄化越来越严重的问题，据国家统计局最新发布的数据：60 周岁及以上人口 23086 万人，占总人口的 16.7%；65 周岁及以上人口 15003 万人，占总人口的 10.8%。全国老龄化工作办公室提供的调查数据表明，60 岁以上老年人在生命期内，平均有 1/4 左右的时间处于机体功能受损状态，需要不同程度地照料和护理。国内有大量的老年人需要照料和护理，但是目前国内养老体系完善程度不足以满足老年人口数量需求，而且有大部分的老年人的生活自理能力较差，甚至无法自理，其中一个原因是心脑血管疾病导致的脑部受损，无法控制正常的机体活动，更严重些可能导致无法通过正常说话与人交流。如何使这部分人群重新恢复对外部世界的控制能力，帮助他们更加方便地生活则成为待解决的热点问题之一。

20 世纪 70 年代开始进行研究的脑机接口（brain－computer interface，BCI）领域为该问题的解决提供了一个很好的可实施方案。脑机接口是指在人或动物脑（或者脑细胞的培养物）与外部设备间建立的直接连接通路。

脑机接口技术形成于 20 世纪 70 年代，是一种涉及神经科学、信号检测、信号处理、模式识别等多学科的交叉技术。40 多年来，随着人们对神经系统功能认识的提高和计算机技术的发展，BCI 技术的研究呈明显的上升趋势，特别是 1999 年和 2002 年两次 BCI 国际会议的召开为 BCI 技术的发展指明了方向，使得 BCI 技术引起国际上众多学科科技工作者的普遍关注，成为生物医学工程、计算机技术、通信等领域一个新的研究热点。作为一种多学科交叉的新兴通信技术，目前 BCI 的研究大多处于理论和实验室阶段，离实际应用还有一定的差距。但从其性能来看，BCI 系统及其技术将在涉及人脑的各个领域发挥重要的作用，尤其是对于活动能力严重缺失患者的能力恢复和功能训练，具有重要意义。

脑机接口的最主要的应用领域是康复医学领域。脑机接口可以帮助各种严重瘫痪的病人实现与外界的通信与控制，还可以用于康复训练，帮助病人恢复运动功能。在休闲娱乐领域，通过脑机接口，人们可以利用思维控制电子游戏，这将成为一种新的游戏方式。目前，对 BCI 应用的研究主要集中在以下几个方面：

1. 交流功能

这类研究的目的是提高语言功能丧失患者与外界的交流能力。

2. 环境控制

目前对 BCI 环境控制的研究主要是基于虚拟现实技术。虚拟现实具有相对安全和目标可移动的特点，它能为训练和调整神经系统活动提供一个安全可靠的环境。受试者大脑发出操作命令，这种命令不是由肌肉和外围神经传出并执行，而是由 BCI 系统经过检测、分析和识别相应的脑电信号 ，确定要进行的操作，然后由输出装备对目标进行控制。

3. 运动功能恢复

由 BCI 系统完成脑电信号的检测和分类识别过程，然后把命令输出给神经假体，完成已经失去功能的外围神经应有的功能，或者把命令信号输出给轮椅上的命令接受系统，完成运动、行走等功能，使四肢完全丧失功能的患者能够在无人照看的情况下自己进行一些简单的活动，或进行功能性的辅助训练。

4. 其他领域的应用

从理论上讲，只要有神经电参与的通信系统，都可以应用 BCI 技术，如适用于残疾人的无人驾驶汽车，就是把操作过程中脑电信号的一系列变化，由 BCI 系统实时地转换成操作命令，实现无人直接驾驶的目的。BCI 技术的研究具有重要的理论意义和广阔的应用前景。随着技术的不断完善和成熟，BCI 将会逐步地应用于现实，受益于大众。

9.2　总体设计方案和创新点

1. 总体设计方案

针对不同的脑机接口应用，脑机接口系统的具体结构也有较大的差异，但总体来说，脑机接口系统主要分为刺激端、采集端、处理端和反馈端。系统结构如图 9.1。

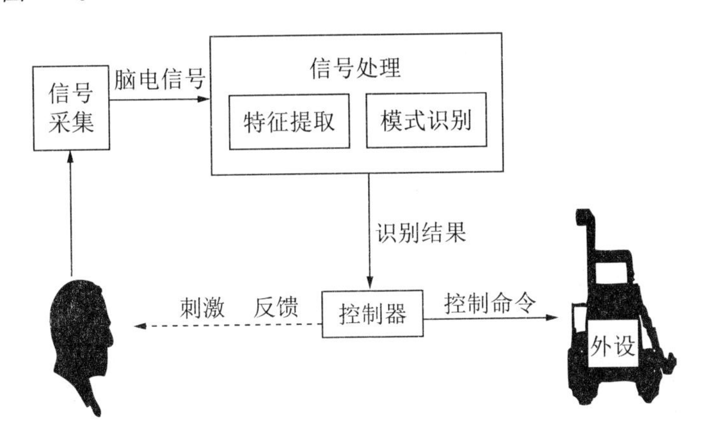

图 9.1　脑机接口系统结构图

刺激端，即是通过特定的图像或颜色对大脑进行刺激，产生特定的脑电信号。本系统是基于运动想象的脑机接口，故是通过连续播放左右手张握图片来刺激大脑进行运动想象过程。运动想象是指在没有任何肢体运动情况下，精神对运动执行的排演。在运动想象的认知过程中，受试者想象自己在做某个动作，但实际受试者并未进行动作，甚至没有感受到肌动。本系统采用 LabVIEW 软件设计了一个左右手刺激界面，具体工作原理请阅读 9.6 节。

采集端，即是通过电极装置从头皮或大脑内部获取反映大脑活动的脑电信号，本系统是采用 TGAM 模块在人脑前额进行采集，具体工作原理请阅读 9.5 节。

因人脑的特殊性，所以电极安放位置对于采集所需脑电信号十分重要。人脑是中枢神经系统的重要组成部分，位于颅腔内，由大脑、中脑、间脑、后脑（包括脑桥、小脑）和延髓（末脑）5 个部分组成。按功能可以分为大脑、脑干和小脑三部分。大脑是脑体积最大且发育程度最高的部分，大脑半球分为额、颞、顶和枕四叶，由胼胝体和大脑前、后联合等相互联结，胼胝体主要控制人的高级意识功能，如语言能力、抽象思维等，其中大脑半球的分叶图如图 9.2 所示。

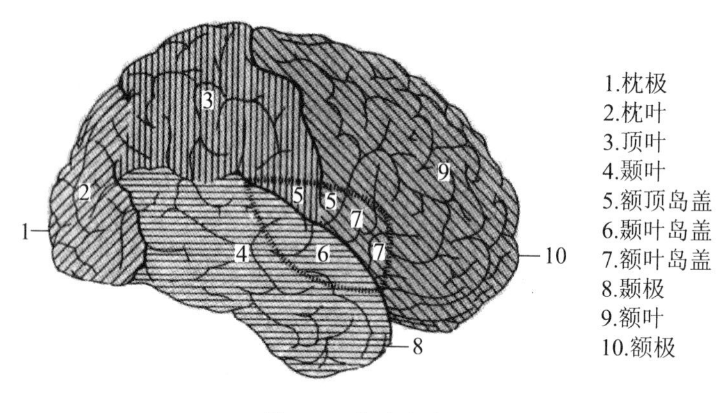

图 9.2　大脑分叶图

大脑皮质位于大脑半球的表层，厚度约 2－4mm，又称为大脑皮层，是神经元胞体集中的地方。在大脑皮层的各区域，都具有相类似的六层结构。但不同区域各层的厚度不同，这与各区域的功能分工相对应。从机能上皮层可分为感觉皮层（包括躯体感觉区、视区和听区）、联络皮层（包括额叶、顶叶和颞叶的大部分）和运动皮层。运动皮层位于额叶中央前回，听区位于颞叶，感觉皮层处于顶叶中央后回的位置，视区在枕叶处。这样的划分，指出了这些皮层区的主要功能。

在肢体运动想象时，大脑皮层的感觉运动区是主要的工作区域，所以本项目组选择将电极放到前额进行信号采集。

躯体感觉皮层由两个区组成：第Ⅰ躯体感觉区位于中央后回和旁中央小叶后部，接受对侧半身通过背侧丘脑腹后核传来的浅感觉和深感觉神经纤维；第Ⅱ躯体感觉区位于中央前、后回的最下部，外侧裂上唇，以躯干四肢的感觉为主。躯体运动由三个区组成：第Ⅰ躯体运动区（即初级运动区）位于中央前回和旁中央小叶的前部（4 区和 6 区）；辅助运动区位于区额叶内侧面，和运动的准备与编程有关；第Ⅱ躯体运动区的位置在中央前、后回下部与导叶之间，协调人体随意性运动，其功能与第Ⅱ躯体感觉区有部分重叠。感觉运动皮层投射区的面积与运动的灵敏程度和感觉的敏锐程度有关。运动越灵活，感觉越灵敏的躯体，其对应的皮层感觉运动区面积就越大。

因采集到的脑电信号噪声很大且外围设备无法识别，故需要寻找合适的

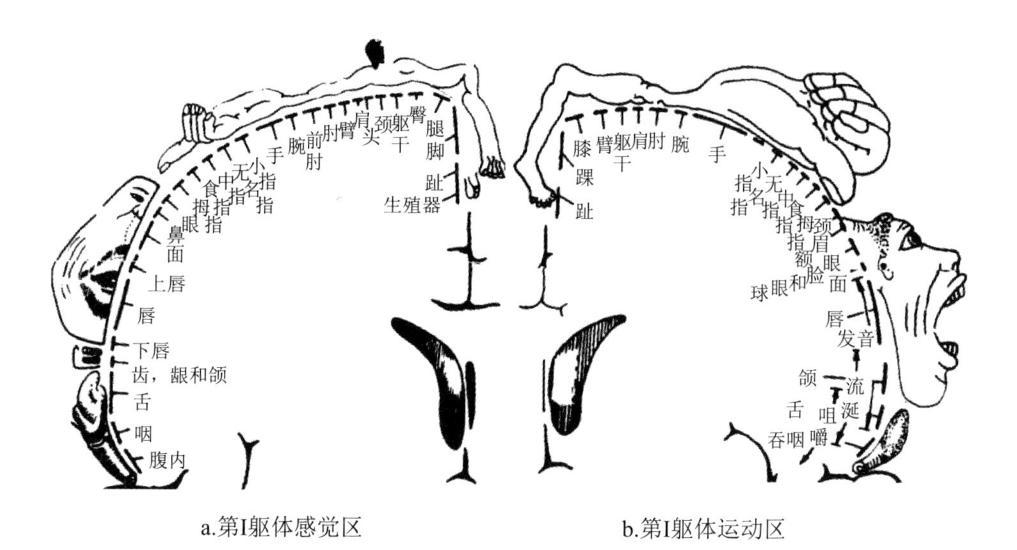

a.第I躯体感觉区　　b.第I躯体运动区

图 9.3　躯体运动区

信号处理与分类识别算法对脑电信号进行处理使其转换为可识别的控制信号。此即为处理端，具体原理请阅读 9.6 节。

反馈端，即是将可识别的控制信号输出到外围设备并控制外围设备工作。BCI 技术的核心是把检测到的脑电信号转换为输出控制命令的转换算法，所以找到合适的信号处理和分类算法使得 BCI 系统能够实时、准确地将脑电信号转换为可识别的有效信息十分重要。

2. 创新点

（1）可实时反馈受试者的脑电波形，有利于对受试者实时心理状态进行评估。当视觉刺激器的图片开始播放时，观察者会实时收到关于受试者实验过程的提示，同时会在电脑上看到受试者脑电的实时波形。而且刺激器和波形显示界面分开在两个屏幕上，可避免受试者产生紧张情绪。

（2）采集装置的高度集成性。采用单颗芯片实现信号采集、滤波、放大、A/D 转换和计算等一体化工作，提高了采集装置的便携性。

（3）采用 LabVIEW 设计视觉刺激器，使图片以特定频率交替出现，刺激图片形象生动，可有效提示受试者进行对应的左右手运动想象。同时可保存脑电数据，对数据进行二次开发。

9.3 硬件功能框图

本设备由两部分构成：其中一部分是与人进行交互的装置，戴在头部进行脑电波的接收和传输，通过接收器在头顶部的触点可实时地接收人脑的电位变化。

另一部分是包括稳压器在内的装置内部，其作用是当输入电压或负载变化时，控制电路进行取样、比较、放大，然后驱动伺服电机转动，使调压器碳刷的位置改变，通过自动调整线圈匝数比，从而保持输出电压的稳定。485/232 转换器兼容 RS232、RS485 标准，能够将单端的 RS232 信号转换为平衡差分的 RS485 信号，最终转换为 USB 信号与电脑实行互通。

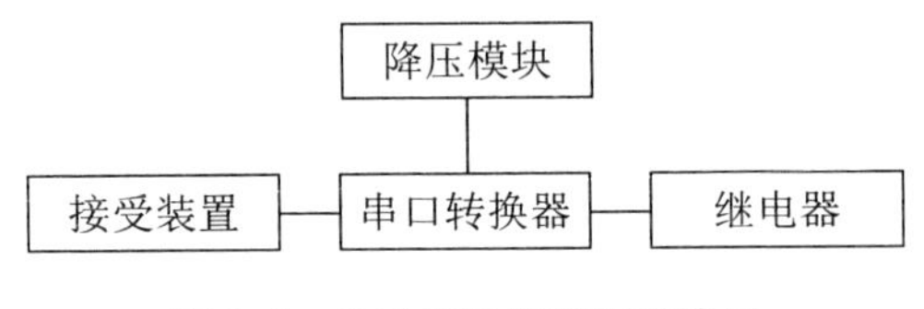

图 9.4 电子模块选择及连线图

1. 采用串口发送数据

串行接口简称串口，也称串行通信接口或串行通信接口（通常指 COM 接口），是采用串行通信方式的扩展接口。

串行接口是指数据一位一位地顺序传送，其特点是通信线路简单，只要一对传输线就可以实现双向通信（可以直接利用电话线作为传输线），从而大大降低了成本。一条信息的各位数据被逐位按顺序传送的通信方式称为串行通讯。串行通讯的特点是：数据位的传送，按位顺序进行，最少只需一根传输线即可完成。

串口的优点：①硬件实现简单，不需要操作系统的支持，可以直接由硬件电路实现，硬件成本很低，因此很容易实现；②监控系统与被监控设备的连接采用“端对端”方式，设备连接单一，不存在相互之间的干扰，出现问题时便于排查；③串口的 RS232C/422/485 虽然在硬件连线上各不相同，但从通信协议上又完全相同，这就有了制作通用程序的意义（后面的编程实例中就有大量通用程序），这种通用程序，配以高层设备协议，就可以先通过一些命令进行测试，这可以极大地加快程序的编写速度和准确性；④串口连接简易，拔插相对方便。

串口与蓝牙、WiFi 等无线通信方式相比传输速率降低很多，但是串口更加稳定，并且在本系统中蓝牙等无线通信方式的辐射可能会对大脑产生一定的影响，从而导致脑电波形发生变化，为了避免这种不确定性，本项目采用了串口通信方式。

2. 采用带屏蔽层的 485 通信线

RS485 可以采用二线与四线方式，二线制可实现真正的多点双向通信，而采用四线连接时，与 RS422 一样只能实现点对多的通信，即只能有一个主（Master）设备，其余为从设备，但相较于 RS422 有所改进，无论四线还是二线连接方式总线上可多接到 32 个设备。其优点如下：①RS485 接口采用平衡驱动器和差分，接收器的组合，抗共模干扰能力增强，即抗噪声干扰性好；②RS485 的数据最高传输速率为 10Mbps；③带有屏蔽层的 RS485 串口线能够消除非有效波段对实验数据的干扰；④采用 485 转 USB 有源转换器结构。

一般情况下，使用无源协议转换器就可以了，但因本实验的特殊性，为了避免其他信号的影响，所以采用了抗干扰性更强的有源转换器，保证装置更高的稳定性。

9.4　电子模块选择及连线图

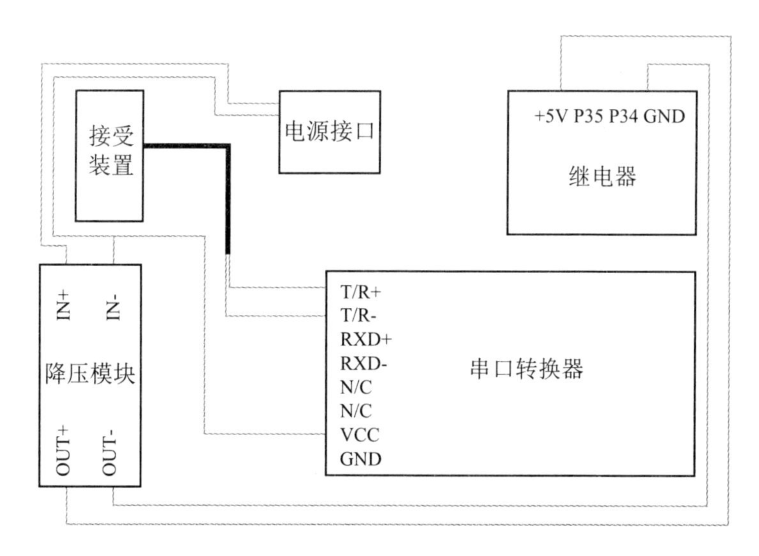

图 9.5　硬件连线图

9.5 自制模块、硬件图纸和实物图

本系统的脑电采集模块采用神念科技公司的 TGAM 模块，它使用干电极读取人的大脑信号，可以过滤掉周围的噪音和电器的干扰，并将检测到的大脑信号转成数字信号。

TGAM 以包的形式发送数据，大约每秒钟发送 513 个包，发送的包有小包和大包两种：小包的格式是 AA AA 04 80 02 xxHigh xxLow xxCheckSum 前面的 AA AA 04 80 02 是不变的，后三个字节是一直变化的，xxHigh 和 xxLow 组成了原始数据 rawdata，xxCheckSum 就是校验和。所以一个小包里面只包含了一个对开发者来说有用的数据，那就是 rawdata，可以说一个小包就是一个原始数据，大约每秒钟会有 512 个原始数据。而第 513 个包是大包，这个大包的格式是相对固定的，包括信号强度 Signal、专注度 Attention、放松度 Meditation 和 8 个 EEG Power 的值。

原始数据可以用以下公式解析：rawdata =（xxHigh << 8）| xxLow; if（rawdata > 32768）{rawdata -=65536;} 但是在计算原始数据之前，本项目先应该检查校验和。校验和计算公式如下：sum =（（0x80 + 0x02 + xxHigh + xxLow）^ 0xFFFFFFFF）& 0xFF 如果算出来的 sum 和 xxCheck-Sum 是相等的，那说明这个包是正确的，然后再去计算 rawdata，否则直接忽略这个包。丢包率在 10%以下是不会对最后结果造成影响的。

当前 BCI 研究中常见的脑电节律如下。

delta 波：振幅约 20－200uV。成人在清醒状态下没有 delta 波，它主要在睡眠时出现，但在深度麻醉、缺氧或大脑有器质性病变时也可出现。

theta 波：振幅约 100－150uV。在困倦时一般即可见到，它的出现是中枢神经系统抑制状态的表现。

alpha 波：振幅约 20－100uV。在枕叶及顶叶后部记录到的 alpha 波最为显著。alpha 波在清醒安静闭目时即出现，波幅呈由小变大又由大变小的梭状。睁眼、思考问题时或接受其他刺激时，alpha 波消失而出现其他快波。这一现象称为 alpha 波阻断。

μ 节律：该信号主要出现在中央前区，频率范围 8－13Hz，与 alpha 波基本相同。μ 节律与感觉运动皮层中的运动功能有关。其与 alpha 波的区别在

于，alpha 波有阻断现象而 μ 节律不存在这一现象，其仅在睡眠时消失。

beta 波：振幅约 5－20uV。安静闭目时，主要在额叶出现。如果被测者睁眼视物或听到突然的音响或进行思考时，皮层的其他部位也会出现 beta 波。所以，beta 波的出现一般代表大脑皮层兴奋。

各频段脑电数据如下：

delta（0.5～2.75Hz）

Theta（3.5～6.75Hz）

低频 alpha（7.5～9.25hz）

低频 alpha（10～11.25hz）

低频 beta（13～16.75hz）

高频 beta（18～29.75hz）

低频 gamma（31～39.75hz）

高频 gamma（41～49.75hz）

通过对原始数据的解析，可以得到多频段的原始脑电信号；但通过 TGAM 模块，只需解析第 513 个包即可得到常见脑电节律信号。

9.6 程序设计思路和流程图

前文提到，可通过播放左右手张握图片刺激人脑，提示受试者进行相应的运动想象运动，并实时显示受试者脑电波形使观察者可实时判断受试者的紧张程度及注意力是否集中等外在因素。

由于人们普遍更喜欢以图形化的方式与计算机进行交互，所以目前多数高级编程语言都采用可视化，即所见即所得的设计方式。编程者可直接使用鼠标调整应用程序的界面，但是实现程序功能仍需要通过文本编程来实现。而图形化编辑语言将常见功能封装为一个方块，留出输入输出口，通过连接方块即可完成程序编写。

使用本系统对受试者进行刺激，要求本系统可以采集、存储脑电信号，采集受试者信息，并将脑电信号与受试者信息对应进行存储，分屏显示脑电波形与播放运动图像。基于此，本系统采用 LabVIEW 进行编程。

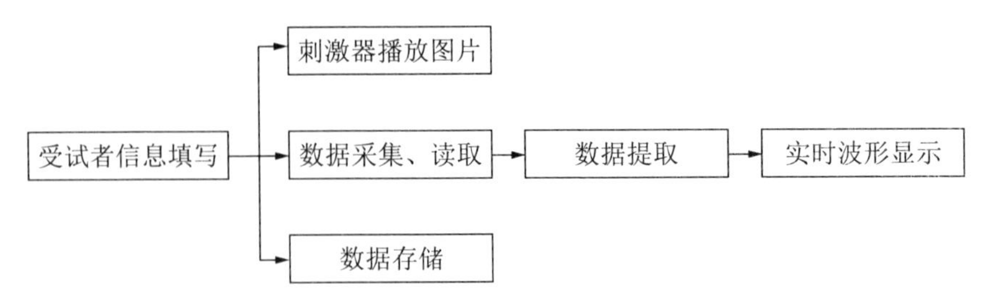

图 9.6　程序流程图

9.7　程序编写

1. 电脑端程序

(1) 播放器界面

欢迎参加本实验

若想执行开始操作

请盯左侧图案

反之请盯右侧图案

图 9.7　播放器界面

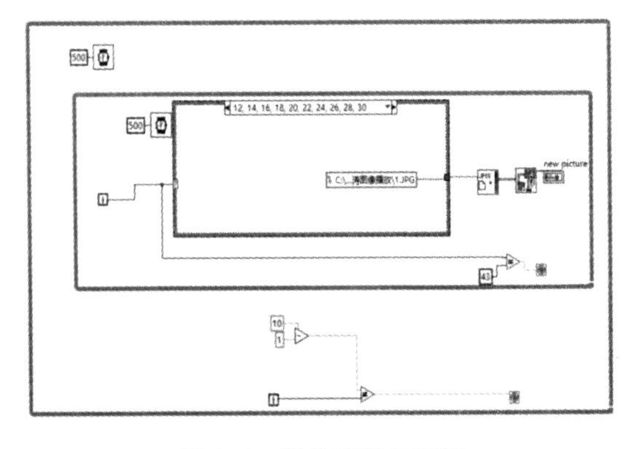

图 9.8　播放器程序框图

上图为播放器的程序框图，本程序通过循环播放图片来完成左右手张握效果。其中主要用到了 while 循环、条件结构、图片控件等功能。其中图片的播放速度可由循环的时间决定，通过定时器即可完成延时功能。条件结构主要是通过循环次数触发从而播放不同的图片注意循环次数的控制。这只是播放图片的一种思路，LabVIEW 也提供了函数可直接播放图片。

（2）信息采集页面

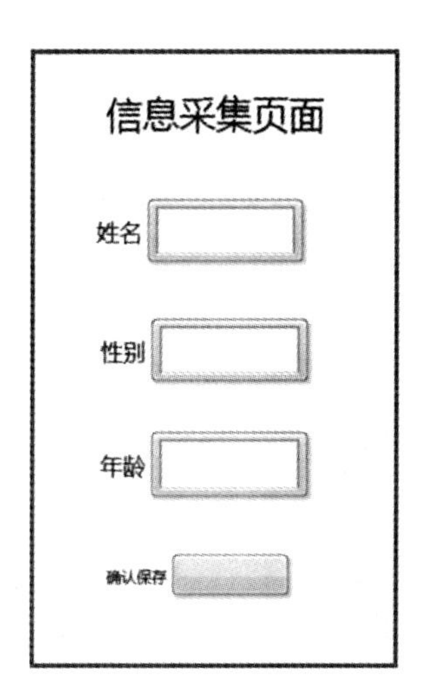

图 9.9　信息采集

欢迎参加本试验，请按照以下步骤完成：

第一步：请戴上采集耳机，将电极调整到额头靠近发根的地方，并将耳夹装置夹到耳垂上。

第二步：请填写关于您的个人信息，并点击保存按钮，接下来会跳转到实验界面。

第三步：点击界面右下角的开始按钮，开始实验。

第四步：实验过程中，请集中注意力，观察屏幕上的图形变化。

第五步：实验结束，请取下耳机并将其放回收纳盒中。

温馨提示：这是一个练习注意力的游戏，期待您的表现。

图 9.10　脑电采集实验步骤

需要采集的受试者信息大致如图，本段程序主要通过平铺顺序结构重复将信息存入文本文件，通过按键触发条件结构。将受试者姓名通过全局变量同时传输到数据采集段，即可实现受试者信息与脑电数据对应。

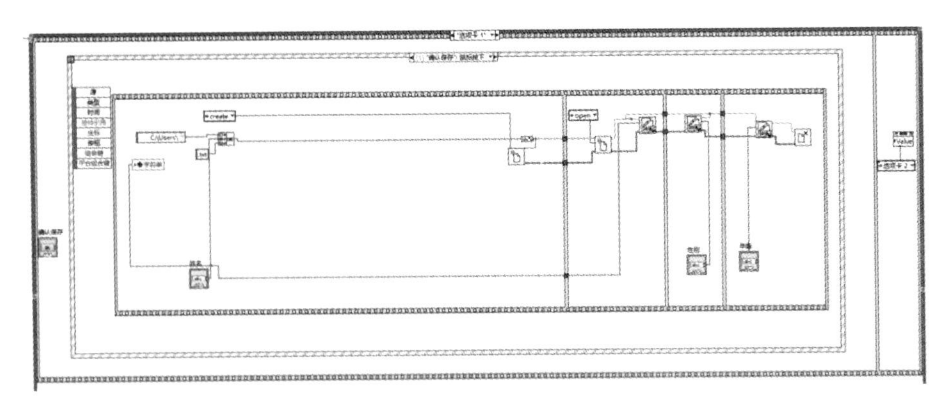

图 9.11　信息采集程序框图

（3）波形显示界面

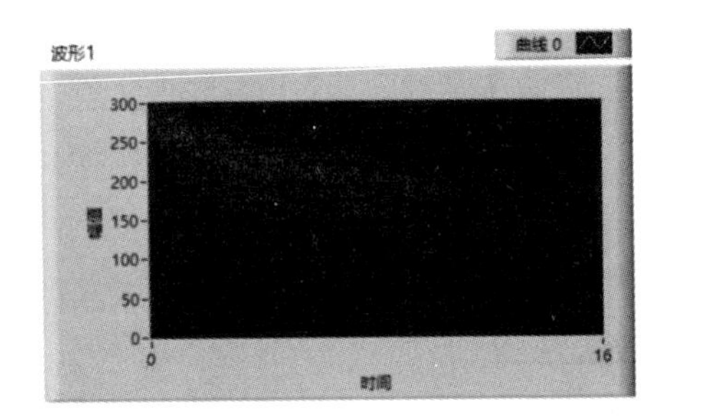

图 9.12　实时波形显示

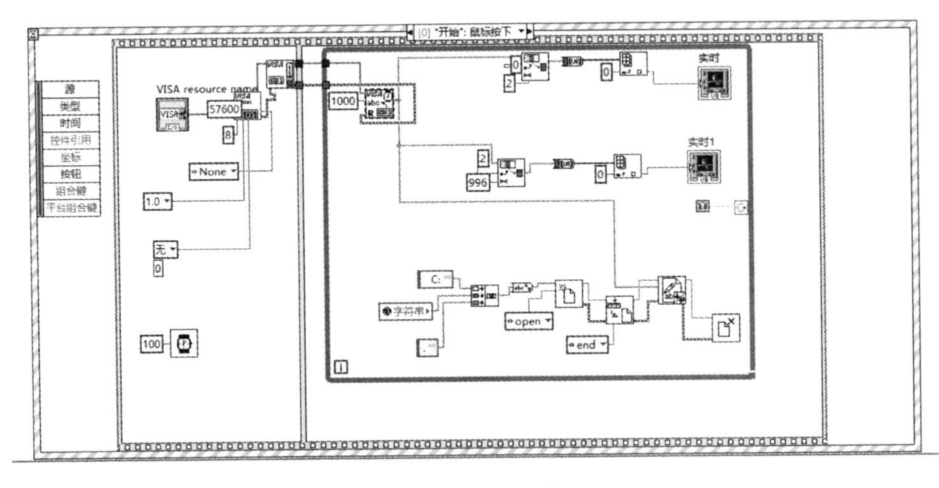

图 9.13　波形显示框图

（4）串口通信

脑电采集装置需要将数据传输到电脑端进行存储。本项目采用的是串口通信方式，LabVIEW 提供了多种接口方式：如 GPIB、串口、其他接口。同时还提供了函数：DAQmx 或接口、visa、ActiveX 和 DLL 等连接接口。其中 visa 最容易上手且不需要配套的硬件设备，只需要串口线即可连接，故本项目选用 visa 函数进行接口的连接。

9.8　算法详解

在脑机系统中，信号处理的目的是从采集到的脑电信号中提取出视觉诱发电位，便于后期模式识别。此处的算法主要考虑两个问题，一是如何对不同波形进行整合利用，形成最能表征脑电特点的信号，其次是模式识别算法，该算法可有效地区分开左右手张握时的脑电信号，从而映射到不同的控制指令，如想象左手张握是开灯，而想象右手张握是关灯。

1. 不同脑电信号的整合

首先将采集到波形进行整合，形成对应于每一次独立实验的唯一表征数据，本项目采用的整合方式是加权求和的方式，即给每一个脑电波段信号乘以一个权重系数，然后相加求总和得到最终的特征，将该特征输入到分类器中进行模式识别，判断是想象的左手张握还是右手张握。其中本环节的重点是加权系数的获取，本文采用优化算法——量子粒子群算法获得系数。

2. 模式识别

模式识别算法在本项目中的作用是判别受试者大脑想象的是左手张握还是右手张握，进而判断出对应的操作，例如开关灯。所以模式识别算法相当于整个系统的大脑，其性能直接决定了系统的判断正确率，本项目使用支持向量机作为模式识别算法。

支持向量机（SVM）是由 Vapnik 在小样本统计学习理论基础上提出的一种新的机器学习方式。由于优良的泛化性以及对高维空间数据良好的处理能力，SVM 近年来广泛应用于各类模式识别问题。其基本思想是：以结构风险最小化原则为指导，构造函数集的某种结构，使各函数子集均可以取得最小的经验风险（如使训练误差为 0），再将适当的子集缩小置信范围到极限，最终该函数子集中使经验风险最小的函数就是所求解的最优函数。

支持向量机是从线性可分情形下求解最优分类面提出的。对于二分类问题，如图 9.14 所示。圆形和正方形分别代表两类样本，H 表示将两类正确分开的超平面，H_1 和 H_2 分别表示平行于分类面 H，且两类样本中距离分类面 H 最近的样本所在的平面。分类超平面到两类中离超平面最近点的距离称为间隔（margin）。支持向量机就是寻找最优分类超平面，该分类面在保证将两类样本正确地分开前提下最大化间隔。前者是保证经验风险最小（训练误差为 0），后者实际上就是使推广性的界（指经验风险与期望风险之间的差距的上界，反映了根据经验风险最小化原则得到的学习机器的推广能力）的置信范围最小，从而保证真实的期望风险最小。可以看到对于空间的超平面不止一个，如图 9.14 中虚线所示的分类超平面也可以正确将两类样本分开，但由于其距离正方形样本的间隔很近，故此平面不是最优分类超平面。

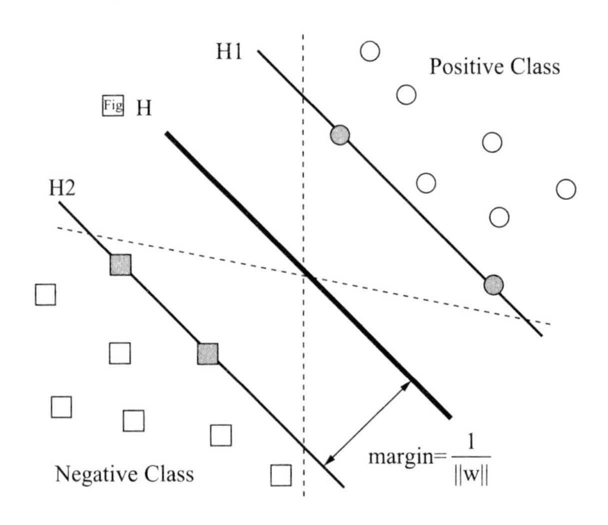

图 9.14　SVM 对线性可分的两类样本分类

对 l 个训练样本 $\{x_i, y_i\} i = 1, 2, \cdots, l$（$l$ 为训练样本个数），$x_i \in R^d$ 为输入（d 为样本特征维数），$y_i \in \{-1, +1\}$ 为输出。R^d 空间中线性决策函数的一般形式为：

$$f(x) = \langle w \cdot x \rangle + b \qquad ①$$

其中，w 为特征空间中分类超平面的法矢量，$\langle w \cdot x \rangle$ 表示向量 w 和 x 的内积，b 为平移分量。再归一化决策函数，使其对于两类所有样本都满足：

$$\left.\begin{array}{l}\langle w \cdot x_i \rangle + b \geqslant 1 \ if \ y_i = 1 \\ \langle w \cdot x_i \rangle + b \leqslant -1 \ if \ y_i = -1\end{array}\right\} y_i(\langle w \cdot x_i \rangle + b) - 1 \geqslant 0 \ for \ i = 1,2,\cdots,l \quad ②$$

定义 d_i 是样本点 x_i 到分类超平面的距离：

$$d_i = \frac{\langle w \cdot x_i \rangle + b}{\| w \|} \quad ③$$

其中 $\| w \|$ 表示 w 的欧氏范数。x_+ 和 x_- 分别表示两类中距离分类面最近的样本，则有：

$$\begin{array}{l}\langle w \cdot x_+ \rangle + b = 1 \\ \langle w \cdot x_- \rangle + b = -1\end{array} \quad ④$$

间隔 γ 计算方法如下：

$$\begin{aligned}\gamma &= \frac{d_+ - d_-}{2} = \frac{1}{2}\left(\frac{\langle w \cdot x_+ \rangle + b}{\| w \|} - \frac{\langle w \cdot x_- \rangle + b}{\| w \|}\right) \\ &= \frac{1}{2\| w \|}(\langle w \cdot x_+ \rangle - \langle w \cdot x_- \rangle) = \frac{1}{\| w \|}\end{aligned} \quad ⑤$$

因此，对间隔求极大值的过程等价于对 $\| w \|$ 求极小值，同时满足条件(2)，这时确定的分类面即为最优分类面。综上所述，求最优分类面问题可以表示成如下凸二次规划问题：

$$\begin{array}{l}\text{minimize}_{w,b} \ \Phi(w) = \| w \|^2 = \langle w \cdot w \rangle \\ \text{subject to } y_i(\langle w \cdot x_i \rangle + b) \geqslant 1, i = 1,\cdots,l\end{array} \quad ⑥$$

对于线性可分问题，线性支持向量机能够找到正确划分训练集的最优分类面。但对线性不可分问题，并无法构建一个超平面使得训练集关于该分类超平面的间隔取正值，即在线性不可分的情况下，原问题的可行区域为空而对偶问题是无界的目标函数，这样的优化问题无法求解。因此，必须引入松弛因子以“软化”对间隔的要求。

$$\xi_i \geqslant 0, \ i = 1,2,\cdots,l \quad ⑦$$

它使约束条件放宽为：

$$y_i(\langle w \cdot x_i \rangle + b) \geqslant 1 - \xi_i, \ for \ i = 1,2,\cdots,l \quad ⑧$$

原始优化问题则变为：

$$\begin{array}{ll}\text{minimize}_{w,b} & \Phi(w) = \langle w \cdot w \rangle + C\sum_{i=1}^{l}\xi_i \\ \text{subject to} & y_i(\langle w \cdot x_i \rangle + b) \geqslant 1 - \xi, i = 1,\cdots,l \\ & \xi_i \geqslant 0, i = 1,\cdots,l\end{array} \quad ⑨$$

C 称为惩罚参数或者正则化参数，它决定训练集分类正确率（即最小化 $\sum_{i=1}^{l}\xi_i$ ）和间隔宽度（即最小化 $\langle w \cdot w\rangle$ ））之间的平衡。增加 C 导致分类模型结构复杂化，增强模型学习能力，减少 C 值则意味着训练错误率比重大，但分类模型结构简单，增强模型泛化性能。

非线性支持向量机利用非线性函数 φ 先将线性不可分的样本从输入空间 R^d 映射到一个高维特征空间 R^k（$k > d$）：

$$\varphi: X \subset R^d \rightarrow X \subset R^k \\ x \rightarrow \varphi(x) \tag{10}$$

利用这个变换，可以将原来在输入空间中线性不可分的训练集转化成在特征空间 R^k 中线性可分的新的训练集，如图 9.15 所示。

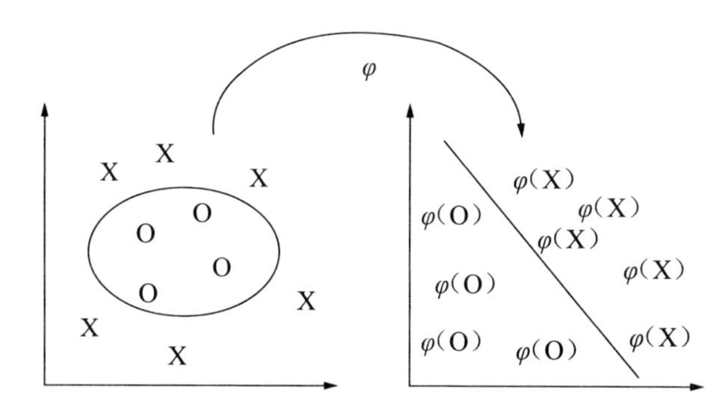

图 9.15　SVM 的非线性变换

然后在 R^k 空间中求出一个超平面 $w^T x + b = 0$ 将新的训练集正确分类且间隔最大。称非线性函数 φ 为核函数，使用核函数映射的支持向量机则被称为核支持向量机。SVM 基于结构风险最小化原则，避免了过度学习的问题，确保学习机具有良好的泛化能力。其有效数据仅出现在内积中，即分类函数仅仅涉及样本之间的内积。而特征空间中数据的内积可以用定义在原始空间的核函数来实现，因此并不需要知道核函数的具体形式。核函数的引入使得特征空间的维数不再成为影响计算复杂度的因素，因此，SVM 可以有效地处理高维样本数据，不用计算在变换后的特征空间数据之间的内积，而是用在原始空间中的核函数来计算其隐式定义的特征空间中的内积，则式（6）变为：

$$\text{maxmise}_{\alpha} \quad W(\alpha)=\sum_{i=1}^{l}\alpha_i-\frac{1}{2}\sum_{i,j=1}^{l}\alpha_i\alpha_j y_i y_j K(x_i,x_j)$$

$$\text{subject to} \quad \sum_{i=1}^{l}\alpha_i y_i=0, \qquad ⑪$$

$$0\leqslant\alpha_i\leqslant C, i=1,\ldots,l$$

相应的决策函数为：

$$f(x)=\sum_{i=1}^{l}y_i\alpha_i^{*}K(x_i,x)+b^{*} \qquad ⑫$$

其中 $K(x_i,x_j)=\langle\varphi(x_i)\cdot\varphi(x_j)\rangle$ 是定义在原始空间中的核函数，它确保最大间隔优化问题具有唯一解且这个唯一解可以有效地找到，这突破了在神经网络训练过程中无法避免局部最小值的问题。支持向量机核函数主要包括以下几类：

a. 线性核函数（linear kernel）

$$K(x_i,x_j)=x_i^{\mathrm{T}}x_j \qquad ⑬$$

b. 多项式核函数（polunomial kernel）

$$K(x_i,x_j)=(x_i^{\mathrm{T}}x_j+t)^d \qquad ⑭$$

其中 t 为截距，d 为多项式的阶数。

c. RBF 核函数（radial basis kernel）

$$K(x_i,x_j)=e^{-\gamma\|x_i-x_j\|^2} \qquad ⑮$$

该函数类似高斯分布，是目前使用较多的核函数。其中，使用 RBF 核的软间隔非线性向量机使用 RBF 核函数在解决非线性问题上，性能优于其他核函数以及不使用核函数的支持向量机。对于运动想象脑电信号应用中数据的处理效果也高于偏最小二乘法等常规线性分类器。从原理上讲其利用与传统机器学习完全不同的思路，排除输入样本维数对计算影响，扩大了学习机对处理问题能力的广度。在考虑到学习机的复杂程度和经验风险的同时，又兼顾学习机对新数据的泛化能力从长远来看有利于脑机接口系统面向社会进行推广。因此，支持向量机是一款切实可行且具有独特优越性的学习机器。

9.9　调试过程问题集锦

1. LabVIEW 串口通信

(1) 完成操作前超时已过期

可能原因：发送字节数不够，无法读取到指定位数的数据。没有留足够的时间让串口读取数据。

（2）串口读取数据类型不对

串口读取到的数据是字符型的，如果要显示，可以直接在前面板显示控件上更改显示方式，如果要将数据输入其他控件，则要通过转换字符类型来改变。

（3）传输时发现帧错误

串口存储区已满，需要清空串口。可以关闭 VISA 再重新读取，但这种方法比较不方便，也可以在程序开始或结束时添加一个清空串口的函数。另一方面可能是波特率的问题，要准确设置波特率。

2. 文本文件存储问题

一般文件操作的过程是：打开→读写→关闭。需要注意的是，文本文件打开过程是 CREATE 方式，如果原来同名文件存在，则会被覆盖。注意 WRITE TO TEXT FILE（写入文本文件函数）有一个选项 CONVERT EOL，表示是否转换结尾换行符号（\n，0x0A），如果不转换，则遇到\n是文件自动换行，否则把\n当作字符处理。TO TEXT FILE 是个多态 VI，本身接受字符串数组，对于字符串数组是不转换换行结束符的。

3. 波形图和波形图表

波形图和波形图表都是用来显示数据的，虽然可以混用，但为了提高程序的可读性，可根据功能选择最适合的一个。两者容易混淆，但总的来说两者区别是波形图表能记录历史数据，可以设置图表历史长度，波形图就只能实时显示。如果想要弄清楚两者的关系，可以试着做一个循环，分别给波形图和波形图表赋值。

总的来说，调试程序时可能会出现各种各样的错误，此时要学会利用程序高亮执行，LabVIEW 即时帮助，实例查看等方法查错。很多错误问题其实是因为对封装函数了解不够就直接使用而导致的，所以当我们需要使用某一个封装函数的时候，最好先通过 LabVIEW 即时帮助熟悉函数功能和接口要求后再使用，这样可以降低错误发生率。

第十章　智能家居之多功能插线板

10.1　背景介绍

随着经济高速发展，人们的收入水平提高，自然而然就对生活水平有了更高的要求。为了满足用户不同的需求，家用电器的种类不断增加，功能也更加齐全。随着智能家居时代的到来，各种新型智能家用电器不断涌现，其功能的不断完善以及更为人性化的设计为实际的生产生活提供了极大的便利。

智能家用电器在带来便捷的同时，不可避免地带来了能源的消耗问题。世界能源消费结构长期以化石能源为主，但其所占比重正在逐步下降，电能占终端能源消费比重逐步提高。随着电气化水平提高，越来越多的煤炭、天然气等化石能源被转化成电能。可见，随着经济和科技的不断发展，电能消耗已成为能源消耗的重要组成部分。但地球能开发利用的能源是有限的并且正在消耗殆尽，所以，如何节约能源又成了我们必须要解决的问题。

据调查资料显示，市面上大部分电子产品都具有待机功能，比如电视机、电脑、冰箱、空调等家用电器。就我国而言，无意识的家电或电子产品的能耗基于一个十几亿人口的大国，造成了非常巨大的能源浪费。据测算，家电待机能耗占到中国家庭电力消耗的10%以上，而正是由于这种长期的待机状态，使得插座的负荷也越来越大，带来了非常严重的安全隐患。

在日常工作和生活中，插座的使用情况是十分普遍的。插座可方便我们将电器连入电路，更加便捷地使用各种电器，已成为必备品，但传统插座的功能十分单一，仅提供电器接入接口。通过插座给用电器供电，而电器长时间待机又会造成电能的巨大浪费。除此之外，来回插拔插头会产生电弧、造成插座接触不良、插孔不牢固、加速电器老化等问题，严重的话还可能发生火灾，造成巨大的安全隐患。据公安和消防部门有关资料显示，全国平均每天发生火灾358起，其中电器火灾占30%以上，其主要原因是超负荷、短路、电弧等，实际生活中由插座引发的安全事故更是层出不穷。由此看来传统的插座具有相当大的改进空间。基于上述问题，我们设计了此款新型智能插座，具有可远程遥控、定时开关、USB接口充电等新功能。提高了插座的安全性能、智能性和节能性，同时使插座具有美观、使用方便等优点。

10.2 总体设计方案和创新点

1. 总体设计方案

智能插座系统由单片机控制中心以及四大功能模块组成。单片机为整个系统的控制中心，通过单片机发送指令控制各模块的工作，使得各模块协调合作实现系统的相关功能。其中四大模块分别为电源转换模块、定时通断电模块、远程遥控模块以及USB接口模块。智能插座系统通过各模块的协调工作分别实现定时通断电功能、远程控制功能以及USB充电功能。

定时通断电功能：区别于传统插座，智能插座可以设置通电时间。当达到所设置通电时间后，插座将自动断电。相较于传统的插座，定时功能不仅大大提高了插座的安全性能，能有效地防止安全事故的发生，还减少了不必要的电能消耗，提高了能源利用率。此外，考虑到用电器种类繁多，使用者对通电时长的要求也多种多样，所以本作品可以让用户根据自己的要求设置不同的通电时长。

远程遥控功能：生活中我们常常遇到需要立即切断电源，但开关却并不触手可及的情况。为了能及时切断电源，又不耽误我们手头正在处理的事情，智能插座增加了远程遥控功能，只需把插座的遥控器放在身边，按下按键即可完成插座断电。远程遥控功能使智能插座的设计更加人性化也更加智能，应用在实际生活和工作中，能使生活更加便捷。

USB接口供电功能：智能插座不仅提供了传统的两孔三孔插头，还设计有USB接口。在日常生活中，时常会出现需要为手机、平板、充电宝等用电器充电时却没有带充电器的情况，为解决这一问题，在智能插座中加入了USB接口，用户可以直接使用数据线为用电器充电。

（1）硬件部分

本设计的控制核心为单片机。其他硬件部分根据所实现的功能不同分别划分为电源转换模块、定时通断电模块、远程遥控模块和 USB 接口四大模块。通过四大硬件模块的相互协调工作，实现本设计的相关功能。

1）电源转换模块

智能插座采用的是 220V 供电，但是单片机、继电器和 USB 接口都采用 5V 供电，故采用了一个电源转换装置把 220V 交流电转换为 5V 直流电。

2）定时通断电模块

定时通断电模块由继电器、键盘和液晶显示屏构成。用户通过键盘设置定时时长，在程序控制下通过液晶显示屏显示出所设置的时长和剩余时长。继电器为常闭状态与插座电源连接，当达到设定时间时，在程序控制下继电器断开，从而达到切断电源的效果。定时功能通过单片机的内部定时器来实现。单片机的内部定时器可实现较为精确的时钟定时，定时 50 毫秒的误差率极小，可达到定时开关插座的使用要求，并且可简化硬件电路节省开支。

3）远程遥控模块

远程遥控模块的功能由蓝牙模块和单片机共同工作完成。蓝牙模块分为接收端和发射端，接收端在插座内部，发射端安装在遥控器上。在安装时，先进行主从模块设置。通过串口发送指令设置主模块和从模块，如果响应为 OK，则表示设置成功。在主模块中通过串口发送指令将从模块与主模块连接。完成蓝牙模块的连接后，从模块与单片机相连，主模块为发射端。

4）USB 接口模块

USB 接口模块相对独立，与电源转换模块连接后，通过一个 USB 接口对用电器进行充电。

（2）软件部分

本作品的程序是用 C 语言编写，在编译成功后通过 PZISP 烧录软件下到单片机最小系统中运行。该程序将 PI 端口定义给矩阵键盘，将 P3^3、P3^2 定义给继电器从而达到自动通断电，将 P3^0、P3^1 定义给蓝牙模块，将 P2 定义给显示屏。51 芯片通过程序控制各个模块，实现智能插座的三大特色功能。软件流程图如图 10.4。

2. 创新点

(1) 节能环保。在资源匮乏的21世纪，新能源开发愈演愈烈的同时，节能环保也成了新的时代追求。在工业上节能减排成为国家对企业的硬性要求，而在生活中大家也更加注意节约资源、绿色环保等要求，智能插座的设计恰恰符合了人们节能环保的新理念。通过对插座设置通电时长，可以大大减少电器的待机时间以减少由各种电器待机而浪费的大量电能。此外，通过远程遥控能够及时切断电源，也减少了不必要的电能浪费。

(2) 安全性能高。本款智能插座设计紧紧围绕着提高产品安全性能展开，通过定时通断电可防止电器由于长期通电而发生安全事故；通过远程断电可及时切断电源降低了安全事故发生的可能性。

(3) 更加人性化的设计。智能插座可提供USB接口供电，可直接对手机、充电宝等供电，解决当用户没有充电器时的充电问题。此外，通过远程遥控就能进行通断电，带来更加便捷的用户体验。

(4) 性价比高。相较普通的传统插座，本款智能插座的制作成本与传统插座相差不大，但是在功能的完备性，产品的安全性以及智能化等方面均远远优于传统插座，是一款性价比较高的设计作品。

10.3 硬件功能框图

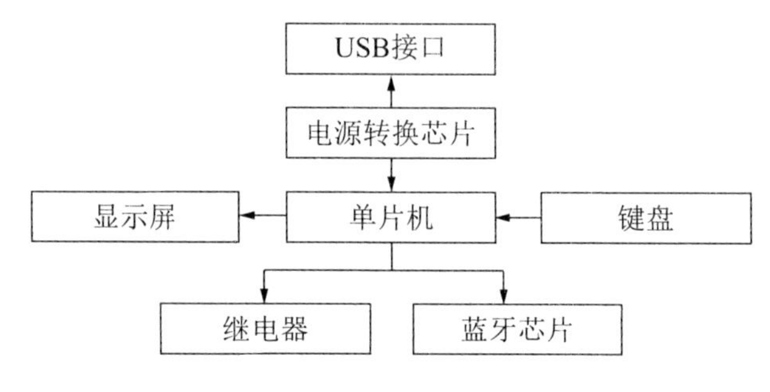

图10.1 硬件功能框图

如图10.1所示，电源转换芯片负责将接入插座的220V交流电转换为5V的直流电为单片机和USB接口供电。为降低电路复杂度，其他硬件模块的供电由单片机负责。

用户通过键盘输入所需的定时时长，通过单片机程序处理后，在液晶屏上显示定时时长和剩余时长。单片机内部定时器开始定时，当定时器达到用户定下的时间时，单片机向继电器输出低电平（继电器为常闭状态），从而切断电路达到定时断电的效果。单片机与蓝牙芯片配合从而实现远程遥控功能。

10.4　电子模块选择及连线图

1. 电子模块选择

（1）液晶显示屏

（2）蓝牙模块

（3）键盘

（4）单片机芯片

2. 模块连线图

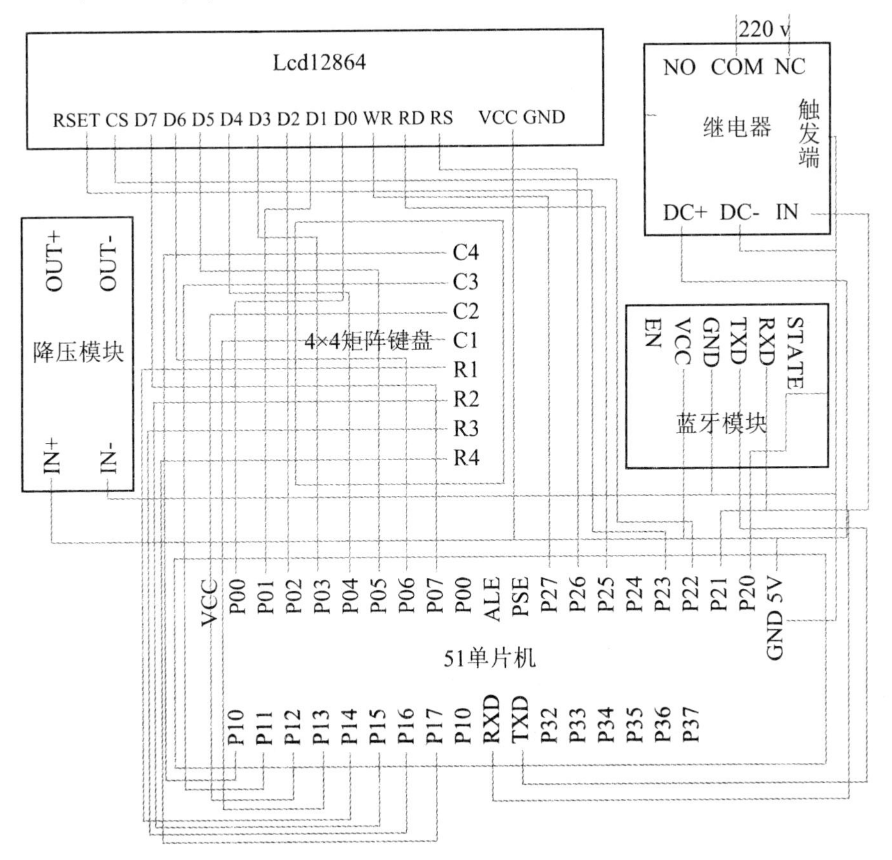

图 10.2　模块连线图

10.5 自制模块、硬件图纸和实物图

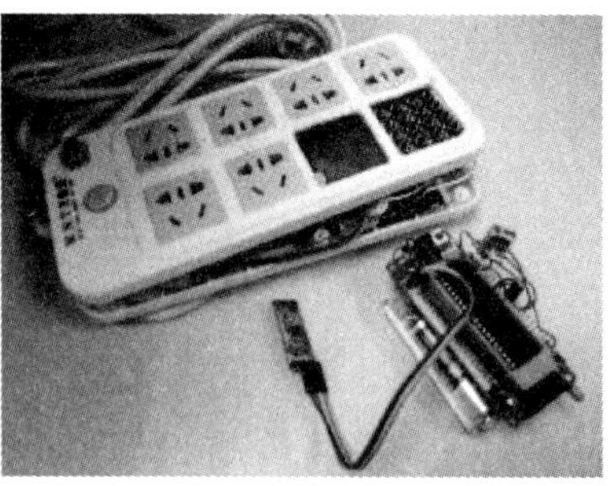

图 10.3 实物图

10.6 程序设计思路和流程图

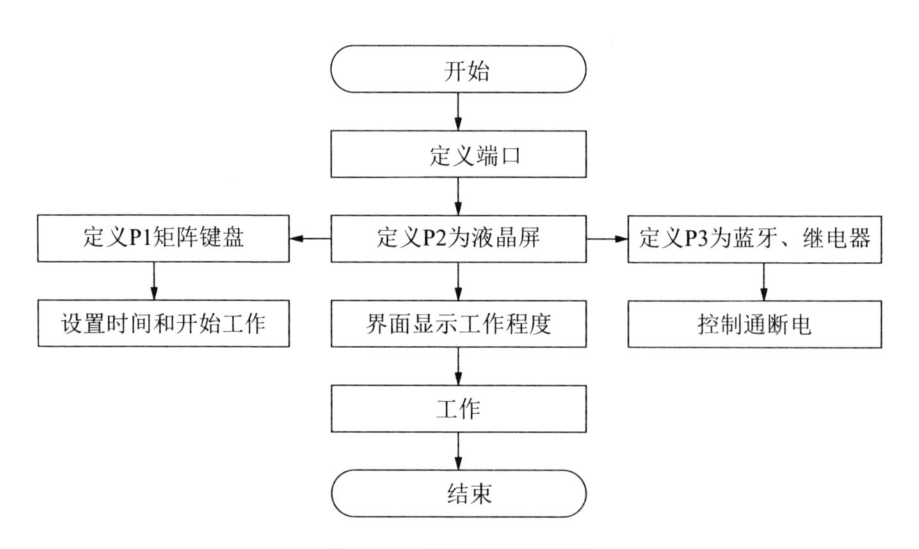

图 10.4 程序设计流程图

开机时等待按下开始键后开始工作，进而定义端口。首先在键盘进行按键输入，然后设置时间开始工作。液晶屏同时在界面显示工作状态。继电器也开始工作，当时间到达，断电，然后界面出现充电完成界面，按下任意键又可以重新开始工作。

10.7　程序编写

1. 单片机端程序

```
Lcd12864 _ Init (); //12864 初始化 Lcd12864 _ ClearScreen (); //清屏
shuruxianshi ();                  //参数设置
Lcd12864 _ ClearScreen ();        //清屏
xx=chanshu [0];                   //传参，时间十位
x=chanshu [1];                    //传参，时间个位
T=xx*10+x;                        //充电时间
initT0 ();                        //定时器初始化
P30=0;
Lcd12864 _ Write16CnCHAR (80, 4,": 余剩");
Lcd12864 _ Write16CnSHU (64, 4, xx);
Lcd12864 _ Write16CnSHU (48, 4, x);
Lcd12864 _ Write16CnCHAR (16, 4," 钟分");
Lcd12864 _ Write16CnCHAR (0, 6," 电通消取键 按");    // 采样显示
while (1)
{
    if (S==57)
     {S=0;
  T--;    //定时一分钟
    Lcd12864 _ Write16CnSHU (64, 4, T/10);
    Lcd12864 _ Write16CnSHU (48, 4, T%10);    //显示时间差
}
  if (T==0)    //充电结束
{
  P0=0xFF;
    EA=0;
    T=xx*10+x;
}
```

```
  KeyDown ();
  if (KeyValue==11)
   {P0=0xFF;   //取消充电      EA=0;
    KeyValue=0;
  quxiao=1;
  break;}
}
while (1)
   {if (quxiao==0)
   {Lcd12864_ClearScreen ();   //清屏
Lcd12864_Write16CnCHAR (32, 2," 成完电充");   //显示采样完成
     Lcd12864_Write16CnCHAR (0, 4," Ö 置设新重键认确按");}
  if (quxiao==1)
{Lcd12864_ClearScreen (); //按确认键程序重新运行，再次
{KeyValue=0; break;}}    //按确认键程序重新运行，再次设置参数
```

2. 涉及的其他软件

取汉字模软件，在第八章中已经介绍。

10.8 调试过程问题集锦

1. 硬件部分

(1) 电源 220V 转换成 5V 的安全问题，采用全绝缘材料保证安全。

(2) 显示界面的摆放位置，为了让插座更加美观，并且便于操作，我们在插座上方开洞。

2. 软件部分

(1) 每个操作界面的更换和显示，采用清屏，然后进行重新设置位置。

(2) 定时的时长的设置，采用单片机内部时长进行一个计时。

第十一章　社会民生之超市智能寻物系统

11.1　背景介绍

1. 项目背景

随着现代社会经济的高速发展，超市规模也日趋扩大，各种商品琳琅满目。而对于对超市商品排布不甚了解的人，想要快速找齐自己需要的全部物品相对困难，耗时长、效率低，而且极大可能会有所遗漏。目前，针对超市室内搜寻商品导航项目研究较少，在超市高效购物的问题一直未能得到有效解决。基于上述问题，拟开发一款能够带领消费者找到所需商品对应货架的智能购物车。消费者只需要输入所需商品的编号（由超市提供的编码表上面的目标商品所在货架编号），购物车就能在前进的过程中为消费者指引方向。如果消费者的前进方向是正在远离目标货架，那么购物车上的红灯点亮，表示方向错误；如果是正在靠近目标货架，那么绿灯点亮，表示方向正确；到达目标货架之后，绿灯会闪烁以提示消费者到达目标货架。并且，消费者可以同时输入多个商品的编号，购物车会自动进行计算比较，基于消费者当前位置给出购齐商品的最优路线，带领消费者到离当前位置最近的那个目标货架。最近的货架是根据购物者的当前位置而动态变化的。综合以上考虑，我们设计了这一款智能超市寻物系统，它主要具备以下几方面的功能。

（1）解决在超市里寻找商品困难的问题

当前，超市的规模越来越大，消费者很可能花了大量时间也找不到自己想要的商品，也可能不好意思向陌生的导购员寻求帮助；并且对于许多商品营业员也很难说出其具体位置。对于急需某样商品，无法在超市花费大量时间的顾客来说，无疑是个大问题。根据市场调查，目前还没有具体可行的办法来解决此类问题。本款购物车的研发，恰好填补了超市寻物导航这一相对空白的领域。利用室内被动式导航，采用亮灯提示，提醒消费者是在靠近还是远离目标货架，能够简单快速地带领消费者找到欲购商品所在的目标货架。

（2）降低超市运营成本

对于许多大型超市来说，为了帮助消费者找到目标商品，往往会选择在超市设立专门的导购员，进行购物指引。实际上，这样的服务并不能提供全方位的指引。首先，导购员太少，只能为消费者指明一个大概方向而无法带领消费者找到指定商品，导购员太多，可解决上述问题但极大增加超市的运营成本。其次，导购员要熟悉超市的所有细节排布也相对困难，相信很多人都有过在超市找不到东西，导购员也不清楚具体位置的经历，反而影响消费者的购物体验。

本项目研制的智能购物车，能将购物者的搜寻范围缩小到两个货架，使消费者很快就可找到目标商品。对于消费者来说，推一个具有导航功能的购物车，就能在“解决高效购物问题”的同时不增加自身负担。

（3）室内导航新方向

继 GPS 之后，室内导航成为一个热门话题。GPS 使用卫星定位，本身存在有定位精度局限，加之室内环境的限制，卫星信号差，所以 GPS 是不适用于室内导航的。除此之外，可采用基站、位移等多种算法，开发手机 APP 后载入地图，由硬件设备及软件支持协调进行更为准确的定位。但是由于各个超市分区不尽相同，故普适性较差。所以本款小车采用红外对射—蓝牙定位室内被动式导航则很好地避免了上述问题，只推一个购物车，输入编号，看亮灯提示，简便易操作，适用于绝大多数人群，有较好的应用前景。

11.2 总体设计方案和创新点

1. 总体设计方案

（1）红外对射管和蓝牙模块

在本项目的设计中，红外对射管和蓝牙模块相辅相成，共同完成工作。首先，购物车上安装有红外发射管，货架上装有红外接收管，当购物车经过货架的时候，红外对射管会激活相应货架上的蓝牙，蓝牙将地址发送给购物车上的单片机进行处理，以达到定位购物车的目的。图 11.1 举例 3×3 的货架说明红外对管的安装位置（其中小方块代表红外对射管，长方形代表货架）。

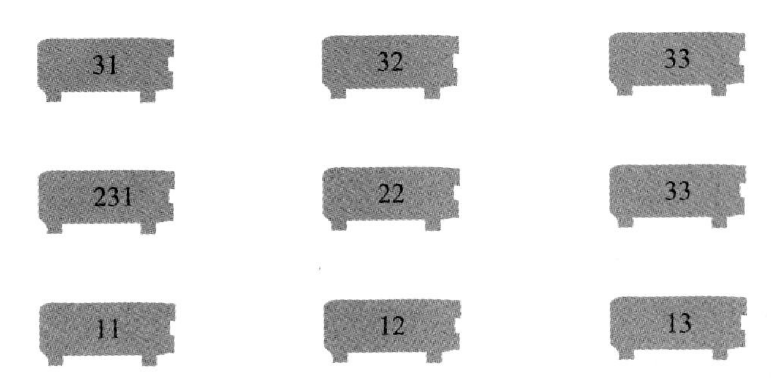

图 11.1　红外对管位置

这样的布局可以从各个方向对购物车的位置进行定位，且保证各个货架之间不会相互干扰，各个蓝牙模块的地址都是独立的，可保证购物车总能精确定位。

（2）基于 1602 与矩阵键盘的操作系统

超市寻物系统是需要消费者根据区域编码表输入相应目的地的编号，基于此我们设计了输入显示系统，目的地编号为二维坐标的点，具有 X，Y 两个方向轴，用户输入的每一个目的地都有两个数设计的 4×4 键盘按键操作界面如图 11.2 所示：

1	2	3	是
4	5	6	是
7	8	9	
确认	0	删除	

图 11.2　矩阵键盘操作界面

每次输入一个方向轴的数字，用“确认”“删除”来决定是否将这个数值赋给这个点的某个方向轴，同时 1602 显示屏上会相应的显示这个数值。例如：最开始的时候 1602 上会显示“X=”，当我们按下矩阵键盘的数字键“1”

时，1602 第一行上会显示“X=1”，第二行会显示“Are you sure ?”。当我们按下“确认”时就会跳到输入 Y 轴值的界面，即显示“ Y= ”，若我们按下“删除”将会跳回“ X= ”的界面，让消费者重新输入 X 轴的值。通过这样的界面提示与手动输入，我们就能将目的地编号传输给单片机，进行下一步操作。

“是”“否”两个键的设置是用来进行部分判断。例如：当输入完一个目的地之后，10602 会显示“continue?”以提示消费者是否还要输入下一个目的地，按“是”则会进行下一个目的地的输入，按下“否”单片机则会开始计算找出哪一个目的地离我们最近，将之作为第一个目的地进行下一步判断，即我们可以同时输入多个目的地，购物车会根据我们每次所到位置的不同，依次带领我们到距离当前位置最近的目标货架，最近的目标货架是动态变化的。

(3) 继电器与小灯模块

蓝牙在使用一次之后要进行复位处理后才会连接下一个蓝牙，本系统应用继电器模块，用通断电的方式，将小车上的蓝牙进行复位，也即是物理复位。它比程序复位更加准确直观，能让我们准确判断出蓝牙的断开与连接状态。

在购物车上还装有一红一绿两个小灯，若顾客推购物车离目标货架越来越远，红灯就会亮，提示走错了；若顾客在靠近目标货架，绿灯就会亮，提示方向正确。通过直观的亮灯提示来缩小寻物范围，就可以通过被动导航找到目标货架上的商品。

(4) 工作判断机制

在本超市购物被动式导航系统中，需要设置三个点来进行判断和找寻目标。首先是设置起点，起点为初始位置货架与购物车进行红外对射，蓝牙连接并发送地址获得的起点位置编号。之后用户自行输入多个目的地的编号，系统利用二维坐标的点与点的距离公式，计算出每个目标货架与当前货架的距离，并判断它们与起点的相对距离的大小，选出最近的作为判断目的点。

之后再推购物车行走，如图 11.3 中所示，这样的两个点会构成一个矩形，当购物车行走中与某一个货架上的蓝牙进行对接，所获取的此货架编号即为中间点，此时单片机会进行判断，看中间点是否是起点与目的地所围成的矩形里的点。若是矩形里的点，系统判断方向正确，亮绿灯；若不是矩形的点，则方向错误，亮红灯。

每次的获得的中间点在经过一次比较之后会将中间点赋值给起点，重新构成一个新的矩形。当消费者行走方向正确时这个矩形就会一直变小，直到重叠成一个点，此时就到达目的地了。如果消费者行走方向错误，矩形在变大的同时还会获得一个信息，即行走方向错误。当两次行走方向错误之后，消费者就会知道正确的方向为另外的那个方向，所以最多就只会错误扩大两次矩形，即消费者每次最多只会走错两次。

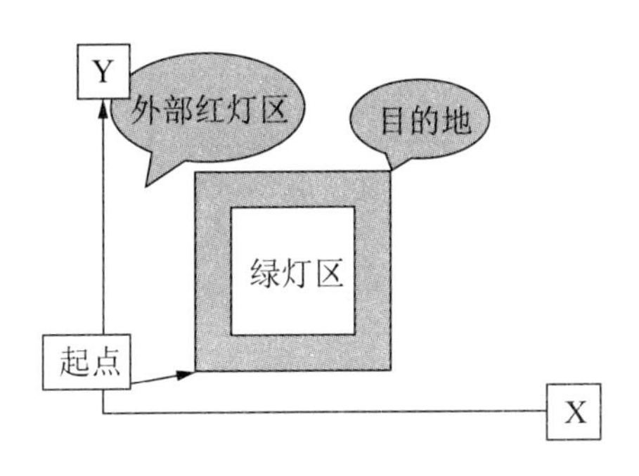

图 11.3　判断机制原理图

2. 创新点

(1) 操作方便

若是研发一个 APP，顾客在使用 APP 之前要通过扫码等一系列操作来确定顾客所在超市，并获取该超市的相关信息。针对一些地下超市，由于地下信号不好，或顾客手机没有流量，以及在超市购物的老人小孩等没有手机的顾客，通过 APP 获得信息过程就会受阻，只能满足小部分人的需求。而本项目的购物车，则只需要顾客正常推购物车在超市里进行购物，需要被动式导航的时候，手动开启此功能，即可通过购物车上的亮灯提示得到相应指引，快速到目标货架。

(2) 定位准确

实现智能购物要依托于室内定位，GPS 作为目前使用最多的定位工具却解决不了超市寻物问题。GPS 定位最多精确到 1m—3m，且超市内建筑的遮挡对 GPS 定位有一定的影响，从而会造成一系列的偏差，此误差在寻物时将被放大。基于此本项目使用红外对管来实现更为精准的室内定位，通过被动式导航来找到目标货架。

11.3 硬件功能框图

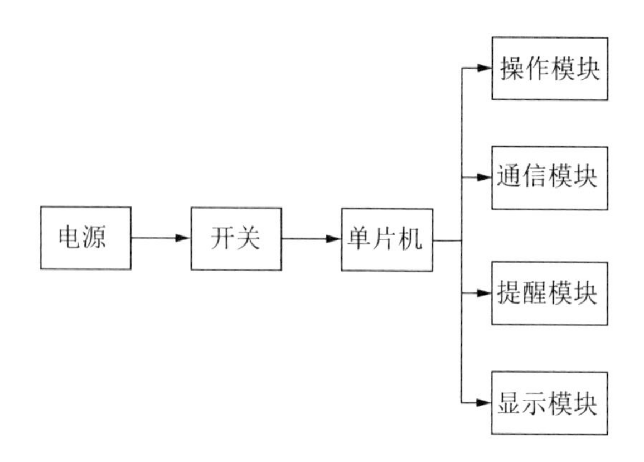

图 11.4 购物车装置图

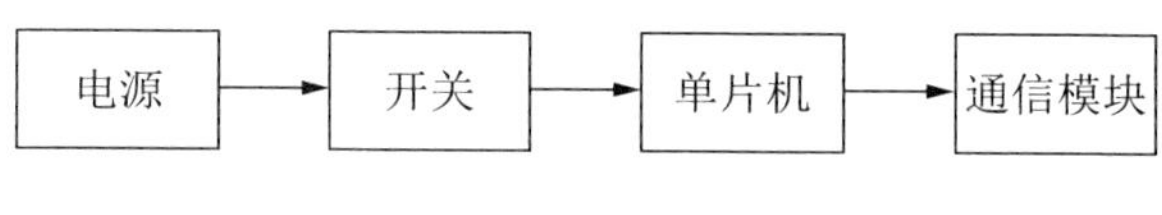

图 11.5 货架装置图

消费者通过操作模块中的矩阵键盘和显示模块 1602 输入目的地，然后通信模块中的红外对接传给货架单片机购物车到达此货架信息，再经由蓝牙传递此货架编号给购物车，通过程序判断，显示模块显示相应提示语，提醒模块亮出相应灯，给出提醒。

11.4 电子模块选择及连线图

（1）单片机系统——51 单片机

由于本项目中的液晶屏幕需要用到 8 个 I/O 口，矩阵键盘也需要 8 个 I/O 口，还有蓝牙连接需要串口通信，所以采用 51 单片机来满足上述要求。

（2）液晶显示屏——1602

本项目中的显示屏通过简单明白的英文或字母提示，提醒消费者应该进行什么操作，而 1602 是一种专门用来显示字母、数字、符号等的点阵型液晶模块，足以满足要求。

（3）操作模块——矩阵键盘

本项目中需要消费者输入目的地编号和判断是否继续输入编号等操作，

而矩阵键盘有十六个键位，满足键位数量的需求，且可以通过编程对键的特殊定义来使不同键位具有不同的功能。

（4）提醒模块——红绿小灯

本项目需要提醒消费者路线正确、路线错误、到达目的地这三种情况，而在购物车上安上一红一绿小灯，当路线正确时亮绿灯，反之亮红灯，到达目的地时绿灯闪亮。

（5）红外对管

本项目需要将购物车位置与所在货架位置相对应，用红外对管的对接来提醒货架上的单片机购物车到达此货架。

（6）数据传送模块——蓝牙

本项目是属于室内定位，需要货架与购物车实现串口通信。运用蓝牙将货架编号传递给小车，当蓝牙连接之后就可传送编号数据。

（7）整体连接图

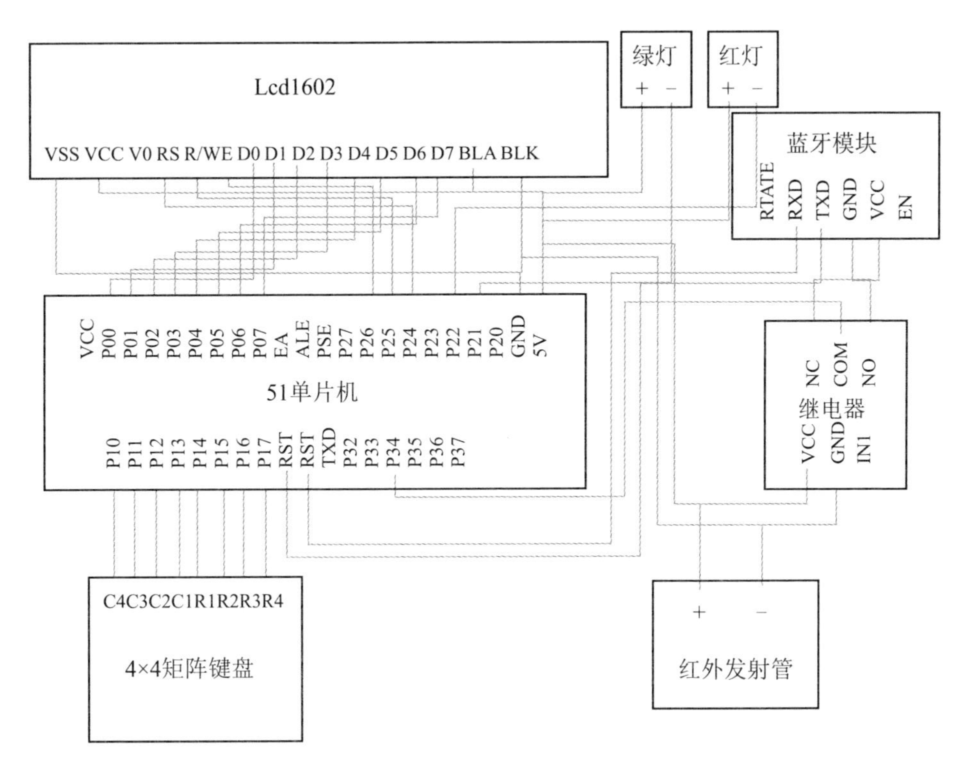

图 11.6 购物车电路连接图

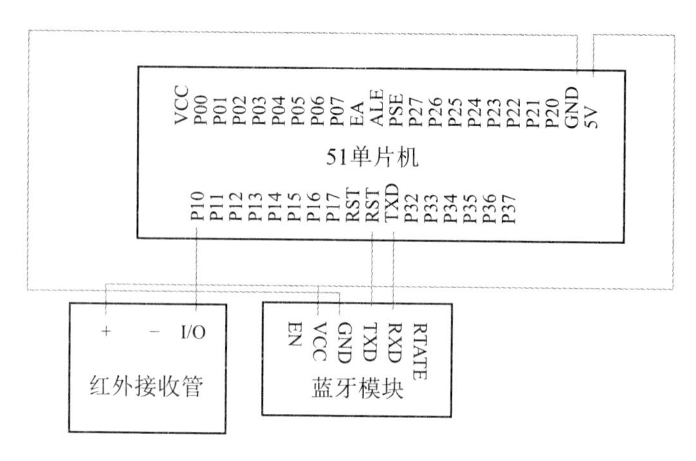

图 11.7 货架电路连接图

11.5 程序设计思路和流程图

(1) 购物车（主机）

程序开始，进行蓝牙和 1602 显示屏的初始化，继电器也初始化为关闭；接下来扫描矩阵键盘，通过蓝牙复位将蓝牙端口先置 0 后置 1，利用矩阵键盘将输入的数据传入购物车单片机，红外对射管进行对射连接，蓝牙接收到一个货架上的蓝牙地址链接，获取到货架的编号，购物车上的单片机接收到货架蓝牙编号后，对接收到货架的编号和矩阵键盘输入的编号进行判断。程序中根据编号的比较，如果蓝牙传输的编号和矩阵键盘输入的编号之间的距离在逐渐减小或不变，则购物车单片机控制的 LED 指示灯会亮绿灯；如果距离在增大，LED 指示灯的红灯就会亮起，1602 显示屏会进行提醒调整方向；如果到达矩阵键盘输入的编号对应的货架，LED 指示灯的绿灯就会闪烁，提醒消费者，已经到达目标货架。

(2) 货架（分机）

程序开始，进行蓝牙的初始化，运行程序，红外对射管对射使货架与购物车上蓝牙进行连接，将货架编号传递到购物车的单片机，进行距离的判断。

（3）程序运行流程图

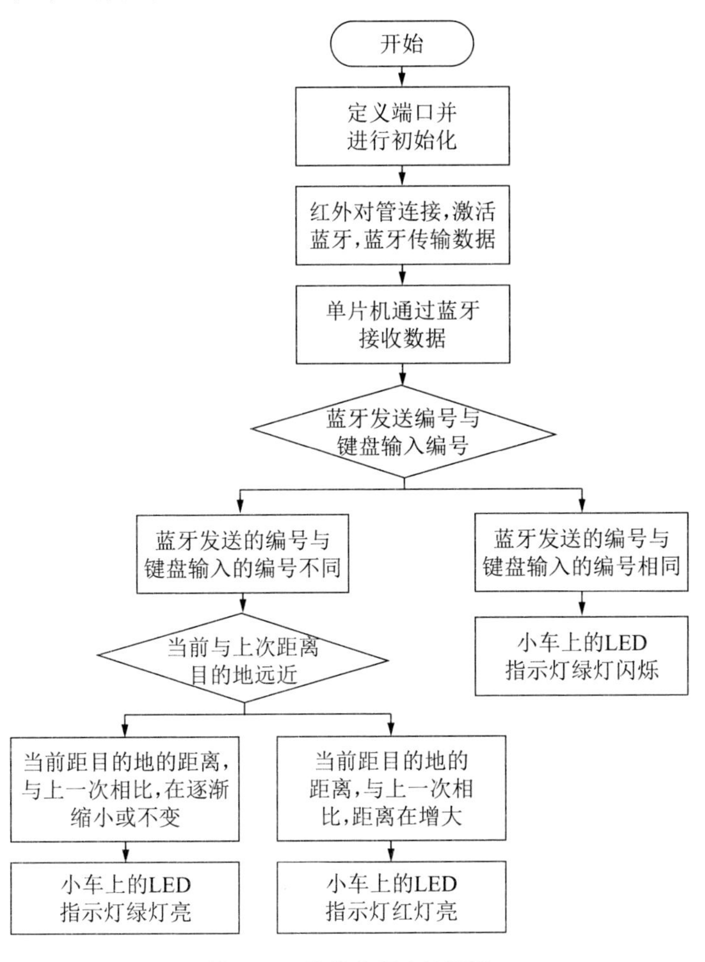

图 11.8　购物车程序流程图

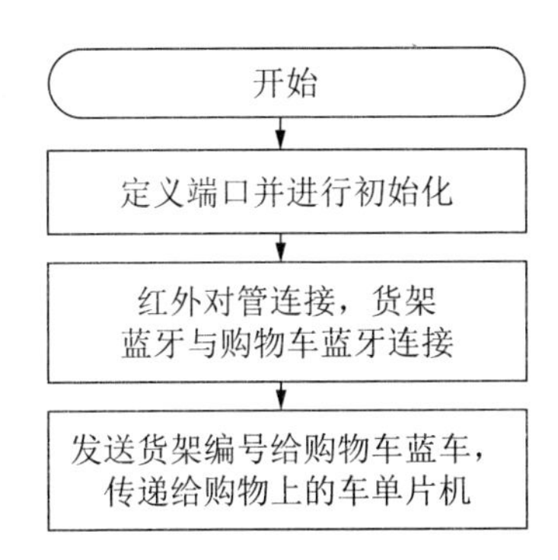

图 11.9　货架程序流程图

11.6 程序编写

```
//子函数定义，可在电子版找到程序
uchar keyscan ()
void uartinit ()
      void delay (uint z)
      void write_com (uchar com)
      void write_data (uchar date)
      void init ()
      void Delay10ms (unsigned int c)
      int bijiao (m, n, p, q, a, b)
      void right ()
      void wrong ()
      //主程序中循环输入目标点
      while (1)
            {
               p=keyscan ();
               if (p>=0&&p<=9)
                 break;
            } //等待键盘输入
      while (1)
            {
               q=keyscan ();
                    if (q>=0&&q<=9)
                          break;
            } //等待键盘输入
//主程序中将目标与起点的距离做比较找出最近点
for (i=0; i<t-1; i++)
            {
               for (j=0; j<t-1-i; j++)
               if (f [j] >f [j+1])
```

```
            {
                t1=f [j]; o=v [j];
                f [j] =f [j+1]; v [j] =v [j+1];
                f [j+1] =t1; v [j+1] =o;
            }
        }
    p=v [0] /10; q=v [0]%10;
//与红外对接且蓝牙连接获得货架地址
while (1)
{
if (Y>=0x0b&&Y<=0x21)
{switch (Y)
{
case 0x0b: a=1; b=1; break;
case 0x0c: a=1; b=2; break;
case 0x0d: a=1; b=3; break;
case 0x15: a=2; b=1; break;
case 0x16: a=2; b=2; break;
case 0x17: a=2; b=3; break;
case 0x1f: a=3; b=1; break;
case 0x20: a=3; b=2; break;
case 0x21: a=3; b=3; break;
} break;}
}
//用下列三个子函数，判断比较前往目的地
int bijiao (m, n, p, q, a, b)
void right ()
void wrong ()
//每次都要将获取的当前位置重置为起点
m=a;
n=b;
```

```
//循环 t 次，t 为目标个数
for (l=1; l<=t; l++)
//判断是否继续购物
init ();
     for (i=0; i<16; i++)
              {
                  write_data (table9 [i]);
                  delay (20);
              }
delay (1000);
panduan=0;
while (1)
          {
              panduan=keyscan ();
              if (panduan=='Y' || panduan=='F')
                  break;
          } //等待键盘输入
if (panduan=='Y')
{
     m=a; n=b;
     goto next;}
```

11.7 调试过程问题集锦

1. 硬件方面

(1) 检查硬件或者程序具体是哪一步不正常工作，一定要设置一个可见、方便的标志，以便于查看程序是否运行到某一步，或是否进行了某种判断。较为简单的标志可以是一个 LED 灯的亮灭，需要显示数值的，建议用 1602 液晶模块查看是否正确显示了数据较好。

(2) 在调试蓝牙的过程中，一定要注意蓝牙型号，否则会导致购物车端的蓝牙无法与货架的蓝牙正常连接。

2. 软件方面

(1) 使用了可变数组之后，要记得用配套 free 函数释放空间，否则会导致 51 单片机的空间不足。

(2) 编写的程序里面如果包含循环，一定要在重新循环时将里面某些标志量重置，否则会延续上一次的判断，导致出错。

(3) 如果程序太大，因为单片机的存储容量有限，可能会出现装不下的情况，因此在编写程序时，要尽量优化。

第十二章 社会民生之老旧小区电梯关人解决方案

12.1 背景介绍

改革开放以来，我国电梯在使用数量上快速增长。最初电梯仅安装使用于商业建筑，到如今居民住宅楼电梯的广泛普及，无疑都在体现着我国经济的发展和社会的进步。居民小区安装电梯设备基本上已经成为必不可少的一项人性化服务，而电梯的存在也极大地便利了人们的生活，减少了人们走楼梯上下楼的耗时，为重物的搬运提供了便利条件。

随着科技的发展，电梯技术也在不断地改进。但是我国目前仍旧存在很大一批老式在用电梯，它们大多安装于20世纪末的老式居民楼中。这些老式居民楼基本上具有以下特点：①居民小区的规模比较小，通常包含的只有几栋居民楼。②物业管理不够到位，甚至很多小区并没有物业中心管理处，只设有门房管理。而这种居民楼中所安装的电梯设备通常不具备完善的通风设备，也没有系统的监控设备，很多安装的摄像头都形同虚设。由于电梯设备较为老化，出现故障是常有的事情，其中最常为出现的就是关人事件，电梯因为设备不能正常运行而导致梯厢无法正常打开，使得居民被困于电梯内。若出现这种故障，监控设备无法及时监测到这种情况并反馈给小区管理层，受困者由于电梯内信号不好或者紧急呼叫按钮不起作用无法及时与外界取得联系，将会使受困者无法及时受到救援。这对受困者的心理和生理都会存在很大的伤害。所以老式电梯关人问题是一个不容忽视的问题。

不难发现，关于电梯故障的报道时时存在，而互联网提供给我们的数据更是让人觉得触目惊心。2006年上海某处发生电梯困人事故，电梯行驶一半突发事故，16人被困。调查研究发现由于是因为1993年的老电梯，电梯运行一半发生了机械故障。同样2006年，南京热河南路66号附近一幢居民楼内的老式电梯在运行中突然停止，电梯大门无法开启，两人被困在里面将近1小时，新闻报道中写道，据其中一名被困男子讲，当时他和另一人正乘坐电梯准备上班，谁料电梯突然不动了且大门无法打开。当他们想使用电梯内安装的求助电话时，发现此电话根本没用。他们只好用手机拨打门卫室的电话，但信号微弱。通过数次努力，被困者终于用手机拨通了报警电话。随后，保安用铁锹撬开电梯大门，两人才得以安全出来。由于电梯里空气憋闷，两人出来后都出现头晕恶心的状况，随后被保安送往附近医院治疗。2012年上海一篇新闻报道中提到，交通西路附近的一幢老式高层住宅，建于1997年，有30层，近200户居民，只有两部电梯，更让居民们感到不安的是，大楼还曾发生过多起电梯困人的事件，其中还有孕期妇女、老人，对他们的心理和生理都造成了很大影响。这只是互联网上一些报道的举例，类似报道数不胜数。

但是如果把所有的老式电梯都重新改良，重新安装监控设备，成本、线路、人力等都是极大的问题，所以需要一种低成本报警装置，实时检测是否发生故障停梯关人事故，第一时间通知到物业得以解救被困者，减少因援救不及时造成的一系列后果。基于此，本项目设计了这套基于红外的电梯安全系统，它以单片机为基础，分为电脑端和电梯端。电脑端和电梯端通过蓝牙双向通信，免去了布线麻烦，电脑端实时显示电梯运行状态、是否有人、风扇是否开启、报警装置是否开启。电梯端发送命令给执行模块，在保证成本适宜的前提下，完成实时监测电梯内是否有人、电梯的运行状态。当发现电梯内有人被困，及时通过电梯端和电脑端的报警器报警，提醒安保人员。本项目所研究的系统成本较低，稳定性高，为用户增加了人性关怀，适用于老式小区，大大降低了电梯关人事件的发生概率，为时下老式电梯的优化改良贡献出一分力量。并且该项目体现了数据理念的重要性，迎合现今大数据的科学潮流，具有多种数据处理功能，有利于以后长远的发展。

12.2　总体设计方案和创新点

1. 总体设计方案

基于红外的电梯安全系统由电梯端、显示端两部分组成。电梯端可以包括多个，每个电梯端均与显示端通信，都能够发送检测结果到显示端，建立 1 个终端对多个电梯端的监控网络。电梯端完成检测数据的收集、转换、传送，并根据预先设定的程序完成数据的判断来控制风扇、报警装置。显示端与电梯端连接，实时显示电梯运行状态。

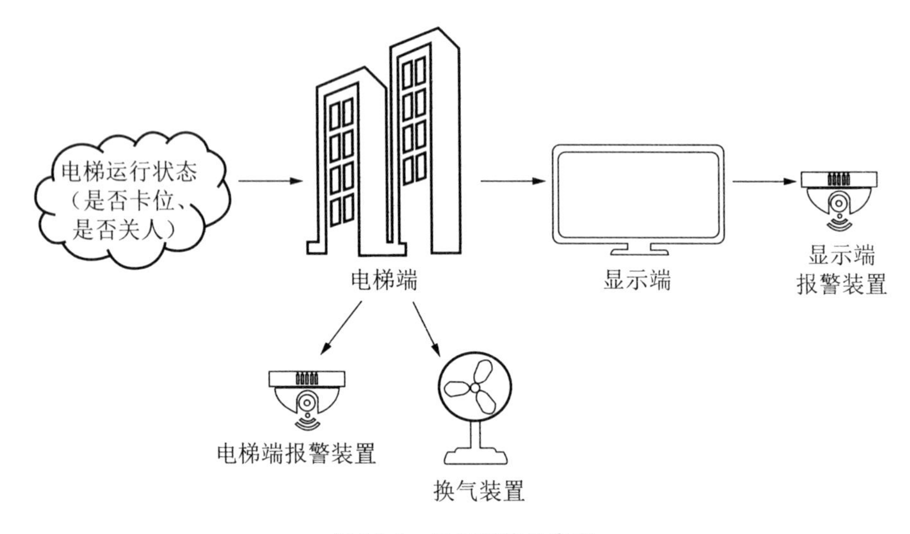

图 12.1　工作架构示意图

设备思路是以电梯端、显示端构成测控网络。电梯端红外检测模块采集电梯端是否有停梯信号、厢内是否有人被困信号，将信号发送到电梯端单片机；单片机对数据进行判断、分析，根据已有的程序控制做出相应的指令，电梯端各模块根据接收到的指令继而控制继电器的开关，进行通风、报警。经由通信模块将数据传回显示端，显示端实时显示电梯的工作状态。接下来对各部分进行详细说明。

（1）电梯端

各测控节点是由单片机、检测模块、通风、蓝牙模块等组成，主要实现实时采集电梯运行状态的数据，并将数据通过蓝牙传送到主控端，根据单片机发出的判断指令继而控制继电器的开关，进行通风、报警的功能。

红外检测模块由红外对管模块、红外温度传感器 MLX90614ESF－BAA 构成，数据接收模块均采用 51 单片机。判断是否故障停梯由各楼层的两对红外对管模块及微控制器来实现。两对红外对管模块分别设置在各楼层电梯厢标准停梯位置的顶端和底端位置，通过电梯厢升降时各楼层每两对红外对管模块的被阻隔情况得到实际隔段时长，将实际红外对管射线被阻断的时间与

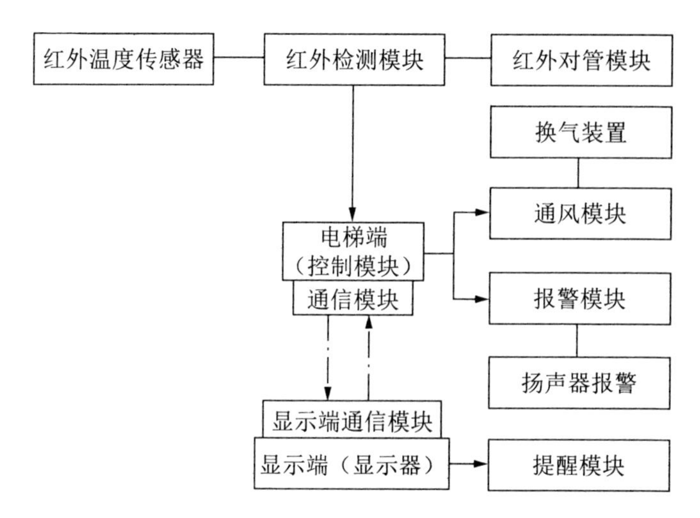

图 12.2 工作流程示意图

在单片机程序中已设定好的隔断时间阈值进行比较，从而判断是否出现了故障停梯。同时通过被阻隔的红外对管模块位置，可迅速得知电梯所处的楼层位置或是否出现停在非标准停梯位置的情况。然后通过红外温度传感器判断出故障停梯后的轿厢内是否有生命体存在；两种红外检测模块将电梯厢是否停梯信号、厢内是否有人被困信号发送至电梯端单片机，单片机判断是否有人被困。若有人被困则开启报警装置和通风装置。报警模块可驱动此模块蜂鸣器报警提醒电梯外人员，同时也起到告知被困人员警报已发出，缓解被困者的紧张情绪。通风模块可开启换气装置，改善轿厢内的被困者所处环境，防止被困者因长时间被困而缺氧，严重紧张等被生理上的不适；通信模块实现电梯端和显示端的双向无线通信，极大减少布线上的不便，节约成本，便于对老旧小区电梯进行改造。

无线通信在实际应用中具有免布线的优势，便于系统的组网，本作品采用蓝牙通信的方式实现电梯端单片机与显示端的通信，具体采用地址查询的方式构成连接从而实现通信，即单片机通过寻找蓝牙地址电脑端通信，通过轮询的方式完成传感器数据的传输和控制指令的传输。

（2）显示端

电梯端与显示端相连，该程序软件实现主控单片机与上位机的通信，是物联网概念的一个体现，也是后续进行数据分析的基础，拟采用美国虚拟仪器公司的 LabVIEW 软件完成开发，软件的界面如图 12.3 所示。该软件具备如下功能。

①可设置串口号、波特率等基本的串口参数；

②可实时显示各节点空气净化器的运行状况；

③可显示接收数据并可将数据生成文件保存在指定的路径下；

④可进行历史数据的查询，可实现深度学习等数学模型的建立。

显示端通过数据分析，实时显示电梯端状态，便于物业人员方便清晰地监测居民楼。

图 12.3　显示端界面

2. 创新点

(1) 性价比高。相较于对于老式电梯的整套设备进行改良，或者重新安装监控系统，本安全系统成本较低，一栋楼需要的经费占安装监控系统的经费一半不到。而且此装置所用各模块均有便宜易得、使用寿命长、不易损坏且稳定性高的特点。

(2) 状态更新及时。通过软件设计控制，不断地对主控端和电梯端的模式进行循环，实时判断电梯卡位信息。电梯工作状态可以实时显示，显示端可以对不同的数据信号进行分行显示，并且对出现电梯关人事故的特殊情况进行显示，从而更容易辨别。

(3) 电梯端与显示端之间通过蓝牙进行双向通信，无线布置减少损耗以及架设困难。

(4) 红外监测模块能够高效灵敏的判断电梯是否能够正常运行，并反映电梯所在位置以及电梯内部的人员状况。

(5) 人性化。在电梯检测到卡位信息及电梯内有被困人员时，实时开启了电梯端和显示端的报警装置，使被困人员可以得到及时的救助，并且开启了电梯内的换气装置，改善被困人员所处环境，防止被困人员因长时间缺氧而引起不适。

12.3　硬件功能框图

在支撑架的两边，每层楼分布有两对红外对管（每层楼的上、下两端各一对），用于采集电梯停位信号，红外对管将采集的信号发送给电梯端单片机，单片机根据内部编写的程序对该传红外对管信号进行分析处理，判断电梯是否出现了卡位情况。

电梯轿厢内布有红外温度传感器，传感器将采集到的电梯舱内部人体温度信息传给电梯端单片机，单片机根据内部编写的程序对该传感器信号进行分析处理，判断是否启动蜂鸣器和换气装置，通过继电器控制电梯轿厢顶上的换气装置的开、关，并控制每层楼蜂鸣器的开、关。

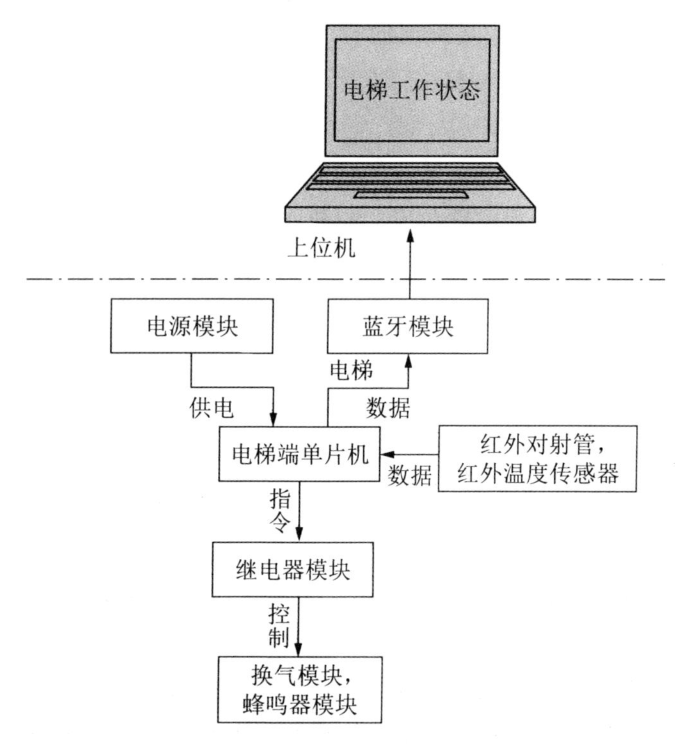

图 12.4　硬件框图

12.4 电子模块选择及连线图

1. 电子模块选择

(1) 红外对射管

为达到本装置可实现检测电梯轿厢是否出现卡在电梯井某两层之间的功能，本装置的检测模块使用了红外对射管，其基本的构造包括发射端、接收端、光束强度指示灯、光学透镜等。其侦测原理是利用红外发光二极管发射的红外射线，再经过光学透镜做聚焦处理，使光线传至较远距离，最后光线由接收端的光敏晶体管接收。当有物体挡住发射端发射的红外射线时，由于接收端收到的不再是稳定的光信号，而有一定程度的变化，这一变化经分析处理后传送至报警控制器，使之发出报警信号。所采用的此种传感器探测距离范围是 0.1—2 米，满足对电梯轿厢进行测距的功能。

图 12.5 红外对射管实物图

(2) 减速电机

本装置的模型中为模拟电梯在实际中的平稳上升，采用了减速电机作为驱动装置。相较于正反向舵的不易控制速度和难以实现连续同向转动，使用减速电机可以获得低转速、大转矩以及更好的运行特性。减速电机可以降低转动惯量，一般是速比的平方降低，这对于控制来说很重要，能及时地控制起停、变速。此外，减速电机在传动中有保护电机的作用，运行中减速电机承受较大扭矩，过载时传递到电机只有过载量除以减速比的数值，若直接由电机承担可能会引起电机的损坏。在过载非常大的时候减速机会先被损坏，而减速机只需要更换备件就可以恢复使用，并且费用相对较低。

图 12.6 减速电机实物图

(3) T 型丝杆

本装置的提升装置经过多次改进后，最终采用的是将上述减速电机和 T 型丝杆相结合的形式进行对模型中电梯轿厢的提升。本类型丝杆 L 螺纹纹路紧凑、受力均匀，与上述减速电机进行结合后可以保证匀速顺畅地实现对轿厢的提升。并且不锈钢材质使得该类丝杆具有耐腐蚀不易变形的优点，可长时间保持滑动顺畅的特点。

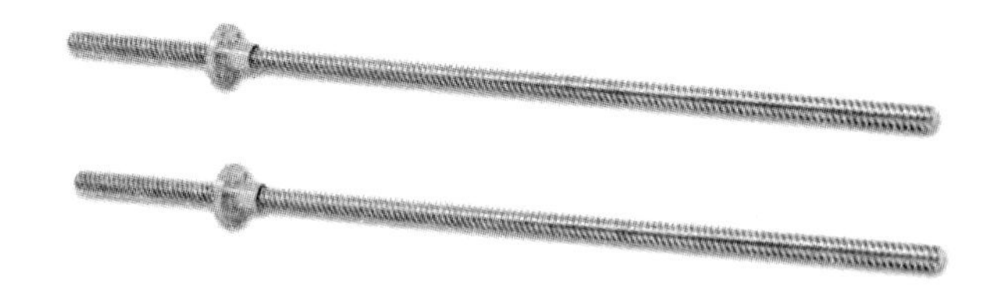

图 12.7　T 型丝杆实物图

(4) 红外测温传感器模块

为了判断电梯轿厢在卡住时轿厢内是否有人员被关，本装置采用的是 GY－906 MLX90614ESF 红外测温传感器模块。该模块具有方便集成、宽温度范围校准和医疗机级高精确度的特点。双感应区对轿厢内人员的检测进行了梯度差补偿，可以一定程度上消除由感应器摆放位置所带来的误差。

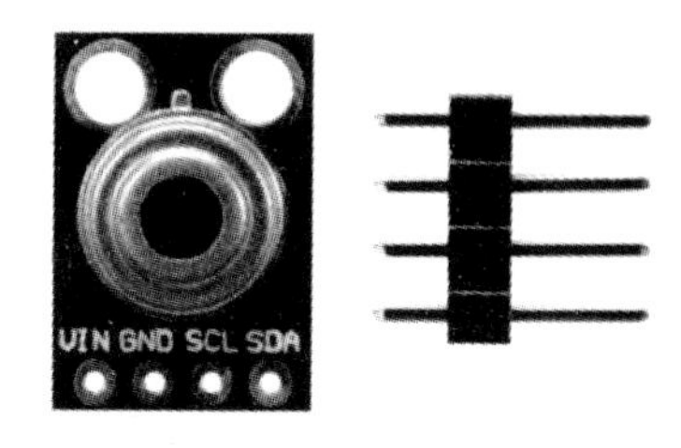

图 12.8　红外测温传感器模块实物图

(5) 蜂鸣器模块

本装置采用的报警模块由有源蜂鸣器阵列构成。相较于无源蜂鸣器，有源蜂鸣器工作的理想信号是直流电，而无源蜂鸣器的理想信号为方波，给予直流信号不响应。本装置所采用的有源蜂鸣器由于内部带震荡源，所以只要一通电即可发出声音报警，程序控制非常方便，只需要单片机一个高低电平便可控制发声。完全符合对报警功能的实现。

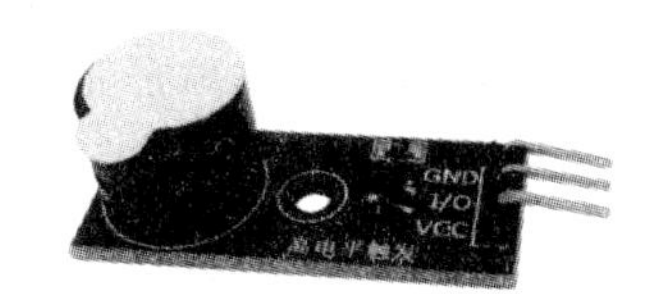

图 12.9　蜂鸣器报警模块实物图

(6) 51 单片机系统（最小系统及主控芯片）

根据要实现的功能，本系统采用 51 作为主控芯片。51 是采用 8051 核的 ISP 在系统可编程芯片，最高工作时钟频率为 80MHz，片内含 8K Bytes 的可反复擦写 1000 次的 Flash 只读程序存储器，器件兼容标准 MCS－51 指令系统及 80C51 引脚结构，芯片内集成了通用 8 位中央处理器和 ISP Flash 存储单元，具有在系统可编程（ISP）特性，配合 PC 端的控制程序即可将用户的程序代码下载进单片机内部，省去了购买通用编程器，而且速度更快。

51的I/O口丰富，P3端口用于AD模块数据的传输以及继电器（即开关）的控制，P0、P2端口用于液晶显示屏模块，而且一块芯片就能满足所有的需求。

图12.10　51最小系统实物图

（7）继电器模块（开关控制）

本装置应用1路光耦隔离继电器驱动模块。继电器是一种电子控制器件，它具有控制系统（又称输入回路）和被控制系统（又称输出回路），通常应用于自动控制电路中，它实际在电路中起着开关的作用。常开接口最大负载：交流250V/10A，直流30V/10A。模块采用贴片光耦隔离，驱动能力强，性能稳定；触发电流5mA。工作电压有5V、9、12V、24V可供选择，并可通过跳线设置高电平或低电平触发；该模块具有容错设计，即使控制线断，继电器也不会动作。当输入端为低电平时，继电器线圈两端通电，继电器触点吸合；当输入端为高电平时，继电器线圈两端断电，继电器触点断开。从而达到控制循环风机和蜂鸣器阵列的开或者关。

图12.11　光耦隔离继电器驱动模块实物图

（8）蓝牙模块

本系统采用BLE串口CC25404型号的蓝牙。该模块在装置中能够起到无布线控制，主要适用于主从一模块，具有透传、远控、PIO 采集三种功能，通过 AT 指令进行切换和设置。该蓝牙的接口电平 3.3V，可以连接各种单片机。支持数据透传、串口透传模式和免 MCU 模式，支持串口在线升级。远程控制 IO 输入和输出。该模块具有使用简单无须任何蓝牙协议和开发经验，直接使用以及超低功耗通信，超低功耗待机，模块间透传传输速率最高可达 4KB/S 的优点。

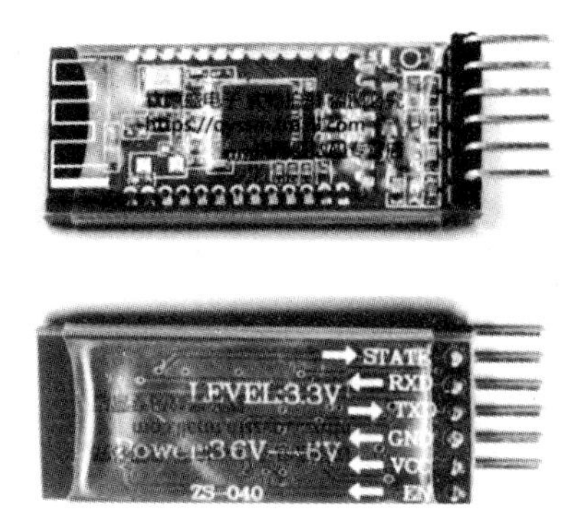

图 12.12 BLE 串口 CC25404 型蓝牙

此蓝牙模块负责主控单片机和分机单片机的双向通信，主要包括将各电梯轿厢端的传感器信号发送给主控单片机，并将报警指令发送给分机单片机。

2. 模块连线图

硬件部分模块连线图：

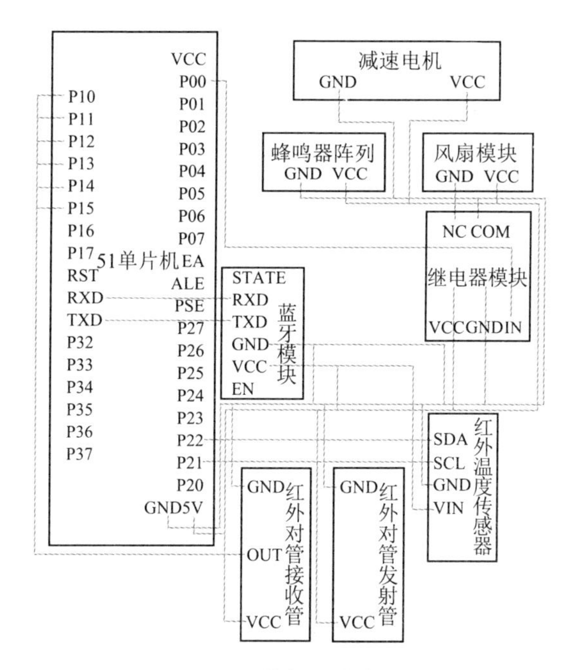

图 12.13 硬件部分模块连线图

12.5 自制模块、硬件图纸和实物图

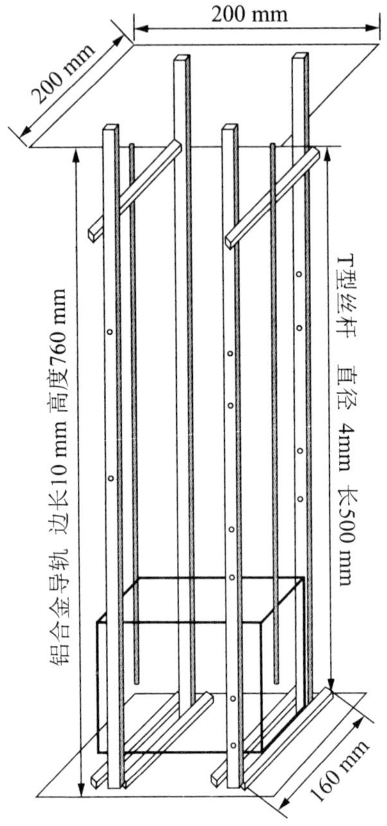

黑色线框所示模型轿厢
左右立面：140 mm*170 mm 3 mm有机玻璃
背面：170 mm*170 mm 3 mm有机玻璃
轿厢顶底板：140 mm*170 mm 3 mm有机玻璃
用热熔胶枪进行黏合，放置在底部4根铝合金导轨上
整个装置的顶底板：200 mm*200 mm 5 mm有机玻璃
支撑架：
4根边长为10 mm的铝合金导轨，长度为760 mm
导轨两端分别插在装置顶底板打好的孔洞中，并
用热熔胶枪进行加固处理。
固定支架的短杆：
边长为10 mm的铝合金导轨，长度径切割后为220 mm
用于提升轿厢的T型丝杆：
直径为4 mm，高度为500 mm
其上端直接与减速电机连接，下端通过有机玻璃小块
经过热熔胶枪黏合与轿厢顶部牢固连接实现对轿厢的
提升功能。
右侧两导轨上的点阵代表导轨上的三对孔：
孔直径2 mm，打通 铝合金导轨。用直径2.5 mm长
2.5 cm的丝杆螺丝穿过孔固定红外对射模块。
左侧单轨的三个单孔同上直径为2 mm，打通。同样用
直径2.5 mm长2.5 cm的丝杆螺丝穿过孔固定蜂鸣器阵列。

图 12.14 硬件图纸

12.6 程序设计思路和流程图

程序开始，进行串口通信的初始化。接下来进入 while 循环：复位蓝牙，蓝牙端口置 0 后再置 1，并发送服务器端的蓝牙地址链接，连接服务器端。接下来读取传感器信号，用 if 语句对数据进行判断。首先判断非正常隔断的红外对管是否被隔断，使用定时器延时 10 分钟，若 10 分钟后红外对管仍然被隔断，再用 if 语句根据红外温度传感器的数据判断电梯内是否有人，根据人体温度范围，我们设置的温度阈值为 35℃～39℃。若电梯内有人，则温度在 35℃～39℃之间，则开启换气装置和报警器的开关。

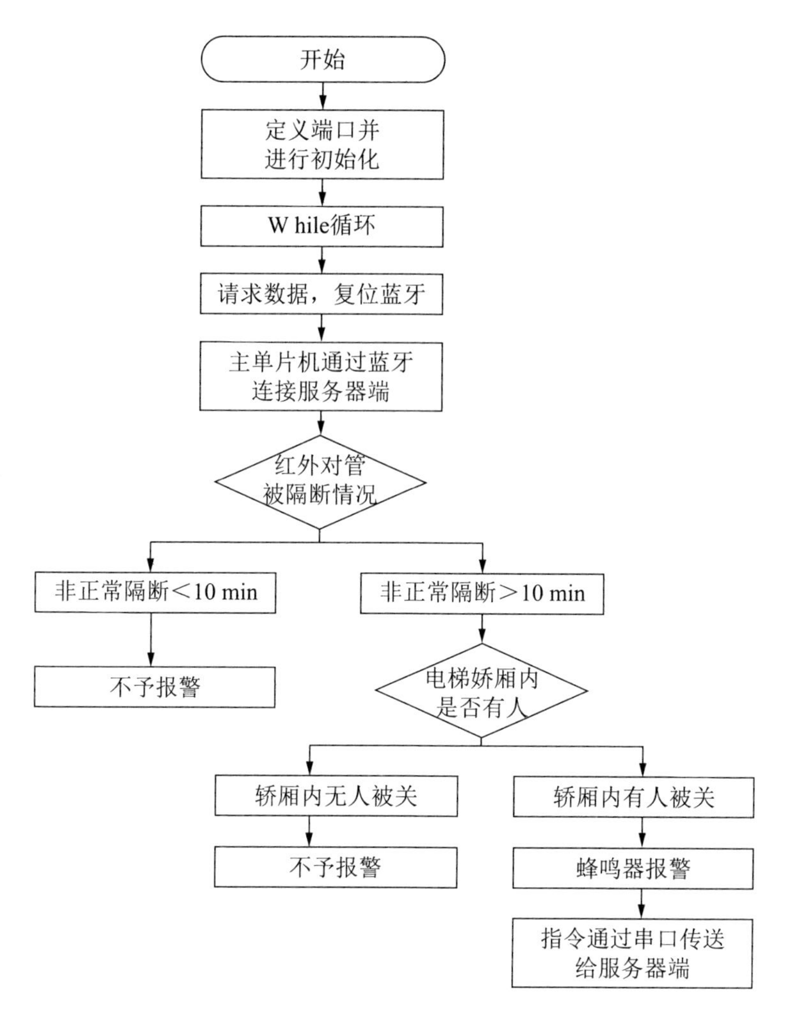

图 12.15　程序运行流程图

12.7　程序编写

1. 单片机端程序（以一个隔断点为例）

```
void main ()
{
    uartinit ();                    //串口通信初始化
    i=0;
      K=1; FMQ=1; tem=0;     //蜂鸣器、继电器初始化为关闭
```

```
    while (1)
  {
   RESET=0;
   Delay10ms (50);
   RESET=1;
   Delay10ms (50);                    //蓝牙复位，复位端口置零
   Send _ ASCII (" AT+CONA0xF45EABAAF8981");          //发送
服务器端蓝牙地址链接
   uartsend (0x0d);
   uartsend (0x0a);                   //连接服务器端
   Delay10ms (50);
   Delay10ms (50);
   if (Red2==0)                       //判断红外对管被隔断
    {
    time1 ();                         //定时 1 分钟
    if (Red2==0)                      //红外对管仍然被隔断
        {
         SCL=1; SDA=1;
         nop _ (); _ nop _ (); _ nop _ (); _ nop _ ();
         SCL=0;
         Delay10ms (50);
           SCL=1;
           tem=memread ();        //读取温度
         Delay10ms (50);
         if (tem<0x3c94 | | tem>0x3b36)        //电梯内有人
          {K=0; FMQ=1; uartsend (2);}       //发送控制指令，换
气装置、报警装置开启
         if (tem>0x3c94 | | tem<0x3b36)        //电梯内无人
          {K=1; FMQ=0; uartsend (1);}       //发送控制指令，换
气装置、报警装置开启
     }
```

```
  }
子函数：
void time1 ()        //定时 1 分钟函数
{
    TMOD=0x01;
    TH0= (65536-46083) /256;
    TL0= (65536-46083)%256;
    EA=1;
    ET0=1;
    TR0=1;
    i=0;
    while (1);
}
void Time0 () interrupt 1             //定时器中断函数
{
    i++;                              //中断次数自加 1
    if (i==20000)                     //若累计满 20000 次，计时满 1 分钟
     {D1=~D1;                         //按位取反
     i=0;}                            //i 清零，重新开始计数
    TH0= (65536-46083) /256;          //重新赋值
    TL0= (65536-46083)%256;
}
void Delay10ms (unsigned int c)
{
    unsigned char a, b;
    for (; c>0; c--)
     {
        for (b=38; b>0; b--)
         {
            for (a=130; a>0; a--);
        }
```

```
    }
}
uint memread (void)                    //读取温度函数
{
  start_bit ();
  tx_byte (0xB4);                      //发送地址
  tx_byte (0x07);                      //发送命令
  start_bit ();
  tx_byte (0x01);                      //发送字节函数
  bit_out=0;
  DataL=rx_byte ();                    //接收一个字节
  bit_out=0;
  DataH=rx_byte ();
  bit_out=1;
  Pecreg=rx_byte ();
  stop_bit ();
  return (DataH*256+DataL);
}
```

2. 电脑端程序

本环节拟采用 LabVIEW 软件进行程序编写，LabVIEW 平台是数据分析以及数据显示的经典平台，有着成熟的界面、功能完善的工具箱和各种特殊函数，完全能够满足本实验的数据分析需求，可实现实时显示空气质量状态、净化系统是否开启、空气质量变化曲线。接下来以一个电梯端为例，进行说明。编程思路为：通过串口通信，接收到主机蓝牙发送给分机蓝牙的指令字符串，将字符串分析，根据字符串包含的信息转化成电梯运行状况的显示、通风系统开启状况、报警系统开启状况。程序分为前面板即界面和程序框图，程序框图主要分为以下几个方面：串口通信、条件结构控制布尔灯。整体来说是一个比较简单的程序，适合初学者学习。接下来将分部分进行说明。整体界面设计：

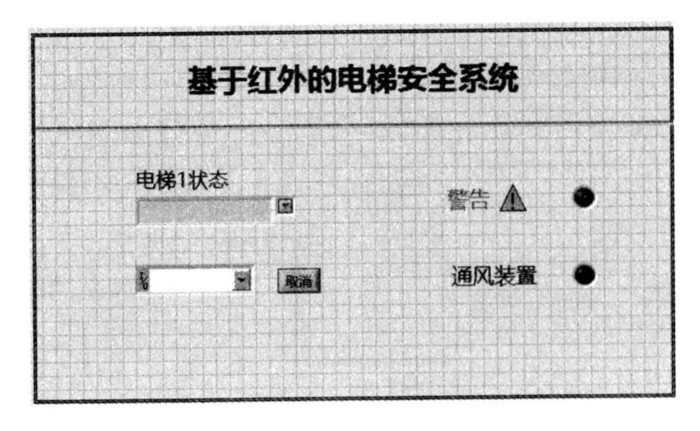

图 12.16　电脑端前面板

整体程序设计如下：

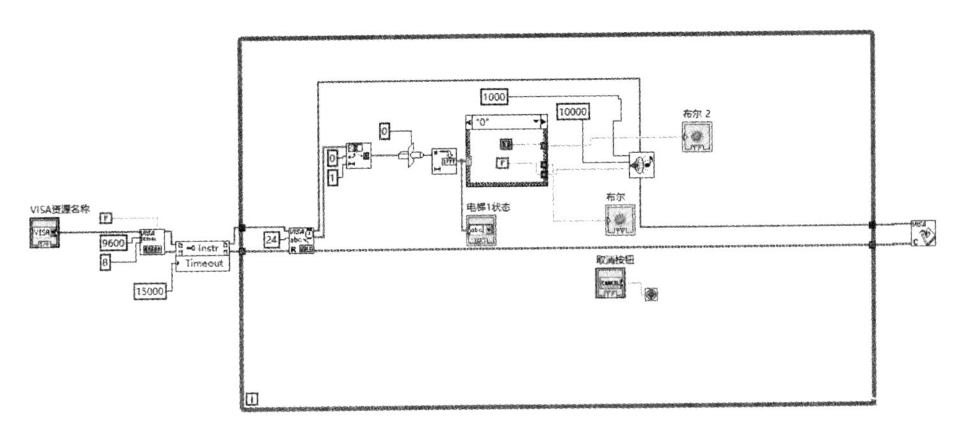

图 12.17　电脑端程序框图

程序框图部分中，首先需要设置串口。Visa 配置串口函数设置串口的波特率、数据比特、奇偶等。

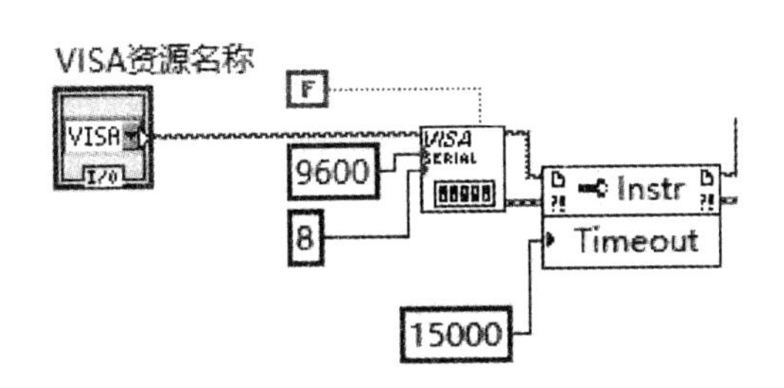

图 12.18　串口设置

条件结构控制布尔灯的亮灭。

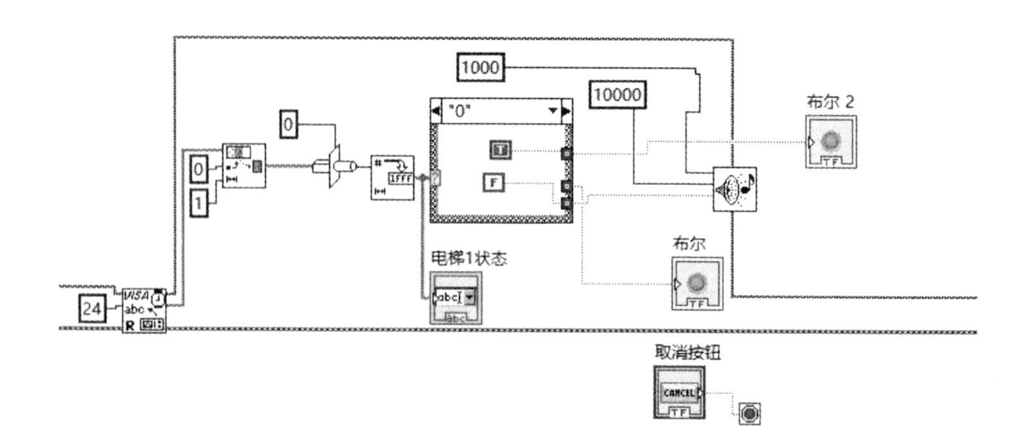

图 12.19　结构条件

整个系统功能简单。但是界面能够实时显示数据，直观简洁。

12.8　调试过程问题集锦

1. 程序

(1) 蓝牙地址要匹配，否则主控端和被控端无法进行数据的传递。

(2) 红外温度传感器发送的是数字信号，直接通过单片机读取温度数值，不需要进行模数转换。

(3) 在进行系统联调时，必定会出现工作不正常的现象，要根据程序所写的内容，逐模块排查，逐行排查每一行程序是否正常运行，程序运行到了哪里停下来了，找到错误根源才能正确解决。

(4) 延时函数设置的时间间隔也要合理，这个需要不断地进行系统联调，根据系统使用情况找寻最合适的间隔时间。

2. 电梯端硬件

(1) 用两个减速电机搭配左右两 T 型丝杆进行轿厢的抬升，要注意两个电机应保持转动的同向及同速，否则将出现轿厢抬升后不水平、出现倾斜等问题，损坏电梯抬升装置。

(2) 所使用的红外温度传感器测距有限，有距离要求。在实际到自己应用时一定要注意。

（3）红外温度对射管要保持水平对应，在前期准备工作时将定位做精准，利于其精确工作。

3. 显示端硬件

（1）LabVIEW进行数据处理时要注意数据类型的转化。LabVIEW串口接收到的是字符串，需要将字符串转化成组合框、条件结构能够识别的十六进制字符串。

（2）使用visa配置函数一定要连接错误输出，否则程序会报错。

（3）因为蓝牙通信具有延时，LabVIEW的visa属性节点设置要设置等待，否则截取字符串处无法截取到需要截取的字符串长度。

第十三章　智慧出行之智能商务旅行箱

13.1　背景介绍

据不完全统计，2016 年中国平均有 38%的公司员工会出差，而 2015 年和 2014 年分别为 33% 和 28%，可见因公出差的人数呈逐年递增态势。有 34%的受访公司表示计划在未来三年内拓展国内外业务，因此出差人数必将持续增加。同时，旅游业作为推动中国经济发展的行业之一，近年来旅游人数一直呈几何级数增长，旅行箱包的销量也随之成倍增加。现有旅行箱的价格范围包含很广，其中不乏有一些极其昂贵的种类，但无论是普通中档还是高档，其本质上的功能完全没有改变。随着科技和互联网飞速发展，智能家居概念深入人心，国内外有关旅行箱的智能产品却并不成熟，目前上市的产品价格昂贵到无法接受但功能却仍不够全面，有时也面临着不能托运等尴尬的问题。因此，本项目设计了一款独特而方便的智能商务旅行箱。

这款旅行箱主要面向经常出差的商务人士，对于他们来说最重要的东西大都装在旅行箱中，如果在旅途中旅行箱被盗，那么对其办事、旅行会造成极大困扰。另外，如果在旅途中手机、平板电脑等电量不足，而又急需其中的资料数据或因此错过重要信息，也会对商务人士造成极大的不便和损失。所以为了最大化地方便用户使用，本设计将诸多因素均纳入了考虑范围，将旅行箱通过 OneNET 云平台与网络端建立了连接，实现手机与网络端对于旅行箱位置的查询和一键呼叫的功能。通过防丢定位模块来实现距离监测、超距报警、实时定位、控制箱子自行呼救等功能，自动称重模块来完成对旅行箱重量的称量功能和超重报警功能并可实时显示在 LCD 屏中，太阳能充电桌板可以对充电宝进行充电并对其他模块实现供电，保证了箱子的可持续性工作，充电宝外置可拆卸避免托运的尴尬，不想使用太阳能充电功能时，可将其放置充当小桌子，放置笔记本电脑、平板、手机等设备，方便消费者工作或娱乐。

从功能设计来讲，这款智能商务旅行箱物美价廉、节能环保、智能控制、方便生活，能够全程守护旅行安全，将科技和时尚引入生活。相比于以往的普通旅行箱，这款旅行箱实现了根本上的颠覆，给商务人士带来了极大的便利，创造了旅行箱制作发展的新纪元。

从市场价值来讲，虽然这款产品主要定位于商务人士，但是几乎适用于各个年龄层次的消费者群体，但凡一个人需要到较远的地方出行，旅行箱都是不可缺少的关键物品。首先，在起步阶段将市场进入和开发初期的目标客户群定位在经常因公出差的白领阶层。这样的精英阶层对于智能产品这种理念比较容易接受，相对来说也更感兴趣，所具有的功能对他们来说具有更高的实用价值，将他们作为市场进入的首要切入点。随着智能旅行箱的不断发展与完善，目标客户群逐渐调整为所有对旅行箱有需求的普通消费者。有了之前的销售情况做铺垫，形成良好的口碑效应，再加上一定程度的宣传和绝大多数消费者都能满意的价格，智能商务旅行箱必将取代原有的普通旅行箱，市场价值难以用数字来衡量。从消费者群体对于智能化产品的追求趋势上来看，在社会全面信息化、智能化、自动化的今天，购买智能化产品是大势所趋。在国外，许多智能产品已经相当普及，销售情况非常可观，给我们做出了很好的榜样。在国内，智能产品的制造处于初级发展阶段：大部分企业处于研发阶段，仅16%的企业进入智能制造应用阶段；从智能制造的经济效益来看，52%的企业其智能制造收入贡献率低于10%，60%的企业其智能制造利润贡献率低于10%。而针对智能旅行箱的市场更是基本处于空白，市场发展潜力巨大。

从产品本身的优势来讲，其有能够防盗定位的手环，可以在手机和电脑端实时查看箱子的位置状态，且太阳能电源随时随地续航，还能给随身携带的移动设备供电。这些功能都给出差旅行的人带来与现在普通旅行箱截然不同的感受，实实在在给出行的人带来了极大的方便。

13.2　总体设计方案和创新点

1. 总体设计方案

考虑到智能商务旅行箱为日常必需品，需要随身携带，所以本项目在设计这款产品时主要以轻巧便携、物美价廉、功能包含齐全、没有明显弊端为目标。本产品主要分为以下 4 个模块：可防止旅行箱丢失的防丢定位模块，便于用户收拾行李的自动称重模块，可随时给移动设备充电的太阳能充电桌板以及在手机上实时控制和显示箱子的状态的云平台互联模块。主控 STM32 负责控制各个模块，在用户整理行李的时候，自动称重模块工作，将箱子的重量实时显示于箱子内部，恰好位于视线处的 LCD 屏中，当质量超出设定的上限时，箱子内部的蜂鸣器开始报警。太阳能充电桌板将电量源源不断地储存充入可拆卸的充电宝中，充电宝可以一直为随身携带的移动设备和箱子内部的装置供电；若需要地方放置笔记本电脑，手机等设备进行娱乐和工作时，可将太阳能桌板掀起放置相应物品。旅途过程中，当用户自主将防盗手环开启时，旅行箱与用户之间超出一定距离后，手环将会不停振动，提醒用户箱子的安全受到威胁。如果超距报警装置仍然没有帮你追回旅行箱，此时可开启 GPS 定位装置和一键呼叫功能，配合云平台和手机 APP，实时查看箱子的位置并控制箱子自行报警呼救惊吓偷盗者并引起行人或警察的注意，与此同时，云平台可一直收集箱子相关的数据，进行处理和应用。该系统总体的结构图如图 13.1 所示。

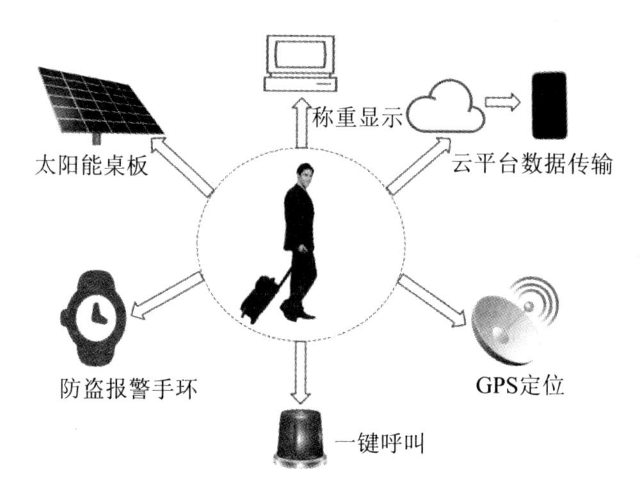

图 13.1　总体结构示意图

（1）防丢定位模块

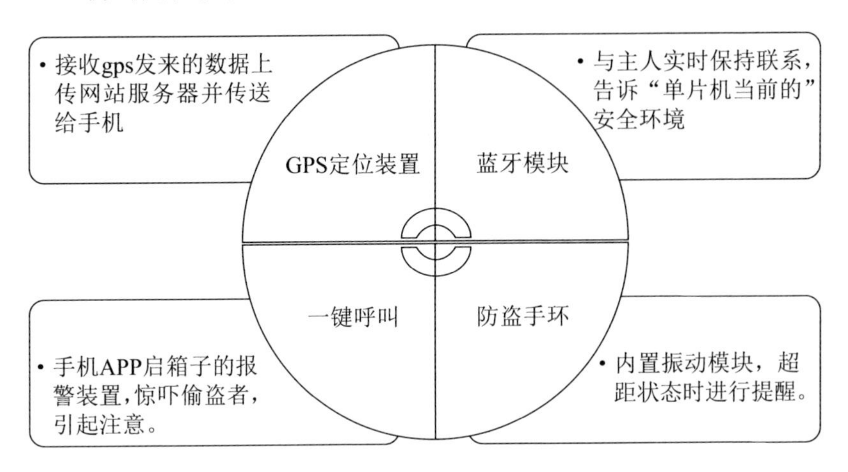

图 13.2　防丢定位模块组成

当携带旅行箱外出时，打开防盗手环的开关，指示灯亮起表示蓝牙已经开始监测；当箱子与手环间超出一定距离后，蓝牙断开，手环内部的振动器开始工作，指示灯关闭，对用户进行提醒。在追到偷窃者之前，用户可以通过手机 APP 开启一键呼叫功能，控制箱子自行进行呼救，惊吓偷窃者的同时引起警察和行人的注意。如果旅行箱仍没有及时找回，此时可以启动 GPS 模块，便可以在手机 APP 端实时查看旅行箱位置信息。

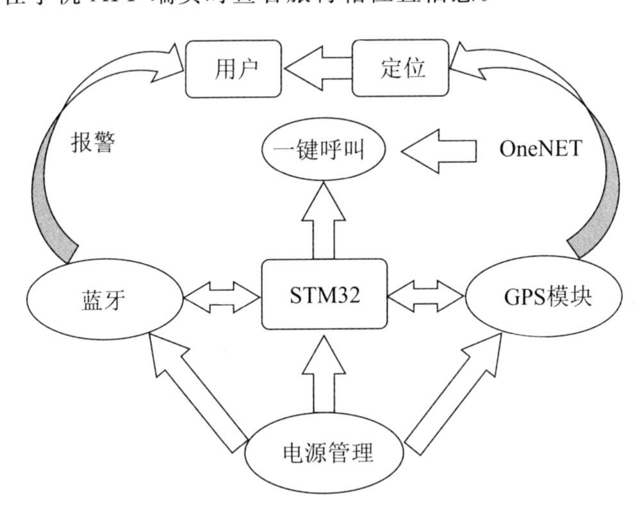

图 13.3　防丢定位模块示意图

（2）自动称重模块

考虑到需要放置在旅行箱中，所以模块体积不能过大，电源电压的需求和耗电量不能过高，重量也要控制在最小。飞机上托运的最大行李重量为40Kg，因此本项目将称重量程设置为50Kg，这样让人们有足够的空间来调整自己的行李种类和数量。为了更加方便提醒用户，系统设置了超过量程报警装置。

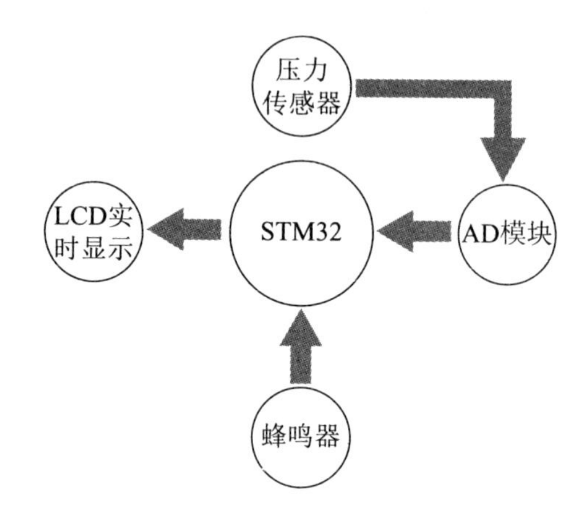

图 13.4 称重模块示意图

（3）太阳能充电桌板

将太阳能充电桌板通过折叠支架放置在旅行箱前方，平时不使用桌板时，悬挂在旅行箱上，源源不断地为充电宝储存电能的同时还减小了占用的空间。为了解决充电宝在飞机上不能托运的问题，我们特意将充电宝设置成为可拆卸的状态。将太阳能电池板与充电宝建立连接，不仅实现了储蓄电能的作用，还避免了充电不连续对手机和电脑等移动设备造成伤害。当用户想要在机场等没有桌子放置移动设备时，可以将太阳能桌板打开将移动设备放在上面进行工作或娱乐。

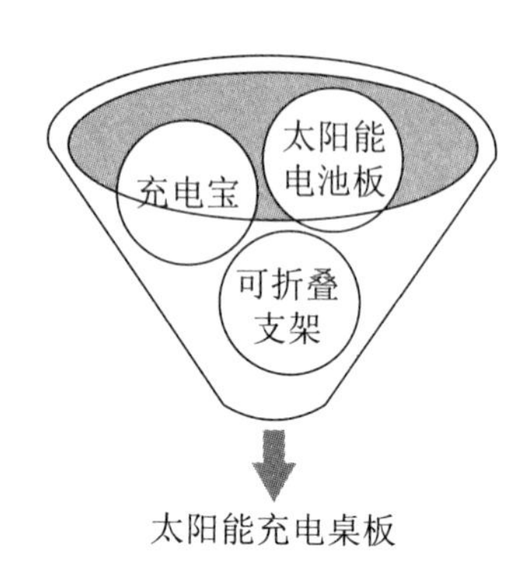

图 13.5 太阳能充电桌板示意图

（4）云平台互联

通过编写程序将想要收集数据的模块编写进入服务器，建立自己的设备端，可以实时下载和查看上传的数据流。同时基于云平台制作简易的手机APP，最终实现电脑端和手机端都可以实时查看箱子的状态。目前本项目已在服务器和手机APP中安装了两个应用，分别可以实现实时查看箱子的位置信息和远程控制箱子进行自我呼救的功能（电脑端作为备用端可以不使用，使用手机APP即可实现控制）。

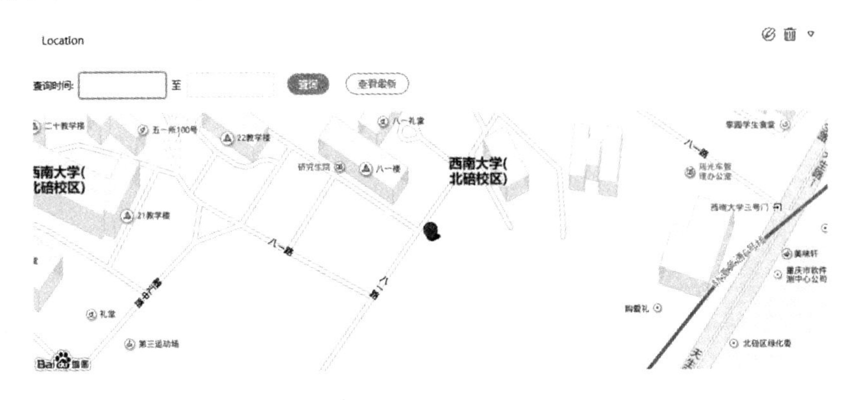

图 13.6　电脑端显示位置界面

图 13.7　电脑端控制一键呼叫界面

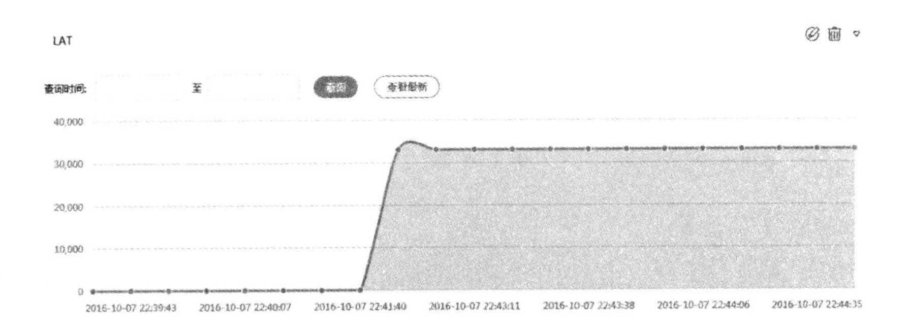

图 13.8　查看数据流界面

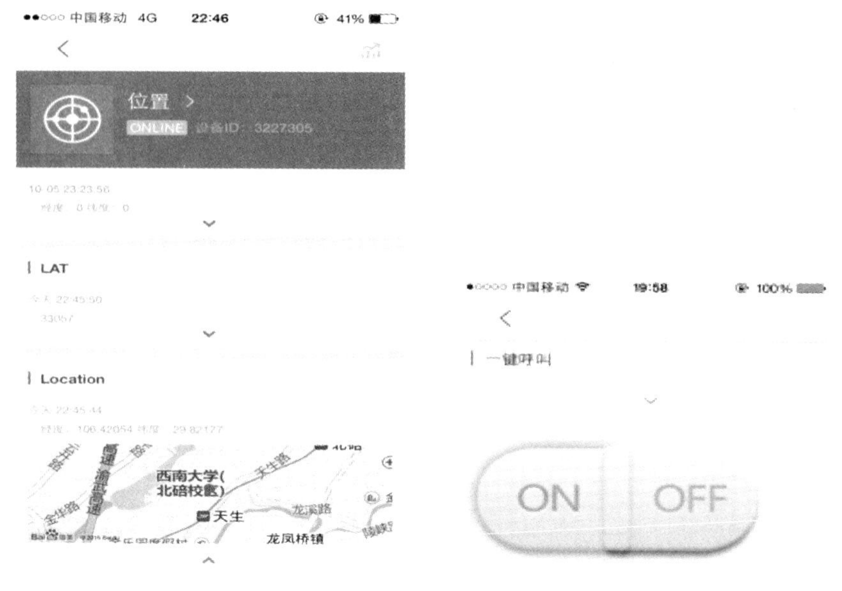

图 13.9　APP 显示位置界面

图 13.10　APP 控制一键呼叫界面

程序用 Keil 软件进行编译，程序主要包含称重显示、GPS 定位和云平台互联。称重程序中包含有 AD 模块的控制，实际重量与 AD 模块显示的数据之间的转换，LCD 显示屏的显示和蜂鸣器的控制。GPS 定位程序中包含经纬度测试和转化，数据的提取和处理。云平台互联程序主要包含 GSM 模块控制，将一键呼叫的蜂鸣器控制程序和 GPS 模块中提取的经纬度数据通过特定的数据传输格式上传至云平台中，实现硬件与云平台之间的连接，实现远程控制。分模块设计完成后加入比如切换 GPS 与称重模式的按键程序，进行嵌套整理，综合成一套完整的程序。

2. 创新点

(1) 创新功能

1) 防丢定位，一键呼叫，让旅行箱随时随地处于监控状态；

2) 内置电源，可随时为移动设备和模块供电，持续续航；

3) 称重系统，本款旅行箱可实时显示旅行箱重量，并设置超重提醒，为用户带来极大的便利；

4) OneNET 平台，用户可随时在手机和电脑上查看旅行箱状态，智能物联网。

（2）创新设计

1）性价比高，表13.1是本项目开发的旅行箱与国内外类似产品在功能和售价方面的对比。

表13.1　国内外同类产品对比

功能	新型云商务	小米90分	美国G－RO
自动称重	有	无	无
充电装置	有	无	有（不可拆卸）
GPS定位	有	无	有
超距报警	有	有（不能报警）	无
手机APP	有	有	无
可持续性	有	无	无
托运	可以	可以	不可以
价格（元）	270（功能模块）＋箱子制作（不定）	1999	2999（普通箱子）＋1200（功能模块）

由上表可以看出，本项目组研发的产品不仅在功能上有一个全方位的碾压，在价格上更是远远低于现有的智能旅行箱，具有非常大的市场优势；

2）利用已有的App根据需求进行设置，降低了开发成本且灵活性高；

3）利用太阳能作为电源模块的能量来源，低碳环保、节能减排。其中太阳能板可根据用户需要进行折叠和展开，在不需要充电时可以将太阳能板作为小桌子使用；

4）电源设计为可拆卸式的移动电源，很好地解决了锂电池不能托运的难题；

5）利用防丢定位模块来实现距离监测功能，超过安全距离立即报警功能和被盗后自动追踪功能；

①超距报警装置内置在手环中，外观美观方便携带，且手环有较大的改造空间，可以附加更多的功能。

②定位装置与OneNET平台互联，可以在手机和电脑端实时显示旅行箱的位置。

6）自带超重报警功能，与传统的提拉式称重不同，我们的称重装置安装在旅行箱底部，放置物品时不用随时观察，只要不报警即可继续增加需要的物品。

13.3 硬件功能框图

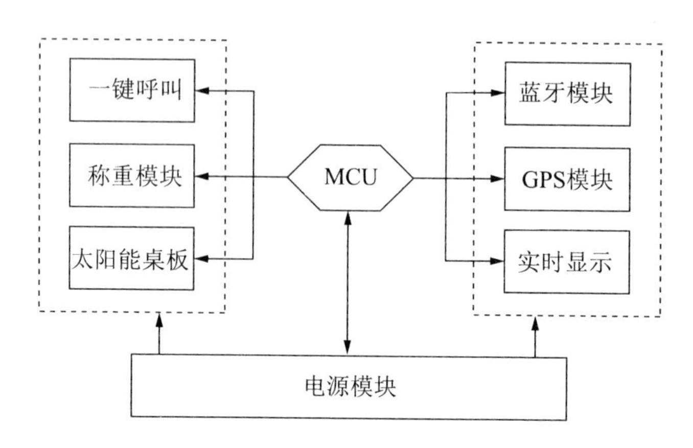

图 13.11 硬件功能框图

由太阳能桌板为充电宝源源不断地进行电能储蓄，储蓄足够电能的充电宝为移动设备和整个 STM32 核心控制端提供电源。开启开关，在按选择键前系统运行称重模块，将物品放入旅行箱中，通过压力传感器测出数据通过 AD 模块转化传送如 STM32，再由 STM32 将数据发送至 LCD 显示屏中实时显示。此时切换按键，系统运行 GPS 模块此时屏幕自动关闭进入省电模式。GPS 模块不断接收数据经过处理后上传至云平台。此时通过手机 APP 端可在云平台上查找相应数据，并用过云平台上的按键控制 STM32 上的蜂鸣器实现一键呼叫功能。当开启的防盗手环上的蓝牙与连接在 STM32 上的蓝牙因为超距断开时，手环的指示灯关闭，振动器开始振动，实时提醒旅客注意旅行箱的安全。

13.4 电子模块选择及连线图

旅行箱的核心开发板选择了 OneNET 麒麟开发板，之所以选择这一款开发板是为了产品实现网络端和手机 APP 端的互联，达到真正的智能效果。而麒麟开发板的核心为 STM32F103，且上面携带可直接使用的 M6311 模块（GSM 模块，用于联网）和镶嵌 SIM 卡的卡槽（提供流量）。使用这款开发板，可以通过程序编写将开发板与网络服务器相连接，并可制作直接使用的简易手机 APP，既节省了成本又降低了开发难度，远远好于使用普通的 STM32。

1. 1602 液晶显示屏

选择使用 16 引脚的 1602 液晶显示屏有两方面的原因：一是因为此款显示屏可直接安装在麒麟开发板上，方便牢固；二是因为 1602 体积较小，安装在旅行箱中不占空间，显示的字体较清晰，方便用户实时查看 LCD 屏幕所显示的箱子状态。

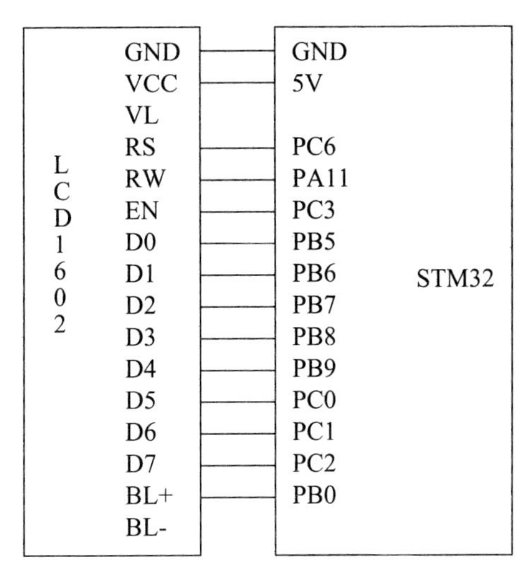

图 13.12　1602 液晶显示屏连线图

2. AD 模块

AD 模块选择了 HX711 模块。这是一款专为高精度电子秤而设计的模块，具有两路模拟通道输入，内部集成 128 倍增益可编程放大器，输入电路可配置为提供桥压的电桥式传感器模式，是一款理想的高精度、低成本采样前段模块。可与单片机和压力传感器片实现完美的结合，物美价廉，方便使用。

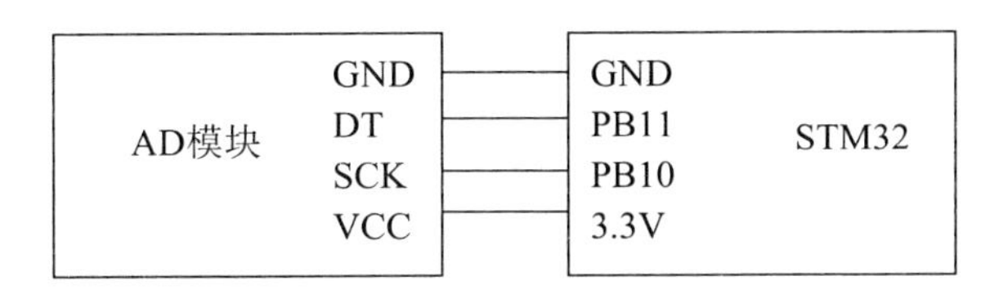

图 13.13　AD 模块连线图

3. GPS 模块

GPS 模块选择了 BS－280。此款 GPS 为有源且精度较高的类型，内部带

FLASH，可以保存配置，更改波特率、频率、协议，便于进行程序的编写和应用。只有5角硬币大小，可以选择放在旅行箱的隐蔽处，方便用户使用。物美价廉，进一步降低了箱子的成本。

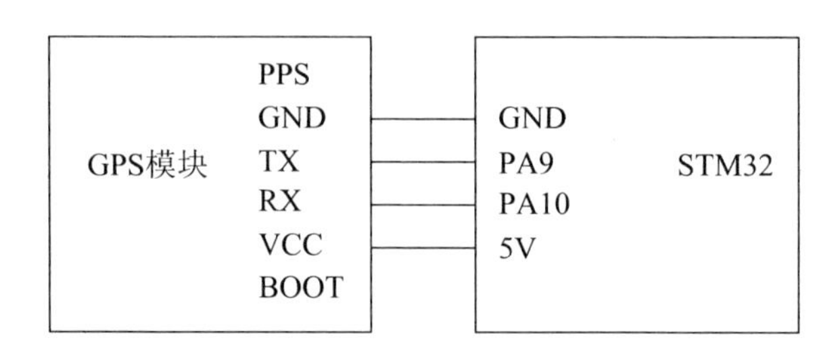

图 13.14 GPS 连线图

4. 蓝牙模块

蓝牙模块选择了HC－05主从机一体蓝牙模块。当模块处于自动连接工作模式时，将自动根据事先设定的方式进行数据传输；模块处于命令响应工作模式时用户可向模块发送各种AT指令，为模块设定控制参数或发布控制命令。在本产品中，只需提前将手环中的蓝牙与箱子中的蓝牙进行配对设置，用开发板为箱子中的蓝牙模块提供电源，即可使两块蓝牙在有限距离内自动连接，完成想要实现的功能。

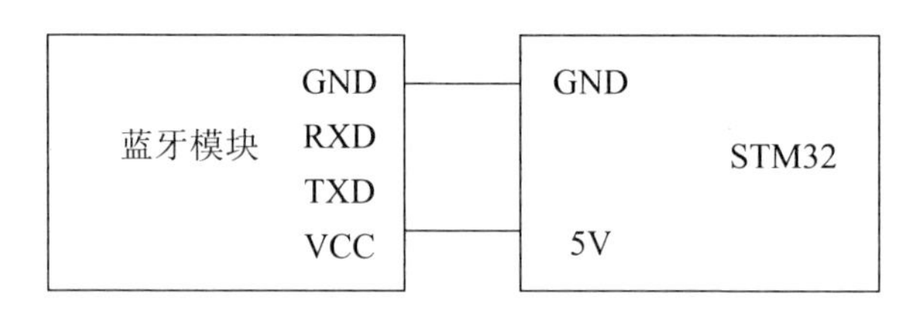

图 13.15 蓝牙模块连线图

5. 超重报警蜂鸣器、一键呼叫蜂鸣器

蜂鸣器选择了有源蜂鸣器。有源蜂鸣器里面有多个震荡电路，程序控制方便，加电源就可以响，用起来简单方便，但缺点是频率固定，只有一个单音，不过用于报警提醒完全合适，且在直流电源下催动即可工作，符合开发板提供的电源的标准。无源蜂鸣器虽然价格更便宜，但需要交流电源催动使用，不好控制，所以选择了有源蜂鸣器。

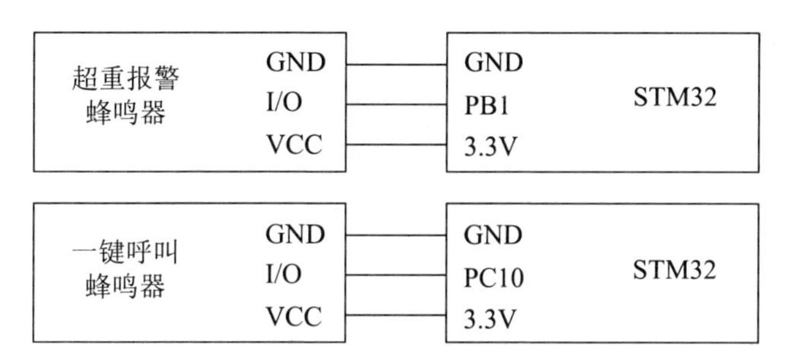

图 13.16　超重报警蜂鸣器、一键呼叫蜂鸣器连线图

13.5　自制模块、硬件图纸和实物图

1. 自制模块详解

(1) 称重平台

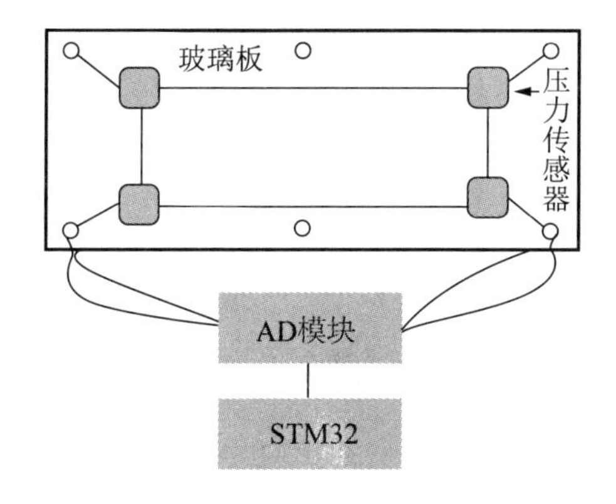

图 13.17　称重平台硬件设计图

图 13.18　称重平台实物图

(2) 防盗报警手环

1) 硬件设计图

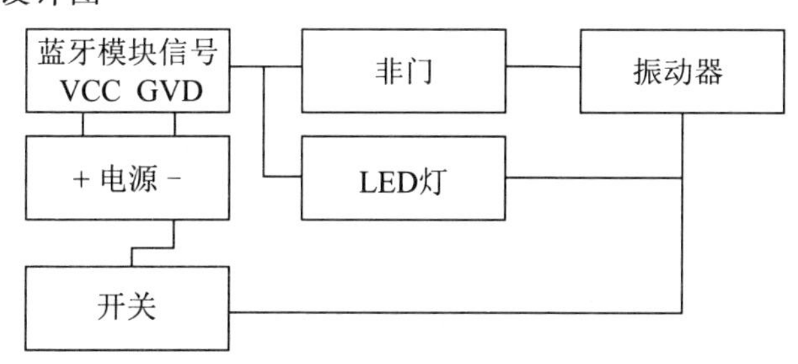

图 13.19　防盗报警手环硬件设计图

2）实物图

图 13.20　防盗报警手环实物图

（3）太阳能桌板

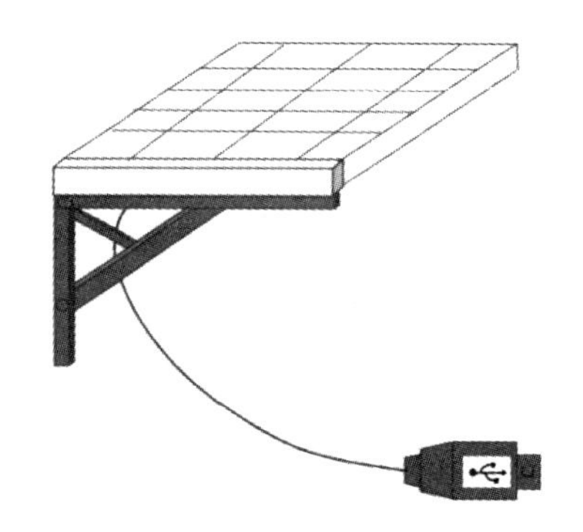

图 13.21　太阳能桌板硬件设计图

图 13.22　太阳能桌板实物图

2. 硬件图纸和实物图

（1）硬件图纸

采用 24 寸拉杆箱进行改造，其尺寸为长 64×宽 41×厚 26cm，其体积适中，可以满足我们对箱子进行改造的要求。

在箱子底部（长×宽面）进行称重平台的搭建，底层是 55cm×39cm 的有机玻璃板，在玻璃板的四个角使用热能胶枪对四个压力传感器进行粘连，距长边为 7cm，宽边为 6cm，然后在压力传感器上面再搭一层有机玻璃板，其尺寸大小同底层。箱盖内左下角部分主要是防丢定位模块的搭建，另外还有与单片机相连的模块（显示屏、超重报警及一键呼叫蜂鸣器等）均集成在这里。箱盖外部上侧是太阳能小桌板。

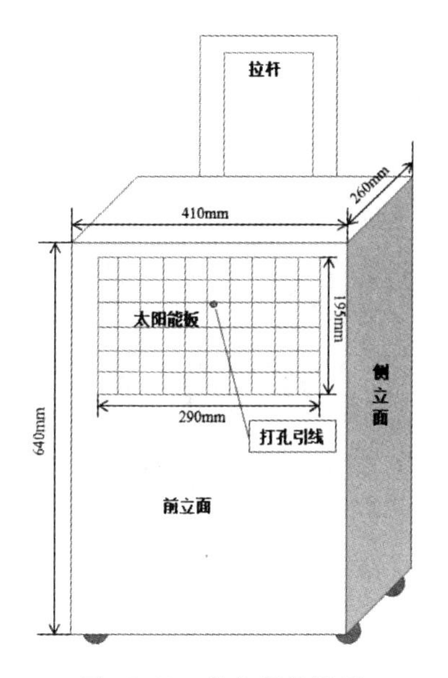

图 13.23　整体硬件图纸

（2）实物图

侧面图：

图 13.24　实物侧面图

正面图：

图 13.25 实物正面图

内部展开图：

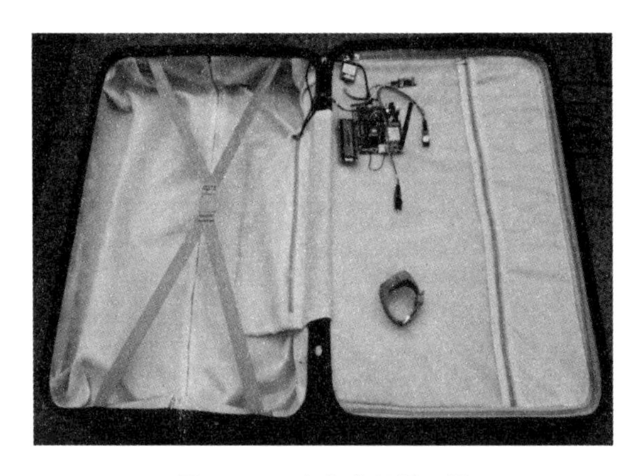

图 13.26 实物内部展开图

13.6 程序设计思路和流程图

本系统的软件部分是通过进行嵌入式开发，以 C 语言为主配合硬件充分利用芯片资源，采用合适的编程方式，让系统性能达到最高。系统程序主要对各个模块进行实时查询，通过寄存器对数据寄存处理，判断各个模块的功能是否被触发：一旦被触发即调用其模块的程序，并将信息通过显示屏发布，其中 GPS 模块的信息发布和一键呼叫功能的使用可以集成在电脑服务器和手机 APP 中，感受用户的操作进行智能判断。

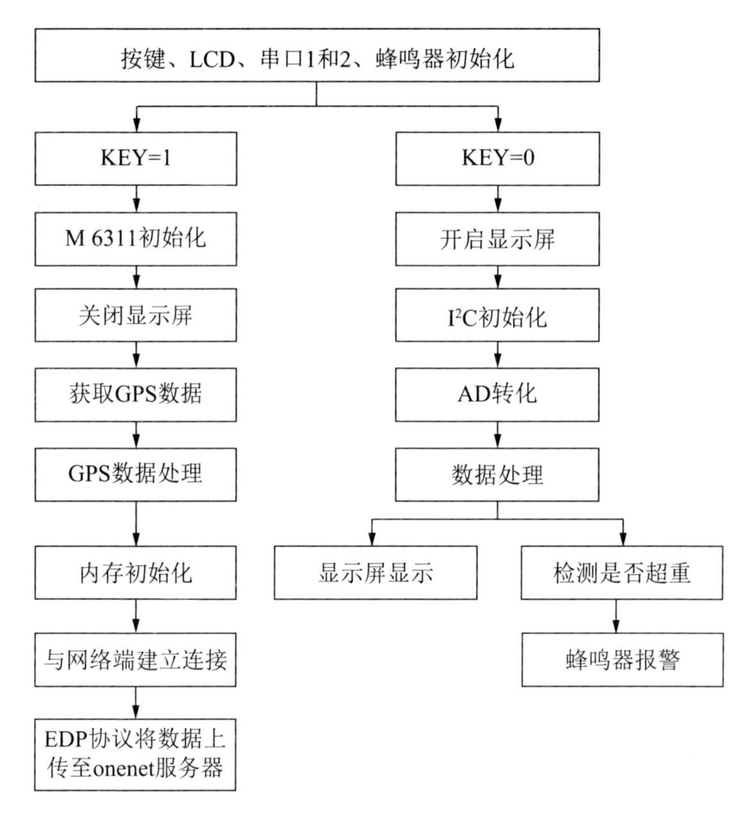

图 13.27　程序设计思路

按下开机键后，系统的称重模块开始工作，此时称重系统按照上述流程图进行数据的不断查询和读取并显示在 LCD 屏中。整理完行李后，按下相应按键，此时箱子切换至 GPS 模块工作，实时查询数据并将其上传至云平台，同时屏幕关闭进入省电模式。云平台控制程序一直进行工作，登陆手机 APP 即可实时查询和控制。

13.7　程序编写

1. 单片机端程序

(1) 主函数和子函数

1) 主函数：

```
//将在云平台建立的设备信息写入 stm32
unsigned char post [ ] =" POST http://api.heclouds.com/devices/
```

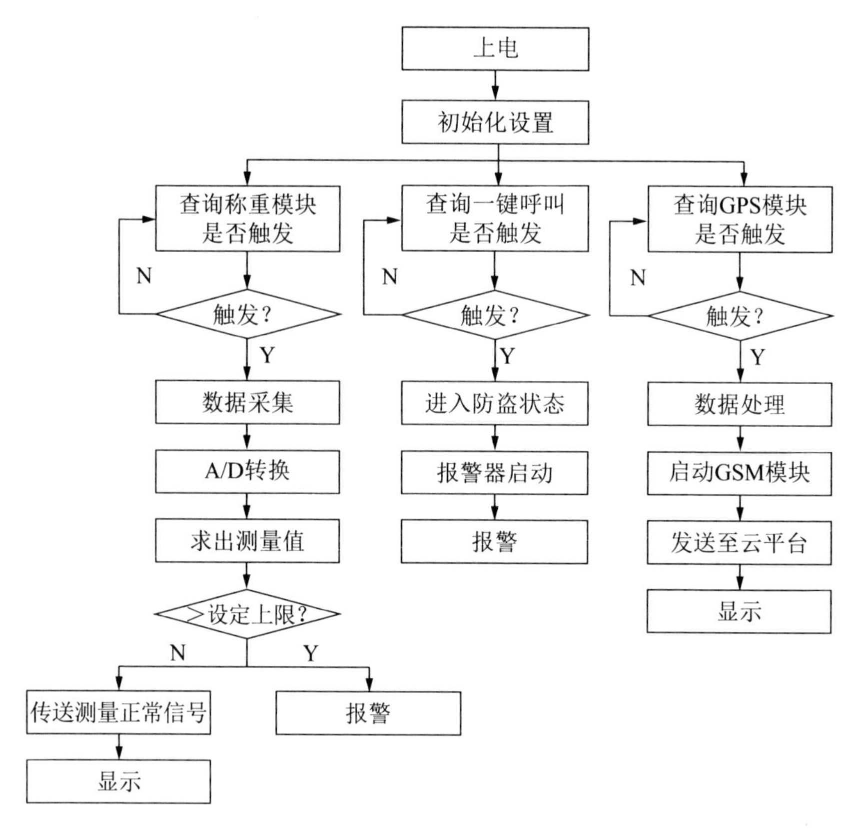

图 13.28 软件流程图

```
3227305/datapoints HTTP/1.1\r\n\
    api-key: NQy8dPsldsioNkSnRUzlS30D1s4=\r\n\
    Host: api.heclouds.com\r\n\
    Content-Length: 82\r\n\
    \r\n\
    {\"datastreams\":[{\"id\":\"LNG\",\"datapoints\":
[{\"value\":          {\"lon\":114.333515, \"lat\":
23.013359}}]}]}";

    //称重系统程序
    long adnum, JSZ;
    void weight (void);
```

```
int main (void)
{
//按键、串口、M6311、LCD初始化
    KEY_Init ();
    NVIC_PriorityGroupConfig (NVIC_PriorityGroup_2);
        Lcd1602_Init ();
    GPRS_PWR_ON;
        mDelay (2000);
    USART1_Init ();
    USART2_Init ();
        mDelay (2000);
        Lcd1602_DisString (0x81, " M6311 INIT \0");
      M6311_Init ();
        mDelay (2000);
        Lcd1602_Clear (0xFF);
        Delay10ms (100);
      Lcd1602_DisString (0x81, " SUCCESS \0");
    while (1)
     {
    if (KEY==1)                                   //GPS启动
     {
        LED1_OFF;
        LED2_ON;
    GPIO_ResetBits (GPIOB, GPIO_Pin_0);           //关闭显示屏
    while (1)
     {
      EDP_Loop ();                                //GPS数据处理
          if (KEY==0)                             //GPS关闭
     {
          mDelay (2000);
```

```
                break;
            }
        }
    }
    if (KEY==0) //称重启动
    { LED2_OFF;
        LED1_ON;
        GPIO_SetBits (GPIOB, GPIO_Pin_0); //开启显示屏

    //超重报警程序
        if (JSZ<92666)
         {
            Buzzer_H;
          }
        else
          {
            Buzzer_L;
          }
    }
```

2）子函数：

```
//一键呼叫
//蜂鸣器硬件控制程序
void bell_Init (void)
{
    GPIO_InitTypeDef GPIO_InitStructure;
    RCC_APB2PeriphClockCmd (RCC_APB2Periph_GPIOC, ENABLE);
    GPIO_InitStructure.GPIO_Pin = GPIO_Pin_10;
    GPIO_InitStructure.GPIO_Speed = GPIO_Speed_50MHz;
    GPIO_InitStructure.GPIO_Mode = GPIO_Mode_Out_PP;
    GPIO_Init (GPIOC, &GPIO_InitStructure);
```

```
  bell _ OFF;
}
//云平台控制命令解析
void bell _ CmdCtl (void)
{
        if ((NULL ! = strstr ((const char *) usart2 _ cmd _ buf, "
bell _ 1")))
         {
             bell _ ON;
             bell _ value=1;
         }

        if ((NULL ! = strstr ((const char *) usart2 _ cmd _ buf, "
bell _ 0")))
         {
             bell _ OFF;
             bell _ value=0;
         }
}
//GPS 模块
//分析 GPGSV 信息
//gpsx: nmea 信息结构体
//buf: 接收到的 GPS 数据缓冲区首地址
//分析 GPGGA 信息
//gpsx: nmea 信息结构体
//buf: 接收到的 GPS 数据缓冲区首地址
//分析 GPGSA 信息
//gpsx: nmea 信息结构体
//buf: 接收到的 GPS 数据缓冲区首地址
//分析 GPRMC 信息
//gpsx: nmea 信息结构体
```

```
//buf：接收到的 GPS 数据缓冲区首地址
//分析 GPVTG 信息
//gpsx：nmea 信息结构体
//buf：接收到的 GPS 数据缓冲区首地址
//提取 NMEA-0183 信息
//gpsx：nmea 信息结构体
//buf：接收到的 GPS 数据缓冲区首地址
void GPS_Analysis (nmea_msg *gpsx, u8 *buf)
{
    NMEA_GPGSV_Analysis (gpsx, buf); //GPGSV 解析
    NMEA_GPGGA_Analysis (gpsx, buf); //GPGGA 解析
    NMEA_GPGSA_Analysis (gpsx, buf); //GPGSA 解析
    NMEA_GPRMC_Analysis (gpsx, buf); //GPRMC 解析
    NMEA_GPVTG_Analysis (gpsx, buf); //GPVTG 解析
}
//GPS 校验和计算
//buf：数据缓存区首地址
//len：数据长度
//cka, ckb：两个校验结果.
void Ublox_CheckSum (u8 *buf, u16 len, u8* cka, u8*ckb)
{
    u16 i;
    *cka=0; *ckb=0;
    for (i=0; i<len; i++)
     {
        *cka=*cka+buf[i];
        *ckb=*ckb+*cka;
     }
}
//云平台数据传输模块（以上传 GPS 数据为例）
int8 Send_GPSdata_Onenet (void) //上传至 ONENET 网站
```

```
{
    EdpPacket * send_pkg;
    char text [25] = {0};
    OnenetSendBuff [0] = 0;
    strcat (OnenetSendBuff," {\" datastreams\": [ {\" id\": \"
Location\", \" datapoints\": [ {\" value\": {\" lon\":");
    sprintf (text,"%.5f", (float) gpsx.longitude/100000);
    strcat (OnenetSendBuff, text);
    strcat (OnenetSendBuff,", \" lat\":");
    sprintf (text,"%.5f", (float) gpsx.latitude/100000);
    strcat (OnenetSendBuff, text);
    strcat (OnenetSendBuff,"}}]}]}");

    send_pkg = PacketSaveJson ( (const char * ) src_dev, Onenet-
SendBuff);
    if (NULL == send_pkg)
     {
      return 0;
    }
    DoSend (0, (const uint8_t * ) send_pkg->_data, send_pkg-
>_write_pos);
      DeleteBuffer (&send_pkg);
      mDelay (1000);
  return 1;
  }
```

2. 物联网服务器端设置

注册账号，建立设备，获取 API－KEY 和设备号，在设备中创建应用。将建立的设备的相关信息写入 STM32 中，达到用云平台控制硬件的目的。

图 13.29　物联网服务器设计端界面图

13.8　调试过程问题集锦

1. GPS 上传至网络端的数据为 0

出现问题的原因：GPS 的解析包含 GPGSV、GPGGA、GPGSA、GPRMC、GPVTG 五组数据。当 STM32 启动时，数据并未从五组数据的起始端开始接收，导致进行数据解析时收到的数据不正确。

解决方案：因为 GPS 每接收到五组数据，再接收新的五组时，之间存在一定间隔。加一个定时器进行测量，当接收到的五组数据时间在正确的范围内，再开始进行数据的解析。

2. 称重的重量不准确

出现问题的原因：时序问题，有的地方延时过短，处理器无法反应。

解决方案：进行单步调试，查看程序中变量储存的值，分析具体哪一步延时出现问题，进行增加或减少。

3. 系统死机

出现问题的原因：程序写在操作系统中，出现堆栈溢出等问题。

解决方案：将操作系统控制的程序改为循环控制。

第十四章　智慧医疗之智能输液监管系统

14.1　背景介绍

输液又名打点滴或者挂水，是由静脉滴注输入体内的大剂量（一次给药在100ml以上）注射液，通常包装在玻璃或塑料的输液瓶或袋中，不含防腐剂或抑菌剂。使用时通过输液器调整滴速，持续而稳定地进入静脉，以补充体液、电解质或提供营养物质。

因为输液易将药物达到疗效浓度，并可持续维持疗效所需的恒定浓度，且能对肌肉、皮下组织有刺激的药物可经静脉给予。除此之外可迅速地补充身体所丧失的液体或血液，以及无法经肠内给予的静脉营养的补充。所以输液是临床医学上最常用的基本护理技术操作，是一种医院治疗抢救患者的重要手段。

2009年我国医疗输液计104亿瓶，作为一个输液大国，输液的安全护理工作显得愈发重要，在输液过程如果护理不当可能会导致对病人的二次伤害。传统的输液护理流程是：护士接收病人药物和核对—手写或打印输液袋标签—发药配液—注射核对—病人求助（按床铃通知护士站、大声呼喊或到护士站求助）—护士接瓶操作（再次人工核对）—输液结束（拔针）共7个步骤。其中主要是三大环节：核对、求助、结束操作并记录，但是传统输液存在以下几方面的问题：

（1）输液滴速凭经验控制

在传统的静脉输液过程中，护士根据输液的药物、患者病情并结合自身经验选择合适的静脉输液滴流速度，随意性大，不能把握合理安全的滴速，过快或过慢不能及时更正。

（2）输液过程无法全程监控

由于护士人数有限，进入正常输液状态后，护士一般会离开为其他患者服务，此时患者需要自己时刻关注输液状况，无法得到足够的休息。且护士需要不断来回走动观察各个病床输液状况，无形中增加了医护人员的工作量。

（3）异常情况不能预先报警

输液过程中，许多患者因身体状况无法时刻关注输液状况，这容易造成监护过程中信息沟通不及时，尤其在液体输完而又未能及时处理时，轻则给病人造成痛苦，重则严重危及患者生命安全，甚至发生不可弥补的医疗事故。

（4）服务难到位

当输液结束或出现异常状况时，护士无法第一时间得到消息，导致病人需要大声呼喊或不断按铃提醒护士，这不仅会导致其他病人无法好好休息，更会使输液病人心急烦躁，出现安全问题。

针对以上问题，我们设计了这一套智能输液系统来达到以下五个目的：

（1）显著提高医护工作者的工作效率

智能系统的应用使护理人员在交接班的时候减轻了烦琐工作，实现了输液科护士的智能护理，解决了病人在输液过程中靠人工监护的缺陷调高了医疗结构效益和服务水平。

（2）降低医护人员感染风险

对于传染性疾病（如SARA），使用该系统可以有效地检测患者的输液实时情况，减少医护人员与患者的接触时间，从而减低医护人员感染风险。

（3）降低陪护成本

对于无人陪护的患者，系统能够协助护理人员为患者提供更好的监护服务，尤其可以解决老年患者就医护理难、护理贵，并且护理人员短缺等现实问题。

（4）减轻病人和家属的精神负担

输液是医院治疗护理的常用手段，患者输液时病人或家属往往一直看着输液瓶，现行的呼叫又不能代替人的眼睛，病人想睡又不敢睡，家属是想走走不开，421家庭结构的人员更是不能两头兼顾，无法休息。而本套智能输液系统可以及时报警预告输液完成或是输液异常情况，护士在护士站也能接受到异常情况的报警。

（5）医院的信息化、标准化、现实化

系统应用现代物联网技术，具有系统集成、精准化、稳定可靠、组网灵活、多项提前预警、统一分配和管理等优势，护士在监控室对整个病区的所有病房详细输液信息一目了然，从而为患者提供及时有效的护理，并为医院的智能化、网络化、规范化的管理提供了极大保障。

14.2　总体设计方案和创新点

1. 总体设计方案

现在医院或者家庭中在进行输液时常常是将输液设备悬挂在支架上的，这样的设计让患者不方便行动，只能被动的让护士来为自己处理输液中发生的异常情况，故而需要他人在旁边护理，避免患者因输液出现二次伤害。基于此，为了减少护理成本，进一步促进输液的管理监控，设计了这款鉴于物联网的智能输液系统。

系统主要由两大部分组成：病人输液端和护士监控端。病人输液端主要是数据接收存储端，能够记录输液的实时情况，并且将得到的数据发送给护士站的监控端，让护士的工作变得简洁高效。下面就两大部分分别介绍其设计思路。

（1）病人输液端

输液端主要作用是进行数据的收集和传输，并且能够对患者在输液出现异常情况的时候进行人性化提醒，让患者和护士都可以针对性采取措施避免出现二次伤害。

考虑到输液时要注意避免细菌感染等问题，故设备必须为一个在已有输液装置之外能够进行数据采集的装置。考虑到成本问题，将其设计为可重复利用、方便拆卸的外挂装置。

本项目的装置可实时采集输液速度以及输液液体温度的实时变化，为了便于护士对输液速度的调节和更直观地看到患者输液速度变化，在病房输液端还增加了显示屏让护士清楚地看到输液速度和液体温度。除此之外，为了让患者能够独立进行输液避免意外发生，采用蜂鸣器来提醒患者，让患者能够在护士没有观察到该病房的时候自发呼叫护士来进行处理，从而保证输液的安全性。

硬件模块的构造设计好之后，编写相应程序，让这些独立的部件得以很好地合作，共同完成工作。本项目采用C语言作为编程语言，具体程序流程见软件部分。

(2) 护士监控端

本项目建立的护士站主要是用于监控，这样的目的下，护士端主要是界面实时显示每个输液端的情况并且有提醒护士即将完成输液的病房和输液异常病房的情况。

护士站的设计主要有以下三个方面：

1) 无线传输

采用HC－05蓝牙通信实现护士站监护系统的串口通信，和病房系统实时传输数据。病房端单片机将滴速、温度传输给蓝牙。蓝牙将数据传给护士端，同时接收护士端发来的指令，再传给单片机。以此实现各个病房与护士站的实时数据传输、远程报警、输液控制。

2) 界面显示

通过LabVIEW设计一个显示控制软件，LabVIEW将接收到的数据分析处理后传递到显示窗口，数据以图形化的形式呈现给使用者。同时电脑端将预先估计输液即将完成的时间以提示护士各病房的输液状况，输液完成时电脑端将发出警报信号提醒护士。

3) 滴速操控

当病房端出现异常情况而护士不能及时赶到时，护士可通过电脑端远程操控液滴速度，以降低出现危险情况的概率。

本项目护士站的监控界面是采用的LabVIEW，界面清晰、美观大方。具体细节见后面软件部分。

2. 创新点

如今，在医院的日常诊疗过程中，有近90%的患者是住在普通病房治疗的，而医护人员的数量匮乏，远远不足以服务众多患者，导致医护人员负担加重、输液时病人紧张以及异常情况出现概率增大等问题。生病时病人心情本就不佳，若因为需要实时关注输液情况而无法安心入睡，或输液时出现异常情况无法及时解决致使心情更差则不利于病人的身体恢复。

通过调查分析，医院普遍现有的与本系统相关的是输液泵。它的功能是实现对单个患者液滴滴速的监测及控制，且仅用于特殊药品的输液。造价昂贵（几万元/台），使用成本高（数百元/次）。同时我们对国内外同类产品并进行了对比，见下表。

表 14.1　智能输液国内外对比表

功能	小型输液报警器	输液报警系统	致衡输液监护仪
远程监控	无	有	有
恒温加热	无	有	无
输液监控	无	有	有
实时显示	无	有	有
自动报警	有（仅在病房）	有	有
价格（元）	20～40/台	300/台	2000/台

本章涉及的智能输液系统造价相对低廉、功能全面、安全高效，能显著提高医护人员的工作效率，降低陪护成本。对于传染性疾病，还可以降低医护人员感染的风险。对于无人陪护的患者，系统能协助护理人员为患者更好地提供监护服务，尤其可以解决老年患者就医护理难、护理贵并且护理人员短缺等现实问题。该系统的使用将大大提高医院的医疗信息化水平，具有广泛的市场前景和积极的社会意义。

14.3　硬件功能框图

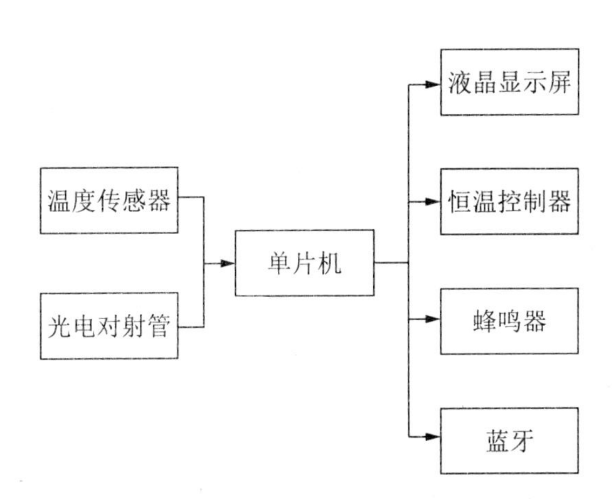

图 14.1　硬件功能框图

光电对射管收集输液液体的速度，并且实时检测输液装置中的液面高度，并将收集到的数据传送给单片机进行处理。同时温度传感器收集液体温度信息，将信息传送给单片机。同时液晶显示屏实时显示液速和液温，方便护士和患者的观察。若液温不合适，恒温控制器将开启，保证液温处于人体最适温度，确保输液药效吸收为最佳。除了温度，液速被收集到单片机进行分析处理，将数据通过蓝牙传输到护士站方便护士的监控的同时若液速出现异常，蜂鸣器将自动报警，提醒患者。

14.4 电子模块选择及连线图

本输液系统主要采用了51单片机控制模块、光电对射模块、1602显示屏模块、蜂鸣器模块、温度传感器模块和蓝牙模块。

其中需要一个控制中心进行液体流速和温度数据的存储记忆，在经过判断之后，看是否让其蜂鸣器工作，提醒患者，由于51单片机简单易上手，可采用c语言进行编程，程序有更好的移植性，故选择51单片机作为控制中枢。

液速数据采集采用光电对射模块。光电传感器在一般情况下由三部分构成：发送器、接收器和检测电路。发送器对准目标发射光束，发射的光束一般来源于半导体光源，发光二极管（LED）和激光二极管。光束不间断地发射，或者改变脉冲宽度。接收器有光电二极管或光电三极管组成。在接收器的前面，装有光学元件如透镜和光圈等。在其后面是检测电路，它能滤出有效信号和应用该信号。并且光电对射模块有以下七个优点：①检测距离长：如果在对射型中保留10m以上的检测距离等，便能实现其他检测手段（磁性、超声波等）无法完成的检测；②对检测物体的限制少：由于以检测物体引起的遮光和反射为检测原理，所以不像接近传感器等将检测物体限定在金属，它可对玻璃、塑料、木材、液体等几乎所有物体进行检测；③响应时间短：光本身为高速，并且传感器的电路都由电子零件构成，所以不包含机械性工作时间，响应时间非常短；④分辨率高：能通过高级设计技术使投光光束集中在小光点，或通过构成特殊的受光光学系统，来实现高分辨率。也可进行微小物体的检测和高精度的位置检测；⑤可实现非接触的检测：可以无须机械性地接触检测物体实现检测，因此不会对检测物体和传感器造成损伤，传感器能长期使用；⑥可实现颜色判别：通过检测物体形成的光的反射率和吸收率根据被投光的光线波长和检测物体的颜色组合而有所差异。利用这种性质，可对检测物体的颜色进行检测；⑦便于调整：在投射可视光的类型中，投光光束是眼睛可见的，便于对检测物体的位置进行调整。所以选择其为本项目的测速模块。

温度数据的收集采用的是接触式温度传感器，因为其测量精度较高。在一定的测温范围内，温度计也可测量物体内部的温度分布，而且传送数据较快，能够更准确地测量温度。蜂鸣器的采用主要是为了在病房提醒患者，避免患者在没人监护的时候，出现输液的二次伤害。蓝牙则是为了将数据传输给护士站，蓝牙作为一种无线技术标准，可实现固定设备、移动设备和楼宇个人域网之间的短距离数据交换。满足本项目的使用要求。

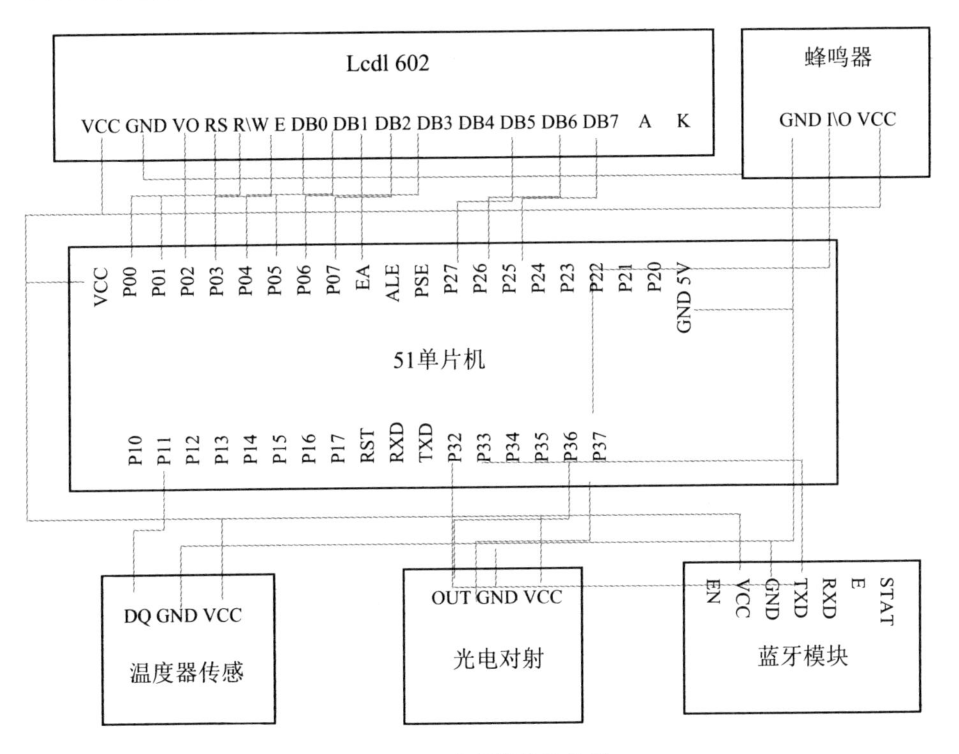

图 14.2　电子模块结构图

14.5 硬件图纸和实物图

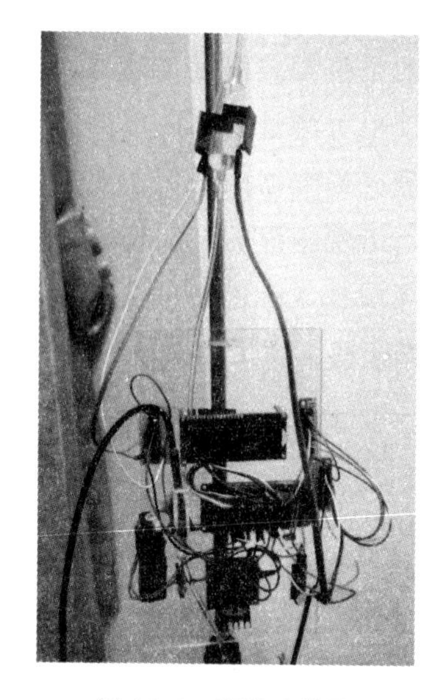

图 14.3 硬件实物图

14.6 程序设计思路和流程图

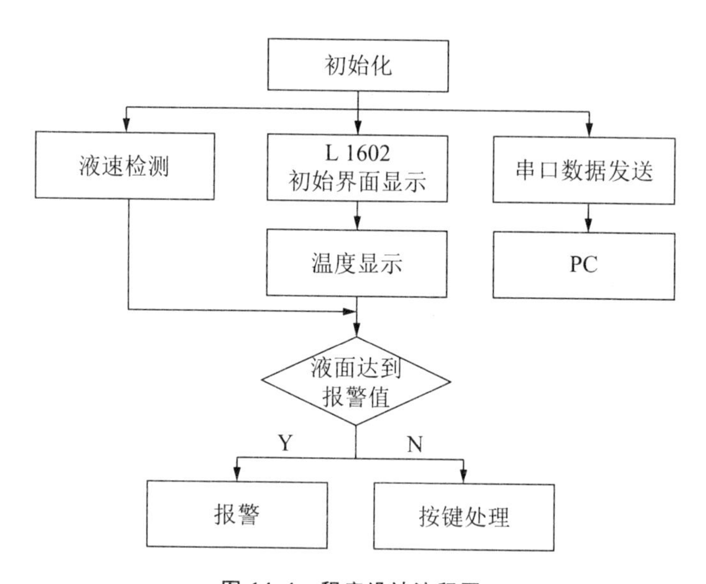

图 14.4 程序设计流程图

开机之后数据初始化，液速检测程序、显示屏界面程序，窗口数据发送程序开始工作。在显示屏界面开始调用温度数据程序显示，然后液速数据传输过来，共同显示在液晶屏上，同时液速数据传送到串口，串口将数据传送到 PC 端。档液面达到报警值，调用蜂鸣器程序，并且按键按下，液速停止，同时 PC 数据传输异常信号给 PC 端，提醒监控的护士及时去处理。处理之后，结束工作完成输液，或是处理好故障继续测速传数据。

14.7 程序编写

1. 单片机端程序

(1) 主函数

```
******************************/
#include<reg52.h>
#include" lcd.h"
#include" temp.h"
#include" motor.h"
#include" redline.h"
#include" blue.h"
#include " math.h"

unsigned char timer1;     //电机
unsigned int nu;
unsigned char speedca;
unsigned char readin;
unsigned char flag;
unsigned char bflag;
unsigned int tem;
unsigned int over;
unsigned char she;
uint readinflag;
uint num2;      //每秒的转速
```

```
uint key=60;    //设定转速的初值，在其基础按键加一或按键减一
uint num=0;    //转数变量

/*******************************/
* 函数名          : main
* 函数功能：主函数
* 输入            : 无
* 输出          : 无
/*******************************/

void main ()
{
    IT0=1;    //液速 下降沿触发
     EX0=1;
    IT1=1;    //液面 下降沿触发
     EX1=1;
    EA=1;
    UsartConfiguration ();
    Init _ Timer0 ();              //定时 1s
    Time2Config ();                //跟蓝牙冲突
    LcdInit ();                    //初始化 LCD1602
     Lcdwriteint ();
//keyall=1;
    while (1)
     {
        LcdDisplay (Ds18b20ReadTemp ());
    //Delay1ms (500);              //1s 钟刷一次
    Delay1ms (2);
     LcdDisplay1 (num2);           //液速显示
    nu=num2;
    if (yemian==0)                 //液面到达危险值
```

```
{
bj=1;
Delay1ms (500);
}
if (readin=='A')                //判断是否为读
{
readinflag=1;
}
if (readinflag==1&&yemian==1)
{
    uartsend (tem);
uartsend (num2);
uartsend (0);
}
if (readinflag==1&&yemian==0)
{
    uartsend (tem);
    uartsend (num2);
    uartsend (1);
}
Delay1ms (500);
if (! add)
{
    Delay1ms (10); //按下相应的按键，1602LCD 液晶显示屏显示
相应的码值
    if (! add)
    {
    key=key+1;
    LcdDisplaykey (key);
    while (! add);
```

```
            }
        }
        if (! dec)
        {                    //按下相应的按键，1602LCD液晶显示屏显示相应的码值
            Delay1ms (10);
            if (! dec)
            {
            key--;
            LcdDisplaykey (key);
            while (! dec);
            }
        }
        Delay1ms (2);
    }
}
```

（2）子函数：蓝牙

```
void  blue (void) interrupt 4// using 3
{
     if (RI==1)
   {
  bflag=0;
   bj=1;
  readin=SBUF;                 //数据传输
    RI=0;    }
}
void uartsend (unsigned char ad)//数据发送函数
{
  SBUF=ad;
  while (TI==0);               //等待数据发送结束，发送结束TI置1
  TI=0;                        //清除发送标准位
```

}

(3) 子函数：温度

```
/*******************************/
*函 数 名         ：Ds18b20Init
*函数功能         ：初始化
*输      入       ：无
*输      出       ：初始化成功返回1，失败返回0
/*******************************/

uchar Ds18b20Init ()              //初始化温度传感器
{
    uchar i;
    DSPORT = 0;                   //将总线拉低480us～960us
    i = 70;
    while (i--); //延时642us
    DSPORT = 1;                   //然后拉高总线，如果DS18B20做出反
应会将在15us～60us后总线拉低
    i = 0;
    while (DSPORT)                //等待DS18B20拉低总线
     {
      i++;
      if (i>5)                    //等待>5MS
       {
        return 0;                 //初始化失败
       }
      Delay1ms (1);
    }
    return 1;                     //初始化成功

}
/*******************************/
```

```
* 函 数 名          : Ds18b20ReadTempCom
* 函数功能          : 发送读取温度命令
* 输    入          : com
* 输    出          : 无
/* * * * * * * * * * * * * * * * * * * * * * * * * * * * * * * */

void  Ds18b20ReadTempCom ()
{


    Ds18b20Init ();
    Delay1ms (1);
    Ds18b20WriteByte (0xcc);    //跳过 ROM 操作命令
    Ds18b20WriteByte (0xbe);    //发送读取温度命令
}
/* * * * * * * * * * * * * * * * * * * * * * * * * * * * * * * */
 * 函 数 名          : Ds18b20ReadTemp
 * 函数功能          : 读取温度
 * 输    入          : com
 * 输    出          : 无
/* * * * * * * * * * * * * * * * * * * * * * * * * * * * * * * */
int Ds18b20ReadTemp ()
{
    int temp = 0;
    uchar tmh, tml;
    Ds18b20ChangTemp ();           //先写入转换命令
    Ds18b20ReadTempCom ();         //然后等待转换完后发送读取温度
命令
    tml = Ds18b20ReadByte ();      //读取温度值共 16 位，先读低字节
    tmh = Ds18b20ReadByte ();      //再读高字节
    temp = tmh;
```

```
        temp <<= 8;
        temp |= tml;

        return temp;
    }
```

（4）子函数：红外

```
    /********************************/
* INT0 中断函数                      *
    /********************************/
void   counter0 (void) interrupt 0   using 1//测速中断 0
    {

        EX0=0;
        num++;
        EX0=1;
    }
    /********************************/
    * INT1 中断函数                       *
    /********************************/
    void init_Timer0 (void)          //中断设置
    {
      TMOD |=0X01;
      TH0=0x00;
      TL0=0x00;
      EA=1;                          //总中断打开
      ET0=1;                         //定时器中断打开
      TR0=1;                         //定时器开关打开
    }

    void Timer0_isr (void) interrupt 1  //定时器设置：测液速
    {
```

```
static unsigned int num1;
TH0= (65536-2000) /256;          //重新赋值 2ms
TL0= (65536-2000)%256;

num1++;
  if (num1==2500)                //计时 5s
   {
     num1=0;
     num2=num;
   //nu=num2;
     num=0;                      //读标志位 1
   }
}
```

2. 电脑端程序

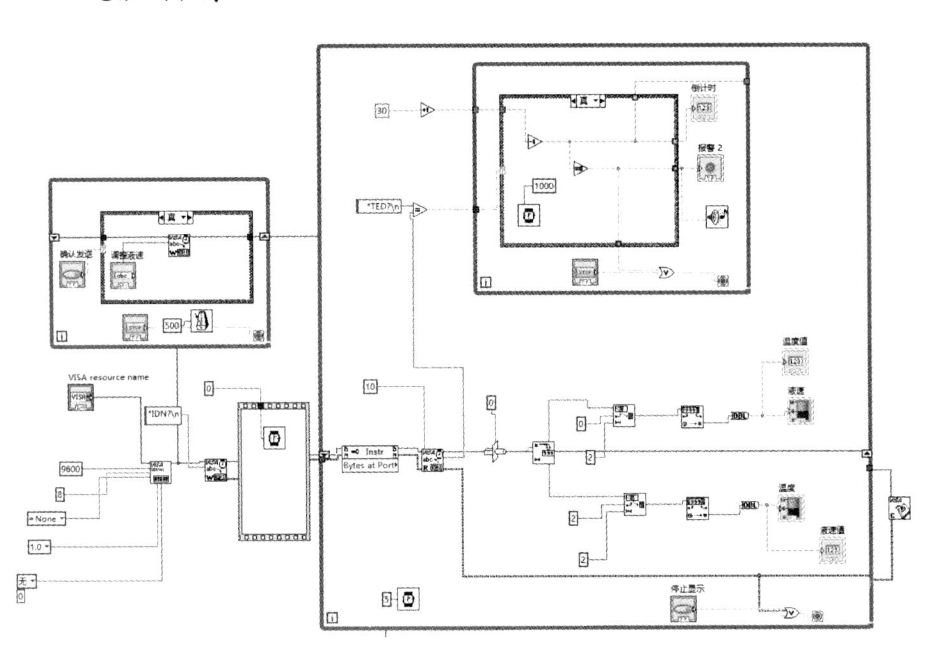

图 14.5　电脑端程序设计图

本程序主要是用来实时显示输液过程中的数据，将串口读取到的数据通过截断函数分别截取温度和液速数据，用字符串转换函数就转换为需要的数据，再通过柱形显示数据。同时下位机端会发送报警信息，当接收到报警信息后，程序开始倒计时，布尔灯亮同时蜂鸣器开始报警，提示护士输液即将完成。

14.8 调试过程问题集锦

1. 硬件部分

(1) 输液的控制如何能够量化

本研究小组自己设置了一个舵机控速模块，通过舵机的旋转圈数，将输液的速度进行一个控制。

(2) 如何保证光电能够有效地进行测量

运用固定装置将模块固定在墨菲氏管两边，从液面和液速两部分测量，从而达到一个安全的保证。

2. 软件部分

(1) 多数据的存储、发送

运用单片机分别存储，然后数据打包一起发到另一个主单片机，从而实现数据存储发送。

(2) 单片机的刷新

开始采用单片机内部时钟定时刷新，但是发现时间长度不符合，在这样的情况下本项目使用了中断，让时间间断得以满足。

第十五章　智慧办公室之花保姆
无忧花草照料系统

15.1　背景介绍

随着社会的进步，经济的大力发展，人们的生活质量也大幅提升，越来越多的人注重健康舒适的生活空间。许多家庭开始在庭院、阳台等种植花卉等小型植物，许多白领也会在办公室内添置绿色的一角。尤其是在办公室，这样一个工作和学习的环境中放置一些盆栽，既可以通过光合作用吸收二氧化碳，净化室内空气，还可以陶冶情操，让人们的生活、工作和学习更加愉悦。

随着花卉种植的普及自然而然也伴随着一些扰人的难题。比如，由于人们出差等缘故，期间难以顾及，从而造成对植物照料不周，不能及时浇水，导致植物生长缓慢、缺乏营养、枯萎甚至死亡；或是因主人对植物生长所需的适宜环境条件不了解，而以错误的方式养育，同样也会影响植物的生长；除此之外，办公室内缺乏光线，导致盆栽花叶稀疏。而植物对于其所处的环境因素比较敏感，湿度、温度、光照等都会影响其生长。普通的花盆不能很好地控制这些因素，最后可能会适得其反。

为了解决这些问题，人们也曾想过很多办法。譬如用手机备忘录、托人帮忙照顾等，但这些方法都过于烦琐，于是智能花盆的构想应运而生。

智能型花盆的创造构思起源于 20 世纪 80 年代的欧美国家，随着科技的发展，智能家居的概念开始频频出现在各大媒介上，进入公众的视线。如今，城市建设正走向智能化，智能化的进步也自然而然直接带动了相关产业的发展。针对人们在照料植物时所遇到的问题，智能花盆成为研究者们争先研究的对象，也有很多成品为人们所用。近年来，国内外出现了许多种智能花盆，其功能与控制原理也有很多不同之处，但根本目的都是为了方便人们的日常生活和保证花草的正常生长。

智能花盆，作为当今世界家居和办公室种植花卉的新宠，大部分是由传感技术支持的根据花卉土壤墒情的变化按需实施供给的一套现代化种植管理系统。通过传感器对植物的各生长环境参数进行监测，对采集的数据进行分析、处理，并与预设值比较，通过外围设备的控制对植物的生长参数进行调控。智能花盆的控制需要一套完整的控制系统、专业系统来实现。通过智能花盆的各个传感器来采集智能花盆中的植物的生长环境因素的数据，例如湿度、光照、温度等，把采集到的生长环境数据和设定好的相应的生长环境的数据对比，若生长环境因素的与设定值不同，就适时适量地对植物进行浇水，对其进行合理的光照调节以及温度调节等。

据市场调查显示，城市中有植物种植的家庭占八成以上，而没有植物种植的家庭仅占二成。据有植物种植的消费者反映，他们在日常养护的过程中遇到过许多难题，其中“不懂花木养殖知识”的占 71.43%，“平时没时间打理”的占 66.67%，“忘记浇水”的占 38.1%。对于智能型花盆应该具备的功能的考虑，七成的消费者希望能“自动浇水”，五成的消费者希望能“自动补光”，近四成的消费者选择了“自动施肥”。

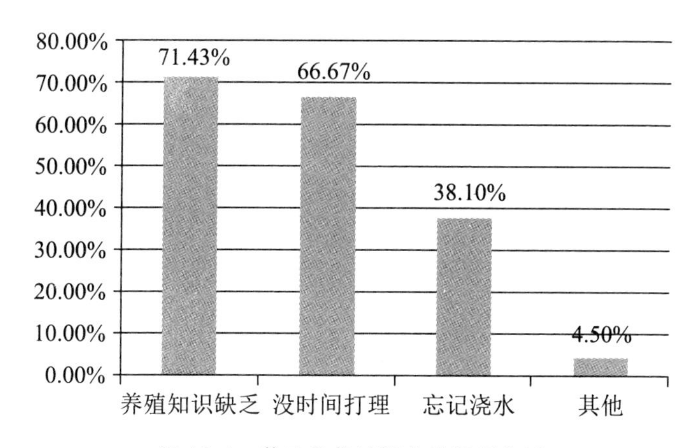

图 15.1 养殖盆栽过程中的问题分析

智慧办公室之花保姆无忧花草照料系统这一设计，切合市场需要，避免了人们因为浇水不及时、照料不周对植物造成不利影响的问题。它以单片机

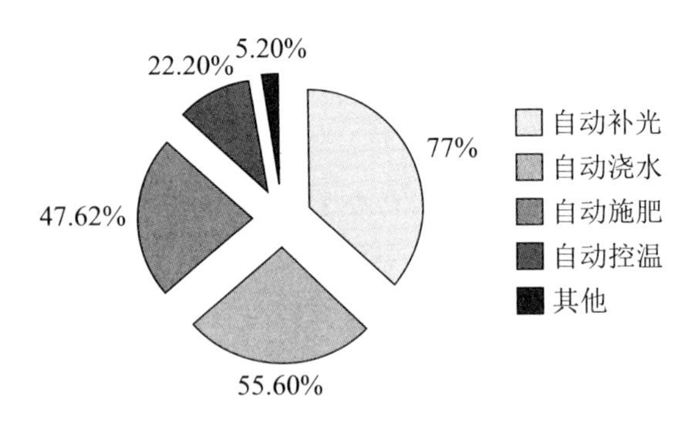

图 15.2　智能型花盆应具备的功能分析

为主控，灵活运用各个执行模块，在保证成本适宜的前提下，完成检测湿度并实时进行湿度分层控制及显示、光照控制、温度控制、远程控制等。同时操作起来极为简单，只需要选择所种植的花卉，系统可以自动匹配相对应的模式，进行合适的护理。由于本设计方案各模块设计精巧、简单，实现难度不大，经过团队合作、调试后，将此产品成功开发是可以实现的。应用智慧办公室之花保姆无忧花草照料系统这一设计，人们可以实现对植物的更好照料。

15.2　总体设计方案和创新点

1. 总体设计方案

本设计以单片机为主控，在保证成本适宜的前提下，完成检测湿度及实时湿度分层控制及显示、光照控制、温度控制、远程控制、自动施肥等便捷功能。系统总体设计如下：

湿度控制系统：实时监测土壤湿度，并进行分层自动浇水，可依据植物特性自行调节湿度范围。水管分流潜入土壤中，管壁有极小针孔作为出水孔，采用多个可以宽范围地控制土壤湿度的土壤湿度传感器作为探头，来检测不同土壤层的湿度的变化。通过电位调节器控制相应的阈值，当湿度低于设定值时，DO输出高电平，高于设定值时，DO输出低电平。这些电信号通过AD模块进行模数转换传给单片机，并通过显示屏精确地显示出来，同时将处理后的信号与设定值比较，根据大小发出指令控制水泵开始工作，当土壤湿度达到设定值时，单片机便控制水泵自动关闭，从而实现浇花的自动进行。这样既解决了浇水不均匀的问题，还能进行合理灌溉，提高水源利用率，减少水源的浪费。

光照控制系统：装置采用了光照强度检测模块，光照传感器接收光照信号，通过电位调节器控制相应的阈值，经由 AD 模块转换成数字信号传给单片机，并将处理好的信号与设定值比较，根据大小来控制 LED 灯的开关，当光照达到设定值时，系统控制 LED 灯关闭，同时设置夜晚 LED 灯不工作，从而调节光照，达到模拟光照的效果。这样既解决了办公室内缺乏光线，导致的盆栽花叶稀疏的问题，而且给植物休息的时间，符合植物生长规律。

温度控制系统：采用温度传感器模块，温度传感器接收温度信号，通过电位调节器控制相应的阈值，将由 AD 模块输出的值与设定值比较，来控制恒温控制器的开关从而调节温度达到模拟控温的效果。通过电位调节器控制相应的阈值，当温度高于设定值时 DO 输出低电平，低于设定值时输出，输出高电平。测温时，温度传感器实时监测土壤温度。这样可以给植物一个适宜的温度环境，让植物尽可能很好地生长。

远程控制系统：通过设置 2G、3G、4G、WIFI、以太网通信网络接口，使设备具备公网接入能力，上传或接收云服务器、手机终端数据，并由单片机分析处理所获得的信号，进行对相应其他模块的控制操作。

2. 创新点

(1) 性价比高。采用简单模块进行组装，提前设计好程序，可以工厂大规模生产，成本低廉。表 15.1 给出了本装置与市面上现有其他智能花盆的价格比较，本项目的花保姆装置以 51 单片机为核心，集成了湿度、温度、光照强度等模块，制作成本仅为 100 元左右，无论从成本上还是从功能上，都比市场上的已有产品更具优势。

表 15.1　市场上同类产品的比较

产品名	售价
Parrot Pot 智能花盆	998 元
PLANTY 智能花盆	600 元
普通智能浇灌器	348 元
花保姆装置	100 元

(2) 可与鱼缸相结合。鱼的排泄物对植物来说是极好的养料。水泵的入水管可以放置在鱼缸中，同时也解决了水源补充的问题。

（3）根据植物喜干或喜湿、喜光或厌光的特性以及春夏秋冬四个季节分别设置几种模式并分别提前设置几套数据，用户只需要根据提前输入好的花库中的花卉名称选择相对应的序号即可使装置正常工作，而且根据实际情况可进行特殊定制。

（4）水管分流潜入土壤中。管壁设有极小针孔作为出水孔。从而进行合理灌溉，提高水源利用率，减少水源的浪费，节能环保。

15.3 硬件功能框图

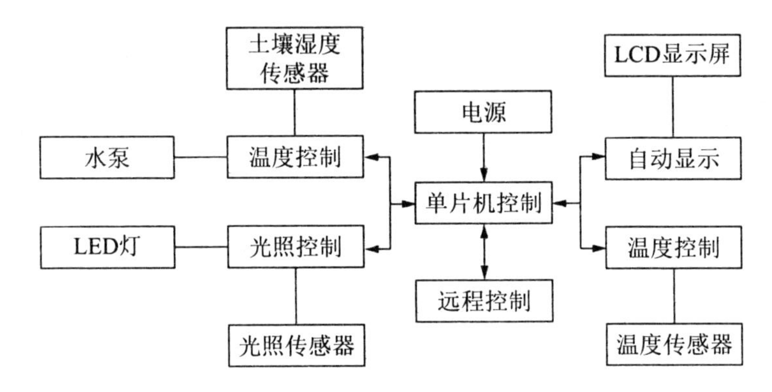

图 15.3 花保姆硬件框图

湿度控制功能主要通过多个土壤湿度传感器完成，通过设置不同土壤湿度传感器的相关参数，使其工作在适宜模式，检测土壤湿度信号，并发送给主控单片机。

光照控制功能主要通过光照传感器完成，通过设置光照传感器的参数，使其工作在适宜模式，检测光照数字信号，并发送给主控单片机。

温度控制功能主要通过温度传感器完成，通过设置温度传感器的参数，使其工作在适宜模式，检测温度信号，并发送给主控单片机。

自动显示功能是通过显示屏模块将主控单片机所获得的数字信号显示出来。

15.4 电子模块选择及连线图

本项目中的液晶屏幕需要用到 8 个 I/O 口，另外的 AD 模块采用的是 I2C 的通信协议，所以 51 单片机可以满足要求。

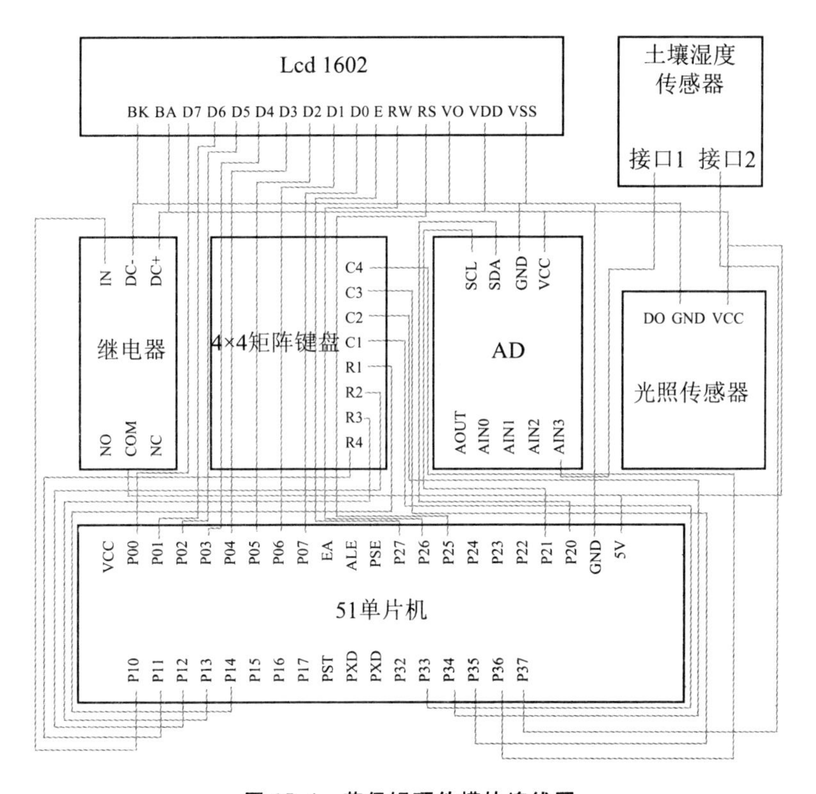

图 15.4 花保姆硬件模块连线图

15.5 自制模块、硬件图纸和实物图

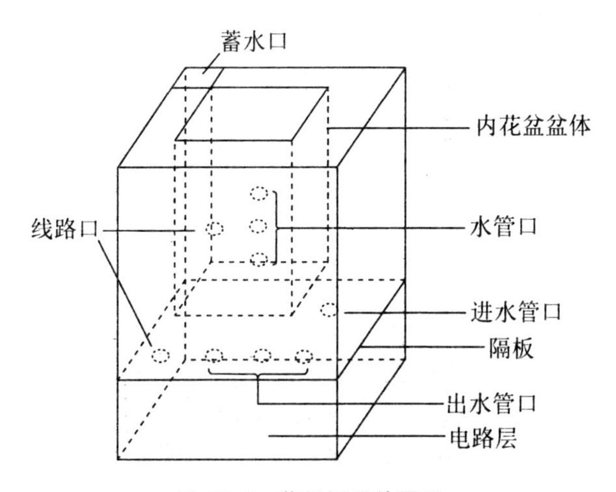

图 15.5 花保姆硬件图纸

隔板及电路层底板：200mm＊200mm＊2（隔板＊1＋电路层底板＊1）

3mm 有机玻璃

内花盆盆体：150mm＊150mm＊3（底＊1＋侧面＊2）＋144mm＊150mm＊2（侧面＊2）

3mm 有机玻璃

其他：206mm＊250mm＊1（外侧面＊1）

3mm 有机玻璃

206mm＊180mm＊1（外侧面＊1）

3mm 有机玻璃

200mm＊250mm＊2（外侧面＊2）

3mm 有机玻璃

150mm＊28mm＊2（蓄水层盖＊2）

3mm 有机玻璃

206mm＊28mm＊1（蓄水层盖＊1）

3mm 有机玻璃

153mm＊28mm（蓄水层盖＊1）

3mm 有机玻璃

补充说明：使用热熔胶枪进行粘连，钻孔位置如图 15.5 所示。

实物图：

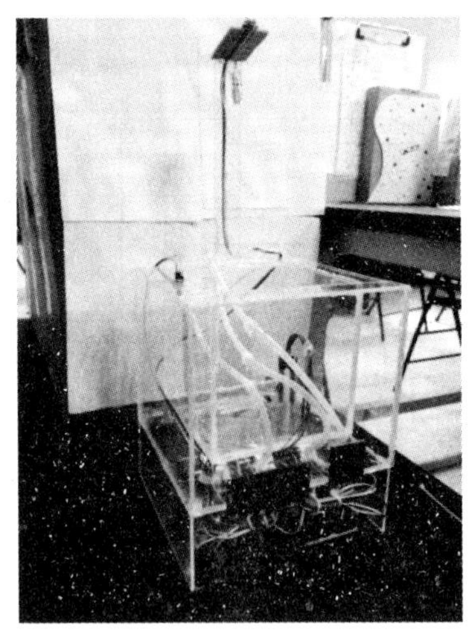

图 15.6　装置实物图

15.6　程序设计思路和流程图

1. 湿度控制模块和液晶显示模块设计

该装置采用多个LM393湿度传感器作为探头，来检测不同土壤层的湿度的变化，此传感器可以宽范围地控制土壤湿度，通过电位调节器控制相应的阈值，当湿度低于设定值时，DO输出高电平，高于设定值时，DO输出低电平。这些电信号通过AD模块进行模数转换传给单片机，并通过1602显示屏精确地显示出来。同时将处理后的信号与设定值比较，根据大小发出指令控制水泵开始工作，当土壤湿度达到设定值时，单片机便控制水泵自动关闭，从而实现自动浇花，如图15.7所示。

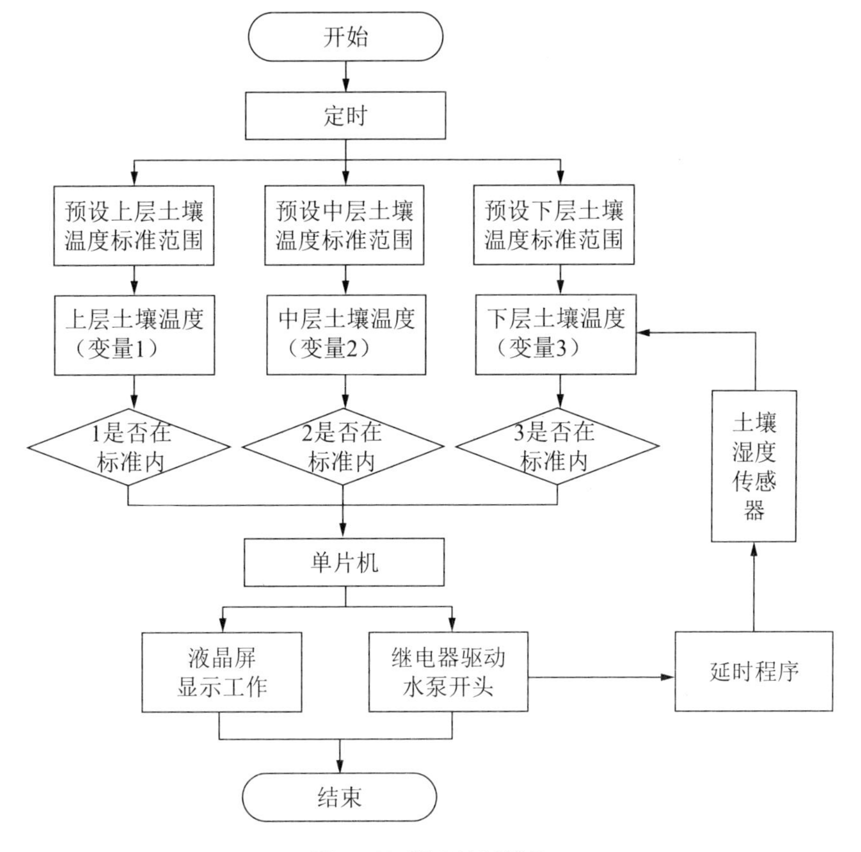

图15.7　湿度控制模块

2. 光照控制模块

采用 GY－30 数字光强度检测模块，该模块具有视觉灵敏度的分光特性，测量范围宽、高分解，且可以直接数字输出，省略复杂的计算。通过电位调节器控制相应的阈值，当光照高于设定值时 DO 输出低电平，低于设定值时输出，输出高电平。这些电信号由 AD 模块转换为数字信号传给单片机，同时将测量信号与设定值比较，来控制 LED 灯的开关。

3. 温度控制模块

选用温度传感器 DS18B20 和恒温控制器对温度进行监控。通过电位调节器控制相应的阈值，当温度高于设定值时 DO 输出低电平，低于设定值时输出，输出高电平。这些电信号由 AD 模块转换为数字信号传给单片机，同时将测量信号与设定值比较，来控制恒温控制器的开关。以达到为植物创造合适的温度条件的目的。测温时，DS18B20 温度传感器实时监测液体温度，检测时间间隔为 1s。

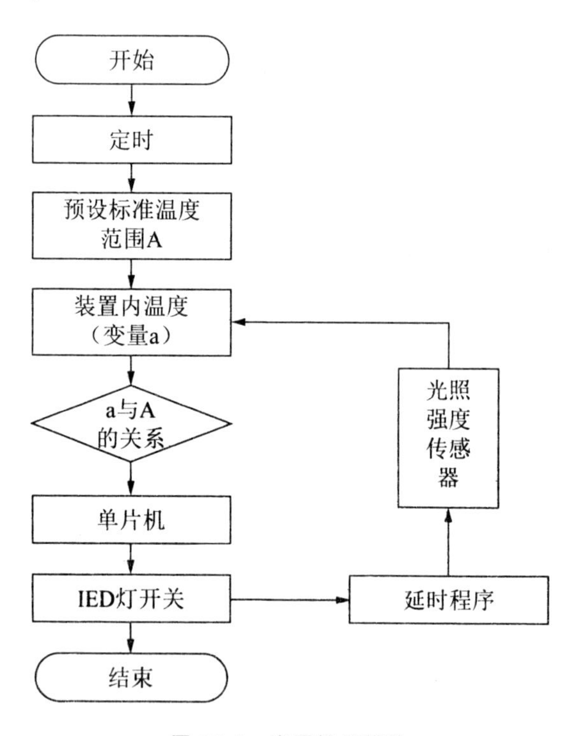

图 15.8　光照控制模块

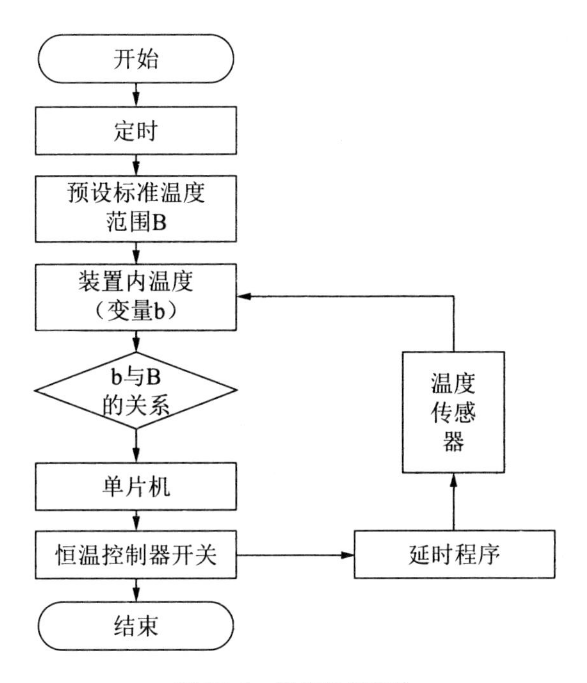

图 15.9　温度控制模块

4. 电源模块和按键操作模块设计

本装置采用 220 伏工作电供电，内部需供电模块包括单片机（5V DC）、1602 显示屏（5V DC）和 AD 模块（5V DC）、继电器（5V DC）。首先使用开关电源将 220V AC 转化成 12V DC 电压，然后通过 DC－DC 电路，将 12V DC 转成 5V DC 从而给系统中各个模块供电。其中，DC－DC 电路模块性价比高，可通过调节可变电阻的阻值将输出电压调整成目标值。通过矩阵键盘输入标准值，从而进行判断。

15.7　程序编写

1. 主函数

```
#include<reg52.h>
#include" i2c.h"
#include" 1602.h"
#define PCF8591 0x90//器件地址
sbit K1=P3^4 ;
```

```
sbit K2=P3^3 ;
sbit K3=P3^2 ;
sbit K4=P3^5 ; //继电器控制端口定义
unsigned char D1, D2, D3, D4;
unsigned char yushe, gzys;
unsigned int m;
unsigned char q;
unsigned char gangkai1 [] ="       welcome!        ";
unsigned char gangkai2 [] ="    Flower Aonny    ";
unsigned char shezhi [] =" set the model: " ;
unsigned char moshi2 [] =" spring" ;
unsigned char moshi3 [] =" summer" ;
unsigned char moshi4 [] =" autumn" ;
unsigned char moshi5 [] =" winter" ;
unsigned char tou [] =" moble" ;
unsigned char H1, H2, H3, H4, H5, H6;
int KeyDown (); //键盘函数声明
  void Delay10ms (unsigned int x) //误差 0us
{
    unsigned int q, w;
    for (q=x; q>0; q--)
    for (w=110; w>0; w--);
}
  void main ()
{
    unsigned char l;
    unsigned int i;
    K1=1; K2=1; K3=1; K4=1;          //继电器初始化为关闭
    LcdInit (); //初始化
    LcdWriteCom (0x01);               //清屏
    LCD_set_xy (0, 0);                //设置数据指针起点
```

```
for (i=0; i<16; i++)
  LcdWriteData (gangkai1 [i]);        //欢迎使用
Delay10ms (50);
LCD_set_xy (0, 1);                    //设置数据指针起点
for (i=0; i<16; i++)
  LcdWriteData (gangkai2 [i]);
Delay10ms (250);
while (1)
 {
    ISendByte (PCF8591, 0x41);        //I2C 通信，向 AD 模块发送
指令，
    D1=IRcvByte (PCF8591);            //AD 数据采集
    ISendByte (PCF8591, 0x42);        //I2C 通信，向 AD 模块发送
指令，
    D2=IRcvByte (PCF8591);            //AD 数据采集
    ISendByte (PCF8591, 0x43);        //I2C 通信，向 AD 模块发送
指令，
    D3=IRcvByte (PCF8591);            //AD 数据采集
    ISendByte (PCF8591, 0x40);        //I2C 通信，向 AD 模块发送
指令，
    D4=IRcvByte (PCF8591);            //AD 数据采集
    Delay10ms (10);
    H1= (-0.44*D1+112.2) /10+48;
    H2= (-44*D1/100+112)%10+48;
    Delay10ms (1000);
    H3= (-0.44*D2+112.2) /10+48;
    H4= (-44*D2/100+112)%10+48;
    Delay10ms (1000);
    H5= (-0.44*D3+112.2) /10+48;
    H6= (-44*D3/100+112)%10+48;
    Delay10ms (1000); //读取数据
```

```
  //  数据处理  //
      l=37;
  //  读取数据
LcdWriteCom (0x01);    //清屏
LCD_set_xy (4, 0);
LcdWriteData (l);
LCD_set_xy (9, 0);
LcdWriteData (l);
LCD_set_xy (14, 0);
LcdWriteData (l);
LCD_set_xy (2, 0);
LcdWriteData (H1);
LCD_set_xy (3, 0);
LcdWriteData (H2);
LCD_set_xy (7, 0);
LcdWriteData (H3);
LCD_set_xy (8, 0);
LcdWriteData (H4);
LCD_set_xy (12, 0);
LcdWriteData (H5);
LCD_set_xy (13, 0);
LcdWriteData (H6);
m=KeyDown ();                     //键盘扫描
if (m==3)                         //手动开灯
  K4=0;
if (m==4)                         //手动关灯
  K4=1;
if (m==13)
 {
    gzys= (具体数据);              //喜光
}
```

```
if (m==14)
 {
    gzys= (具体数据);                        //喜阴
 }
if (m==2)                                    //按下设置
 {
    LcdWriteCom (0x01);                      //清屏
    LcdWriteCom (0x80);
    for (i=0; i<16; i++)
     {
    LcdWriteData (shezhi [i]);
    Delay10ms (100);
 }
m=KeyDown ();                                //键盘扫描
if (m==5)
 {
    LCD _ set _ xy (10, 1);                  //设置数据指针起点
    for (i=0; i<6; i++)
     {
      LcdWriteData (moshi2 [i]);             //春
      Delay10ms (50);
     }
/*******************************/
    m=KeyDown ();                            //键盘扫描
    if (m==9)
     {
      q=1;
      LCD _ set _ xy (1, 1);                 //设置数据指针起点
      for (i=0; i<5; i++)
       {
```

```
  LcdWriteData (tou [i]);      //模式显示
  Delay10ms (50);      }
  LCD_set_xy (7, 1);           //设置数据指针起点
  LcdWriteData (q);            //模式显示
  Delay10ms (50);
  yushe= (具体数据);
}
  if (m==10)
   {
    q=2;
    LCD_set_xy (1, 1);         //设置数据指针起点
    for (i=0; i<5; i++)
 {
    LcdWriteData (tou [i]);    //模式显示
    Delay10ms (50);    }
    LCD_set_xy (7, 1);         //设置数据指针起点
    LcdWriteData (q);          //模式显示
    Delay10ms (50);
    yushe= (具体数据);
}
 if (m==11)
 {
    q=3;
    LCD_set_xy (1, 1);         //设置数据指针起点
    for (i=0; i<5; i++)
     {
      LcdWriteData (tou [i]); //模式显示
      Delay10ms (50);
    }
LCD_set_xy (7, 1);             //设置数据指针起点
LcdWriteData (q);              //模式显示
```

```
Delay10ms (50);
yushe= (具体数据);
}
```

【注：考虑到篇幅问题，这里只列举了春天的三种按键湿度预设，夏秋冬同，具体数据另外考虑】

```
/*********比较湿度设定值和AD数据*********/
        if (D1<yushe-5)
            K1=0;
        if (D1>yushe+5)
            K1=1;
        if (D2<yushe-5)
            K2=0;
        if (D2>yushe+5)
            K2=1;
        if (D3<yushe-5)
            K3=0;
        if (D3>yushe+5)
            K3=1;
/********比较光照设定值和AD数据 **********/
            if (D4<gzys)
            K4=0;
        if (D4>gzys)
            K4=1;
        }
}
```

2. 子函数

(1) 1602 显示屏

```
void Lcd1602_Delay1ms ( uint c ) //误差 0us
{
    uchar a, b;
    for (; c>0; c--)
```

```
    {
        for (b=199; b>0; b--)
        {
            for (a=1; a>0; a--);
        }
        }
    }
#ifndefLCD1602_4PINS                     //当没有定义这个 LCD1602_4PINS 时
void LcdWriteCom (uchar com)             //写入命令
{
    LCD1602_E = 0;                       //使能
    LCD1602_RS = 0;                      //选择发送命令
    LCD1602_RW = 0;                      //选择写入
    LCD1602_DATAPINS = com;              //放入命令
    Lcd1602_Delay1ms (1);                //等待数据稳定
    LCD1602_E = 1;                       //写入时序
    Lcd1602_Delay1ms (5);                //保持时间
    LCD1602_E = 0;}
#else
void LcdWriteCom (uchar com)             //写入命令
{
    LCD1602_E = 0;                       //使能清零
    LCD1602_RS = 0;                      //选择写入命令
    LCD1602_RW = 0;                      //选择写入
    LCD1602_DATAPINS = com;              //由于 4 位的接线是接到 P0 口的高四位，所以传送高四位不用改
    Lcd1602_Delay1ms (1);
    LCD1602_E = 1;                       //写入时序
    Lcd1602_Delay1ms (5);
    LCD1602_E = 0;
```

```
//Lcd1602 _ Delay1ms (1);
    LCD1602 _ DATAPINS = com << 4; //发送低四位
    Lcd1602 _ Delay1ms (1);
    LCD1602 _ E = 1;                //写入时序
    Lcd1602 _ Delay1ms (5);
    LCD1602 _ E = 0;}
#endif
#ifndefLCD1602 _ 4PINS
void LcdWriteData (uchar dat)          //写入数据
{
    LCD1602 _ E = 0;                   //使能清零
    LCD1602 _ RS = 1;                  //选择输入数据
    LCD1602 _ RW = 0;                  //选择写入
    LCD1602 _ DATAPINS = dat;          //写入数据
    Lcd1602 _ Delay1ms (1);
    LCD1602 _ E = 1;                   //写入时序
    Lcd1602 _ Delay1ms (5);            //保持时间
    LCD1602 _ E = 0;}
#else
void LcdWriteData (uchar dat)          //写入数据
{
    LCD1602 _ E = 0;                   //使能清零
    LCD1602 _ RS = 1;                  //选择写入数据
    LCD1602 _ RW = 0;                  //选择写入
    LCD1602 _ DATAPINS = dat;          //由于4位的接线是接到P0
口的高四 位，所以传送高四位不用改
    Lcd1602 _ Delay1ms (1);
    LCD1602 _ E = 1;                   //写入时序
    Lcd1602 _ Delay1ms (5);
    LCD1602 _ E = 0;
    LCD1602 _ DATAPINS = dat << 4; //写入低四位
```

```
    Lcd1602 _ Delay1ms (1);
    LCD1602 _ E = 1;                        //写入时序
    Lcd1602 _ Delay1ms (5);
    LCD1602 _ E = 0;}
#endif
#ifndefLCD1602 _ 4PINS
void LcdInit ()                             //LCD 初始化子程序
{
    LcdWriteCom (0x38);                     //开显示
    LcdWriteCom (0x0c);                     //开显示不显示光标
    LcdWriteCom (0x06);                     //写一个指针加 1
    LcdWriteCom (0x01);                     //清屏
    LcdWriteCom (0x80);                     //设置数据指针起点}
#else
void LcdInit ()                             //LCD 初始化子程序
{
    LcdWriteCom (0x32);                     //将 8 位总线转为 4 位总线
    LcdWriteCom (0x28);                     //在四位线下的初始化
    LcdWriteCom (0x0c);                     //开显示不显示光标
    LcdWriteCom (0x06);                     //写一个指针加 1
    LcdWriteCom (0x01);                     //清屏
    LcdWriteCom (0x80);                     //设置数据指针起点}
#endif
void LCD _ set _ xy ( unsigned char x, unsigned char y )
{
    unsigned char address;
     if (y == 0)
      address = 0x80 + x;
    else
      address =0xc0+ x;
    LcdWriteCom (address);
```

```
}
void LCD_dsp_string (unsigned char X, unsigned char Y, unsigned char *s)
{
    LCD_set_xy ( X, Y );
    while ( *s)
     {
      LcdWriteData ( *s);
      s++;
     }
}
```

(2) 键盘

```
#include<reg52.h>
#define GPIO_KEY P1                              //键盘端口
#define uchar unsigned char
#define uint unsigned int
unsigned int k;
void Delayms (uint c)
{
    uint i, j;
    for (i=c; i>0; i--)
        for (j=110; j>0; j--);
}
int KeyDown ()
{
    char a=0;
    GPIO_KEY=0x0F;
    if (GPIO_KEY!=0x0F)
     {
        Delayms (10);
        if (GPIO_KEY!=0x0F)
```

```
            {
            GPIO _ KEY=0X0F;                    //列检测
            switch (GPIO _ KEY)
            {
                case (0X07): k=1; break;
                case (0X0b): k=2; break;
                case (0X0d): k=3; break;
                case (0X0e): k=4; break;
            }
            GPIO _ KEY=0XF0;                    //行检测
            switch (GPIO _ KEY)
            {
                case (0X70): k=k; break;
                case (0Xb0): k=k+4; break;
                case (0Xd0): k=k+8; break;
                case (0Xe0): k=k+12; break;
            }
            while ( (a<50) && (GPIO _ KEY! =0xF0))
            {
                Delayms (10);
                a++;
            }
        }
    }
return (k);
}
```

(3) 串口

```
#include" i2c. h"
bit ack;
void Delay10us ()
{
```

```
    unsigned char a, b;
    for (b=2; b>0; b--)
        for (a=2; a>0; a--);}
void I2cStart ()
{
    SDA=1;
    Delay10us ();
    SCL=1;
    Delay10us ();            //建立时间是 SDA 保持时间>4.7us
    Delay10us ();
    SDA=0;
    Delay10us ();            //保持时间是>4us
    Delay10us ();
    SCL=0;
    Delay10us ();
}
void I2cStop ()
{
    SDA=0;
    Delay10us ();
    Delay10us ();
    SCL=1;
    Delay10us ();            //建立时间大于 4.7us
    Delay10us ();
    SDA=1;
    Delay10us ();
    Delay10us ();
}
void I2cSendByte (unsigned char c)
{
    unsigned char a;
```

```
    for (a=0; a<8; a++) /*要传送的数据长度为8位*/
     {
        if ((c<<a) &0x80)
            SDA=1; /*判断发送位*/
        else
            SDA=0;
        Delay10us ();
        SCL=1; /*置时钟线为高，通知被控器开始接收数据位*/
         Delay10us ();
         Delay10us ();
        SCL=0;
    }
    Delay10us ();
    SDA=1; /*8位发送完后释放数据线，准备接收应答位*/
    Delay10us ();
    SCL=1;
    Delay10us ();
    Delay10us ();
    if (SDA==1)
        ack=0;
    else
        ack=1;              /*判断是否接收到应答信号*/
    SCL=0;
    Delay10us ();
}
unsigned char  RcvByte ()
{
  unsigned char  retc;
unsigned char  BitCnt;
retc=0;
SDA=1;                    /*置数据线为输入方式*/
```

```
for (BitCnt=0; BitCnt<8; BitCnt++)
{
        Delay10us ();
        SCL=0;                  /* 置时钟线为低，准备接收数据位 */
        Delay10us ();
        Delay10us ();
        SCL=1;                  /* 置时钟线为高使数据线上数据有效 */
        Delay10us ();
        retc=retc<<1;
        if (SDA==1)
             retc=retc+1;  /* 读数据位，接收的数据位放入 retc 中 */
        Delay10us ();
}
SCL=0;
Delay10us ();
return (retc);}
void Ack_I2c (bit a)
{
     if (a==0)
          SDA=0;                /* 在此发出应答或非应答信号 */
     else
          SDA=1;
     Delay10us ();
     SCL=1;
     Delay10us ();
     Delay10us ();
     SCL=0;                     /* 清时钟线，钳住 I2C 总线以便继续接收 */
       Delay10us ();
}
bit ISendByte (unsigned char sla, unsigned char c)
{
     I2cStart ();                    //启动总线
```

```
    I2cSendByte (sla);          //发送器件地址
    if (ack==0)
        return (0);
    I2cSendByte (c);            //发送数据
    if (ack==0)
        return (0);
    I2cStop ();                 //结束总线
    return (1);
}
unsigned char IRcvByte (unsigned char sla)
{
    unsigned char c;
    I2cStart ();                //启动总线
    I2cSendByte (sla+1);        //发送器件地址
    if (ack==0) return (0);
    c=RcvByte ();               //读取数据 0
    Ack _ I2c (1);              //发送非就答位
    I2cStop ();                 //结束总线
    return (c);}
void Initial _ com (void)
{
    EA=1;                       //开总中断
    ES=1;                       //允许串口中断
    ET1=1;                      //允许定时器 T1 的中断
    TMOD=0x20;                  //定时器 T1，在方式 2 中断产生波特率
    PCON=0x00;                  //SMOD=0
    SCON=0x50;                  //方式 1 由定时器控制
    TH1=0xfd;                   //波特率设置为 9600
    TL1=0xfd;
    TR1=1;                      //开定时器 T1 运行控制位
}
```

15.8　调试过程问题集锦

1. 硬件部分

(1) 问题：土壤湿度分布不均匀。

解决办法：采用多层带有极小针孔的水管嵌入到土壤当中，使得水源能够慢慢浸湿土壤，同时在设置湿度时有一定的阈值，避免反复工作。

(2) 问题：硬件不按照程序来正常工作。

解决办法：在进行系统联调时，肯定会出现不正常工作的现象，要根据程序所写的内容，逐模块排查，逐行排查每一行程序是否正常运行，找到错误根源，才能将问题正确解决。

2. 软件部分

(1) 问题：AD 接收到的数据乱跳，不稳定。

解决办法：首先关注一下 AD 对应的参考电压，然后看下对应的电池分压电路的电阻设置，最好用 M 级的 1%误差的电阻；另外看下对应的算法是否有问题、采集数值被放大多少倍。

(2) 问题：延时函数设置问题。

解决办法：延时函数设置的时间间隔要合理，这个需要不断地进行系统联调，根据系统使用情况找寻最合适的间隔时间。